KB234724

중국 재생가능에너지법의 핫이슈

중국 재생가능에너지법의 핫이슈

중국 재생가능에너지법의 핫이슈

유향란 지음

이담
Books

머 리 말

지난 6월 박근혜 대통령의 방중과 더불어 북경 인민대회당에서 한·중 해양과학기술협력 MOU 개정 서명식을 갖고 양국 간 해양과학 분야와 관련된 협력을 확대·강화해 나가기로 하고 기후변화 및 해양예보시스템, 해양에너지, 해양수자원, 해양생물자원 및 생명공학, 해양 및 연안공학, 해양 경제 등이 양국 간 새로운 협력 분야로 추가되었습니다. 그만큼 한중 양국 간 협력에서 기후변화 관련 산업이 한층 더 부각되는 가운데 재생가능에너지에 대한 관심이 더욱 커지고 있습니다.

중국은 2006년 「재생가능에너지법」의 시행에 힘입어 재생가능에너지 이용규모는 끊임없이 증가되었고 재생가능에너지가 에너지소비총량에서 차지하는 비중도 점차 증가 추세를 보였습니다. 이 글은 세계적으로 재생가능에너지 분야에서 두각을 나타내고 있는 중국을 대상으로 중국에서 그러한 재생가능에너지 기술의 개발과 확대에 「재생가능에너지법」이 어떻게 영향을 미쳤는지를 살펴보고 「재생가능에너지법」의 제정과 개정 과정에서 어떤 쟁점들이 논의의 대상이 되고 있으며 관련 이해당사자들이 어떠한 입장을 가지고 있는지를 탐색하고 분석하였습니다.

재생가능에너지의 보급 확대는 경제발전과 에너지 안전 및 환경발전 등 다양한 이유로 추진됩니다. 중국은 「재생가능에너지법」의 입법목적으로 재생가능에너지의 개발이용 촉진, 에너지공급 증가, 에너지구조 개선, 에너지안전 보장, 환경보호, 경제사회의 지속가능한 발전을 제시하고 있습니다. 하지만 실제로는 지금 단계에서 환경보호, 에너지 확보 및 사회적 형평성이 모두 경제발전이라는 목표를 위한 수단으로 기능하고 있습니다.

이 글은 「재생가능에너지법」이라는 특정 분야를 통해 중국의 법 발전에 대해 시사하는 바를 보여주었습니다. 2005년 법 제정에서 시작하여 2009년의 법 개정 및 현재의 법 개정 논의를 통해 중국의 법제정비 과정을 분석하였습니다. 그리고 기존의 연구들과는 다른 연구방법을 취하였고 기존의 연구들이 중국 「재생가능에너지법」의 해석과 문제 분석에만 치중한 것과 달리 이 연구에서는 「재생가능에너지법」의 제정과 개정과정에 있던 논의내용들을 자세히 분석하였습니다. 이러한 분석을 통해, 무엇 때문에 이러한 문제점들이 존재하게 되었고 아직 해결이 어려운 이유는 무엇인지에 대해 깊이 있게 분석, 연구하였습니다. 오직 이유를 파악해야만 그 해결방안을 정확하게 제시할 수 있습니다. 따라서 이 연구에서는 이유의 파악에만 그치지 않고 현존하는 문제점들을 어떠한 방법으로 극복해 나갈 수 있을지에 대해 고민하고 그 해결책들을 제시하고자 하였습니다.

중국의 재생가능에너지 법제는 많은 발전을 가져왔고 또한 이는 중국 재생가능에너지 발전을 이끌었으나 아직 많은 문제점이 존재합니다. 그중에서 다양한 이해관계자(정부부문과 기업체)의 이익충돌로 인해 「재생가능에너지법」의 적용범위, 주도역할을 하는 정부부문과 기타 정부부문의 관계 확정, 전력회사와 발전회사의 이익조정 등이 시급히 해결해야 할 문제들입니다. 특히 현재의 FIT제도가 문제에 봉착한 시점에서 RPS제도로 전환을 할 것인지, 아니면 양자를 결부시켜 사용할 것인지 등의 문제도 존재합니다. 이 연구는 미국, 영국, 독일, 일본, 한국 등 선진국들이 재생가능에너지 정책을 입안하면서 경험하였던 FIT제도와 RPS제도의 선택과 실제 효과, 재생가능에너지 주관부문과 기타 부문의 관계 확정, 「재생가능에너지법」의 적용범위, 전력회사와 발전회사의 이익조정 등에 대해서도 비교분석을 통해 중국에 대한 시사점을 도출하고 비판적으로 수용해야 한다고 지적하였습니다.

이 글은 저자의 학위논문에 기초하여 집필하였으며 박사논문을 쓰는 과정에 희망을 주시고 교정을 봐 주신 지도교수인 서울대학교 윤순진 교수님께 이번 기회를 통하여 진심으로 감사드리고자 합니다. 그리고 논문의 완성을 위해 많은 코멘트를 해주셨던 서울대학교 이동수 교수님, 김정욱 교수님, 한국환경정책평가연구원의 추장민 연구위원님과 한국법제연구원의 이유봉 연구위원님께도 감사의 말

씀을 드립니다.

이 책이 중국의 환경법 관련 연구를 하시는 분들께 도움이 되었으면 하는 작은 바람이 있으며 부족한 부분에 대해 고귀한 의견을 주시기 바랍니다.

끝으로 오늘의 성과가 있기까지 함께 유학생활을 해왔고 항상 아낌없는 지지와 성원을 해준 대학교수이면서 변호사로 활동하고 있는 사랑하는 남편 마광 씨에게 진심으로 고마움을 전하고 싶습니다. 아울러 이 책의 출판을 위해 애써 주신 한국학술정보(주) 관계자분들께도 함께 감사를 드립니다.

2013년 여름
저자 유향란

목차

I

서론

1. 연구배경 및 목적

1) 연구배경

석유 값의 폭등, 에너지자원의 고갈가능성 증가, 화석연료 과다 사용에 따른 대기오염과 기후변화문제 심화로 세계 주요 국가들은 위기적 에너지 상황에 대한 인식이 확대되면서 지속가능한 에너지 시스템으로의 전환을 위한 노력에 보다 많은 관심을 갖기 시작하였다(강석훈 외, 2007). 그런 움직임 가운데 핵심적 내용은 재생가능에너지의 개발이용의 확대이다. 재생에너지는 지속가능한 에너지원으로서 화석연료에 의한 이산화탄소의 배출을 직접적으로 감축할 수 있을 뿐만 아니라 전기지동차와 스마트 그리드, 선기 저장기술 등 다른 녹색산업에 미치는 영향이 크며 에너지원 공급을 위한 해외 의존도를 줄일 수 있고 새로운 일자리를 만들어낼 수 있기 때문이다(한귀현, 2010; 윤순진, 2005).

1992년 채택된 「기후변화협약」은 기후변화에 대한 대응전략을 크게 두 가지로 나누고 있다. 하나는 온실가스 배출완화로 온실가스 배출을 줄임으로써 대기 중의 온실가스 농도의 상승속도를 완화시켜 기후변화 속도를 늦추는 것이다. 또 다른 하나는 적응으로 진행되는 기후변화로부터 오는 취약성을 줄이고 복원력(resilience)을 회복하며 기후변화의 영향에 적응하는 것이다(IPCC, 2007). 이 연구에서는 이 두 가지 방안 중 국제사회에서 보다 활발하게 논의되고 있는 완화활동에 관심을 둔다.

온실가스 배출을 줄이는 완화방안으로는 주로 3가지가 논의되고 있다. 첫째, 에너지효율 개선과 절약, 둘째, 재생가능에너지 개발과 이용 확대, 셋째, 탄소포집저장(Carbon Capture and Storage, CCS)기술의 이용이다. 처음 두 가지 방안은 기존 화석연료 중심의 중앙집중적 에너지체제로부터의 전환을 도모하는 반면, CCS의 활용은 기존 에너지체제를 그대로 둔 채 배출되는 이산화탄소를 사후 처리한다는 점에서 차이가 있다. 대개 에너지전환을 위한 대안으로는 앞의 두 가지가 논의되고 있다. 에너지효율과 절약을 통해 에너지 소비량 자체를 줄이거나 소비량 증가속도를 늦추고 그럼에도 필요한 에너지는 되도록 재생가능에너지로 공급하는 것인데 이 논문에서는 그 중에서도 점차 더 확산되어 가고 있는 재생가능에너지에 대해 다루고자 한다.

재생가능에너지 기술은 화석연료에 의존하는 기존의 에너지 기술보다 환경적으로 친화적이란 장점이 있다. 화석연료는 온실가스 배출은 물론 물과 토양, 대기를 오염시키는 환경적인 문제를 유발하지만 재생가능에너지원은 환경문제가 아주 작거나 거의 없다. 석유산업의 낙관적인 분석에 따르더라도 현재 전력생산의 주요 원천인 화석연료의 세계적인 공급량은 2020년과 2060년 사이에 고갈이 시작될 것으로 예상되기에(윤천석, 2009), 필요한 전력량을 만족시키기 위한 최적의 답은 고갈 가능성이 없는 재생가능에너지일 수밖에 없다. 물론 이 경우에도 전력수요를 무한히 확대하면서 증가하는 전력수요를 모두 재생가능에너지로 감당하는 것은 가능하지 않다. 따라서 에너지효율 개선과 절약노력을 통해 에너지 수요를 줄여가면서 재생가능에너지로 필요한 에너지 수요를 충족시키는 것이 요구되는 것이다. 여기서 중요한 점은 재생가능에너지 원천은 지속적이고 고 갈되지 않는다는 장점이 있다는 것이다.

대부분 비산유국은 원유나 천연가스와 같은 화석연료를 수입하여 전기, 난방열과 온수, 연료로 제공하며 이러한 화석연료 비용은 국가재정에 상당한 부담이 된다. 에너지 수입에 들어가는 비용은 지역경제의 손실분이지만 재생가능에너지원은 지역적으로 개발되기 때문에 이 에너지에 소비되는 비용은 그 나라에 남아 더 많은 직업을 창출하며 경제성장을 촉진한다. 또한 재생가능에너지의 경제적인 장점은 지역경제를 초월하여 국가 전체까지 확장될 수 있다는 것이다. 2001년에 미국은 원유공급을 위하여 다른 나라에 약 1,030억 달러를 지출했다. 현재 미국은 세계 태양전지 시스템의 2/3를 생산하고, 그 중 약 70%를 개발도상국에 수출하여 연간 3억 달러 이상의 매출을 갖는다. 기존의 에너지원은 정치적인 불안정, 무역 분쟁, 무역제한 정책, 기타 분쟁 등에 노출되어 있으나 재생가능에너지를 사용하면, 외국 원유 수입 의존도가 감소될 수 있다(윤천석, 2009; 윤순진, 2008b).

그런데 문제는 여전히 재생가능에너지가 경제성이 높지 않다는 것이다. 재생가능에너지 기술을 개발하고 이를 사회적으로 확산시키기 위해서는 재생가능에너지 관련법과 제도가 마련되는 것이 무엇보다 중요하다. 고유가 상황의 진행과 「기후변화협약」 채택 이후 재생가능에너지 이용에 대한 세계적 관심이 증가하면서 이를 위한 법과 제도 마련 또한 세계적으로 큰 관심을 불러일으키게 되었다. 대부분의 나라에서 재생가능에너지 발전은 기술적인 장애와 함께 고투자 비용으로 인해 확대에 어려움을 겪고 있는데 이러한 문제점들은 각 나라마다 법의 규제나 지원을 통하여 일정 부분 해결할 수 있는 가능성을 안고 있기 때문이다.

　세계적으로 최초의 재생가능에너지 관련 법제는 1970년대 석유파동을 겪으면서 제정되기 시작하여 점차 발전을 해왔다. 그때 당시는 대개 에너지 절약법의 한 항목으로 시작되었으며, 그 후 에너지 절약법에서 독립되어 나와 에너지법의 새로운 영역으로 자리매김을 하게 된 것이다(李俊峰・王仲穎, 2005). 일부 국가, 예를 들면 독일의 경우 「재생가능에너지법(Erneuerbare Energien Gesetz, EEG)」에는 재생가능에너지를 에너지시스템에서 우선적으로 고려한다고 규정하였다(蔣懿, 2009). 또한 일본의 「신재생에너지 이용촉진 특별조치법(再生可能エネルギー促進法)」, 한국의 「신에너지 및 재생에너지 개발・이용・보급 촉진법」 등 대부분 국가는 재생가능에너지의 이용을 지원하고 격려하는 법과 제도를 규정하고 있다. 최근 10년간 재생가능 에너지의 절대 사용량은 전력부문을 중심으로 크게 증가해왔기에(이수진・윤순진, 2011) 일부 국가, 예를 들면 호주의 경우 「재생가능전력법(Australian Renewable Energy Power Law)」에 규정된 내용에 따라 재생가능에너지 제도를 규정하기도 하였다.

　2005년 2월 16일 교토의정서가 발효되었다. 이는 법적 구속력이 있는 국제협정으로서 세계 여러 나라들에서는 멀지 않은 장래에 직면하게 될 전 지구적 기후재난을 줄이기 위해 이산화탄소 배출 감축이라는 해결방안에 초보적인 합의를 본 것이다. 이렇게 에너지안보와 환경보호에 대한 세계적 각성이 일어나면서 재생가능에너지는 새로운 발전기회를 가질 수 있게 되었다. 중국의 경우, 교토의정서가 발효된 후 2005년 2월 28일자로 「재생가능에너지법」을 통과시켰고 2006년 1월 1일부터 시행되었다. 「재생가능에너지법」의 발표 및 시행에 힘입어 2005년부터 2010년에 이르기까지 중국의 재생가능에너지 이용규모는 끊임없이 증가되었고 재생가능에너지가 에너지 소비총량에서 차지하는 비중이 점차 증가 추세를 보이는 등 법제도의 마련은 중국의 재생가능에너지 발전에 적극적으로 기여하였다. 하지만 법의 제정과정에서 보이듯이 정부의 각 부처, 발전업체와 전력업체, 재생가능에너지 설비제조업체, 지방정부, 일반시민과 전력사용업체 등은 일부 문제에 있어서 적지 않은 의견 차이를 갖고 있었다. 이러한 문제점들에 대해 「재생가능에너지법」은 일부의 경우 법 제정에서 명확히 규정한 부분도 있고 일부의 경우는 미해결 과제로 남겨두었다. 이는 추후의 개정이 필요함을 예시하였고 이미 명확히 규정된 부분에 있어서도 법의 시행과정에서 문제점이 발견되었다. 따라서 「재생가능에너지법」에 대한 개정작업이 진행되어 코펜하겐회의가 끝난 지 얼마 되지 않아 2009년 12월 26일 바로 법 개정안이 통과되었다. 하지만 2009년의 개정은 몇 개의 조항에 대해서만 이루어졌을 뿐 아직 적지 않은 문제에 있어 여전히 문제점을 남겨두고 있다. 그 대표적인 예가 바로 재생가능에너지의 범위문제이다.

가장 대표적인 에너지 관련 공식기구인 국제에너지기구(International Energy Agency, IEA)에서는 재생가능에너지를 '자연으로부터 끊임없이 공급되는 에너지'로 정의내리고 있다. 즉, 재생가능에너지는 화석연료에 대비되는 개념으로, 석탄이나 석유처럼 오랜 역사를 통해 축적되었지만 한 번 사용하고 나면 고갈되는 에너지가 아닌 '자연 속에서 지속적으로 공급이 가능한 에너지'라는 개념으로 정립되어 가고 있다. 나라마다 신재생에너지 또는 재생가능에너지 등 여러 가지로 불리는데, 예를 들면 한국은 신·재생에너지로 부르고 구체적으로 재생에너지 8개 분야와 신에너지 3개 분야로 분류되어 있다. 즉, 태양열, 태양광 발전, 풍력, 바이오매스, 폐기물에너지, 지열, 해양에너지, 소수력이 재생에너지에 해당되며, 신에너지는 수소에너지, 연료 전지, 석탄액화 및 가스화가 포함된다(신에너지 및 재생에너지 개발·이용·보급 촉진법, 2004). 하지만 이러한 범위 선정에 대해 수소·연료전지가 신·재생에너지에 포함되어서는 안 된다는 주장이 제기되고 있다(윤순진, 2008a; 김태호, 2008; 이동권, 2008).

중국의 경우, 1995년의 「신재생에너지발전개요(1996~2010)」에서 볼 수 있듯이 초기에 중국은 신에너지와 재생가능에너지를 명확히 구분하지 않고 혼용하여 왔다. 동 개요에서는 수소에너지도 신재생에너지로 분류하고 있으며 이 밖에 바이오에너지, 소수력, 태양에너지, 수력에너지, 조석에너지, 폐기물에너지 등도 신에너지에 포함시켰다. 2005년의 「재생가능에너지법」 제2조에서는 재생가능에너지를 풍력에너지, 태양에너지, 수력에너지, 바이오에너지, 지열에너지, 해양에너지 등 비화석에너지를 가리킨다고 정의하였다. 하지만 수력발전의 경우 수력에너지에 속해 재생가능에너지에 포함됨에도 불구하고 「재생가능에너지법」의 적용 여부는 국무원 에너지주관부문이 결정하고 국무원의 비준을 받도록 하였다. 이는 입법 당시에도 비교적 논쟁이 컸던 부분인데, 소수력발전의 「재생가능에너지법」 적용범위 포함에 대해서는 큰 문제가 없었지만 수력발전 전체를 포함시키는지 여부에 대해서는 많은 이견이 있었다. 결국 법에서 이를 규정하지 않고 국무원 에너지주관부문이 결정하고 국무원의 비준을 받도록 하였지만, 2012년 11월 15일 현재까지도 이에 대한 결정이 내려

지지 않은 상태다. 또한 「재생가능에너지법」에서는 저효율 부뚜막 직접 연소방식을 통한 농작물 줄기, 땔나무, 분변 등의 이용은 법의 적용범위에서 포함시키지 않도록 하였다. 이는 결코 이들의 재생가능에너지 속성을 부인하겠다는 것은 아니며 다만 법의 적용범위에 포함시키지 않음으로써 환경에 유해한 형식으로 재생가능에너지를 생성하는 행위에 대해서는 법률이 약속한 각종 지원정책을 제공하지 않겠다는 의도이다(黃建初, 2010).

위에서 언급하였듯이 중국은 신에너지와 재생가능에너지를 혼용하는 경우도 적지 않지만 양자의 개념상 차이점은 분명히 존재하는 것으로 판단되며 따라서 이 글에서는 재생가능에너지에 한해서 연구를 진행하고자 한다. 수력발전에 대해서는 소수력발전만 포함시키며 "재생가능에너지"라는 용어를 사용하기로 한다.

최근 중국은 소수력발전, 풍력, 바이오매스와 태양에너지를 위주로 하는 재생가능에너지를 대대적으로 발전시키고 있으며 일련의 정책과 시행령이 발표되어 재생가능에너지발전(發電)의 규모를 촉진하고 전력생산에 아주 효과적인 역할을 하고 있다. 때문에 본 연구에서는 주요 연구대상을 풍력, 태양에너지, 소수력, 바이오매스로 삼았다.

중국은 2003년부터 2004년 사이 「재생가능에너지법」의 초안을 작성하던 당시, 재생가능에너지 발전제도의 선택에 있어서 미국, 호주 등 나라의 경험에 기초하여 재생가능에너지 의무할당제(Renewable Portfolio Standard, RPS)를 도입할 것인지 아니면 독일, 스페인 등 나라의 경험에 비추어 발전차액지원제도(Feed in Tariff, FIT)를 도입할 것인지의 선택에 있어서 어느 제도가 과연 중국의 재생가능에너지 발전에 더욱 유리한지에 대해 끊임없는 논쟁을 벌여 왔고 결국 FIT를 도입하였다. 2005년 「재생가능에너지법」이 발표된 이래, FIT제도는 예상했던 효과를 가져와 중국의 재생가능에너지는 한층 더 확대되었다(李艶芳·張牧君, 2011). 하지만 「재생가능에너지법」의 시행과 더불어 RPS제도로의 전환 역시 논의되고 있으며 2009년의 법률 개정 시에도 심도 있게 논의되어 "국무원 에너지주관부문은 국가전력감독관리기관, 국무원의 재정부문과 함께 전국의 재생가능에너지 개발이용계획에 따라 계획기간 내 도달해야 하는 재생가능에너지의 전체 발전량에서의 비중을 확정하도록" 하는 규정이 추가되었다. 하지만 아직 이러한 비중이 확정되지 않은 상황에서 2012년 11월 15일 현재 아직은 FIT제도가 적용되고 있으며 RPS제도의 도입 또는 이로의 전환에 대해서는 추후의 논의를 남겨두고 있는 실정이다. 다만 현재 「재생가능에너지중장기발전계획」, 「재생가능에너지발전11.5계획」, 「하이테크산업발전11.5계획」 등은 각각 2010~2020년 재생가능에너지의 발전목표를 명확히 하였다.

중국의 「재생가능에너지법」은 재생가능에너지발전의 법적 지위, 기본제도와 정책적인 측면을 명확히 하였고 재생가능에너지의 우선발전을 원칙으로 함으로써 재생가능에너지의 개발이용에 법적인 기초를 마련하였다. 또한 5가지 기본제도, 즉 총량목표제도, 송전망연결제도, 전기요금분류제도, 비용분담제도와 전용자금제도를 확립하여 재생가능에너지의 개발이용에 중추적인 역할을 하고 있다. 또한 동 법의 입법과정은 재생가능에너지발전의 중요성을 인식하는 심화과정이기도 하고 홍보과정이기도 하다. 이로 인해 중국의 재생가능에너지 발전에 있어서 법제가 뚜렷하게 개선되었으며 전 사회적으

로 재생가능에너지에 투자하는 열의가 높아져 재생가능에너지산업
이 보다 빨리 발전하고 그 규모가 더욱 확대되게 하였다.

하지만 그러함에도 불구하고 재생가능에너지의 주관부문을 둘러
싼 논쟁, 일부 구체적인 시행법령의 제정 난항, 재생가능에너지에
대한 정부차원의 보조금정책으로 인한 미국, 유럽연합, 인도 등 국
가와의 무역 분쟁, 재생가능에너지를 둘러싼 국내 다양한 주체들의
이해갈등 등도 점차 표면화되기 시작함으로써 많은 문제가 산재하
여 난항을 겪고 있는 상황이다. 하지만 왜 이러한 한계가 있게 되었
고 이해당사자 간에 어떤 문제를 둘러싸고 충돌이 있어서 「재생가능
에너지법」이 개정되었는지에 대한 논의는 제대로 이루어지지 않은
상태이다.

2) 연구목적

중국의 집권당은 중국공산당(中國共産黨)이고 다당합작(多黨合作)
과 정치협상제도를 실행하고 있으며 전국인민대표대회(全國人民代
表大會)와 지방각급인민대표대회(地方各級人民代表大會)가 중앙 및
지방의 입법권을 주도하고 있는 반면에 중앙행정기관인 국무원(國務
院)과 그 산하의 각 부처 및 지방각급 정부 역시 다수의 행정입법을
통해 그 행정권한을 행사하고 있다.

개혁개방 이래, 중국의 경제는 급속히 발전하였으며 1979~2004
년 사이 GDP 연평균증가율은 9.6%에 달했고 2011년 중국의 국내
생산총액은 731,850억 달러로서[1] 중국과 세계 주요 선진국가의 거
리를 차츰 좁혀갔다. 현재 중국의 GDP는 세계 2위로 미국 다음이

다. 2010년 중국의 에너지소비량은 24.32억 톤으로, 전 세계 에너지 총량의 20.3%으로 증가하여 세계 1위를 차지하였다.[2]

　　30여 년 동안의 개혁개방으로 중국 경제는 신속히 발전하는 단계에 이르렀지만 경제 발전과 더불어 중국은 전통적인 농업국가로부터 에너지 소비대국이 되었고 이산화탄소 배출은 단연 지구상 가장 많은 1위국이 되기에 이르렀다. 에너지 소비가 많고 폐기물 배출량이 많으며 생산효율이 낮기 때문에 어떻게 하면 경제성장과 환경보호 간에 야기되는 갈등과 마찰을 잘 해결할 것인가 하는 시급한 문제에 직면하게 되었다.

　　기후변화를 필두로 한 환경문제가 심화되고 있고 화석연료와 우라늄의 고갈 가능성이 높아지고 있으며 전 세계 1차 에너지 소비의 40%를 차지하고 있는 석유공급의 불안정성이 날로 증대하고 있는데 이러한 상황들은 경성에너지체제의 전환을 요구하는 강력한 동인으로 작용할 것으로 예상된다(윤순진, 2003; 2008b). 중국도 이러한 형편에서 예외가 아니다. 경제성장에 따라 에너지 수요와 소비가 끊임없이 증가하였는데 중국의 에너지 소비총량은 세계 에너지 소비에서 차지하는 비중이 1973년의 7.9%에서, 2010년에는 17.5%로 증가하였다.[3] 석탄은 중국의 가장 주요한 1차 에너지로서 1978년에는 석탄의 비중이 70.7%, 석유 22.7%, 천연가스 3.2%, 수력, 원자력, 태양광, 풍력 등 재생가능에너지는 3.4%를 차지하였으나 2010년에 이르러 그 비중이 각각 68%, 19%, 4.4%, 8.6%를 차지하게 되

---

1) World Bank: GDP 순위(2011).
　　http://databank.worldbank.org/databank/download/GDP.pdf 2012년 10월 18일 방문.

2) BP Statistical Review of World Energy 2011.

3) Key world energy statistics 2012.

었다.[4] REN(2012)에 따르면, 중국은 2011년에 재생가능에너지에 대한 투자규모에서 세계 1위를 차지하였고 수력, 풍력, 태양열 설비의 신규 설치 용량에서도 세계 1위였다. 태양광 설비의 신규설치와 바이오에탄올 신규 생산은 세계 3위였다. 또한 중국은 총 재생가능에너지 전력 설비 설치 누적용량에서 수력을 합할 때나 제외할 때나 모두 세계 1위를 차지했으며 수력과 풍력, 태양열, 지열의 직접 이용에 있어서도 세계 1위였다. 재생가능에너지 이용 확대는 중국의 에너지소비구조에 변화를 가져올 뿐만 아니라 중국의 지속가능발전 및 에너지절약과 이산화탄소감축에 중요한 의의가 있다. 따라서 중국의 재생가능에너지 발전은 경제발전이라는 측면을 넘어 에너지공급 안정과 환경보호에 있어서도 중요한 역할을 하게 된 것이다.

중국의 재생가능에너지는 풍부하고 그 종류도 다양하며 또한 재생가능에너지기술도 종류가 다양하다. 재생가능에너지 이용은 중국에서 획기적으로 확대되고 있지만 전반적으로 수력을 제외한 기타 재생가능에너지는 자금의 부족, 재생가능에너지 개발이용의 격려조치 및 정책시행이 미흡하여 선진 국가와 비교할 때 많이 낙후한 실정이다. 때문에 재생가능에너지를 대대적으로 발전하려면 반드시 견고한 법의 힘으로 추진시켜야 하며 이로 인하여 법의 제정과 개정에 있어서 진행되었던 논의 및 실행에 있어서 어떤 문제가 발생했는지에 대해 깊이 있는 연구가 필요하며 이를 해결할 수 있는 방안의 마련이 시급하다.

중국은 여태껏 의존해왔던 석유나 화석연료로부터의 공급에서 벗

---

4) China Energy Statistical Yearbook 2011.

어나 에너지 전환으로서의 새로운 역사를 개척하고 재생가능에너지의 보급을 확대하고자 하는 수요가 있다. 여러 가지 문제들에도 불구하고 중국은 다른 국가들과 비교해보면 재생가능에너지 이용이 눈에 띄게 확대되고 있는데 이 글에서는 중국이 어떻게 해서 다른 국가들에 비해 재생가능에너지 분야에서 짧은 시간 내에 생산량이 급속히 증가할 수 있었는지, 중국이 재생가능에너지를 확대하는 데 있어 주요 동인으로 작용한 것은 무엇인지, 2005년 법을 제정했는데 왜 법의 한계가 있었는지 4년 뒤에 왜 개정하게 되었는지 그 과정에서 이해당사자들 사이에 충돌이 있었는지를 주요쟁점분석을 통하여 다루고자 한다. 보다 구체적으로는 중국의 재생가능에너지 이용확대에 영향을 미친, 재생가능에너지의 광범위한 이용과 보급촉진방안에 역할을 하고 있는 재생가능에너지 관련법의 제정과 개정과정에서 이해당사자와 그 쟁점에 대해 분석한다. 또한 현대사회의 필수재인 전력은 에너지체제의 중심에 위치하고 있으면서 그 수요가 지속적으로 늘어나고 있기에 전력부문으로 주요논의를 진행하고자 하며 보다 구체적으로는 지속가능한 에너지체제의 핵심인 재생가능에너지에 대해 무게를 두고 현행 중국의 재생가능에너지법제에 있어 어떠한 쟁점이 있었는지 그리고 시행 중에 어떠한 문제점이 나타났는지를 검토하고자 한다. 특히 「재생가능에너지법」의 적용범위와 관련하여 수력발전의 포함 여부, 재생가능에너지를 둘러싼 각 부처의 이해갈등 및 해소방안, RPS제도로의 전환 여부, 보조금 지원을 둘러싼 타국과의 무역분쟁, 재생가능에너지의 보급을 둘러싼 이해관계자들의 모순 및 해소방안 등 다양한 문제점들을 중심으로 해결방안을 도출해보고자 한다.

2. 연구방법 및 내용

1) 연구방법

본 연구는 문헌조사, 인터넷 자료 및 관련부서에 대한 면담을 주요 연구방법으로 한다. 재생가능에너지문제를 법제의 영역으로 끌어들여 검토하는 것이 이 논문의 목적인 만큼 법이라는 논점을 벗어나지 않기 위해 재생가능에너지 관련법을 참고하며 보급현황과 풀어나가야 할 문제점들에 대한 분석을 진행하며 아울러 이에 대한 해결책을 내놓고자 한다. 문헌연구와 인터넷자료를 통하여 관련된 국내외 학술논문 및 단행본, 보고서, 정기간행물 등과 같은 자료를 분석한다.

2) 연구내용

이 글의 구체적인 연구내용은 다음과 같다.

첫째, 2000년대부터 자료를 수집하여 중국의 에너지와 재생가능에너지원별 보급률 현황을 살펴본다.

둘째, 「재생가능에너지법」의 운용을 강화하기 위하여 위의 자료들을 기초로 하여 재생가능에너지 관련법의 핵심적인 내용인 총량목표, 전력가격제도, 경제적 장려조치, 이행수단, 특정산업정책을 분석하는 것을 중심으로 중국의 「재생가능에너지법」의 구체적인 내용을 살펴보고 「재생가능에너지법」의 역사와 발전과정 및 내용을 정리한다.

셋째, 전력생산의 비약적인 성장과 법제도와의 상관성을 살펴본다.

넷째, 법의 제정과 개정과정에서는 이해관계자들의 충돌이 있는데 중국「재생가능에너지법」의 제·개정을 둘러싸고 어떠한 이해관계의 충돌이 있었는지 쟁점분석을 통하여 밝혀내고자 한다.

다섯째, 분석결과를 기초로 하여 중국의 「재생가능에너지법」은 어떠한 면에서 긍정적인 역할을 가져왔고 어떤 면에서 개선이 필요한지에 대해 살펴보고 개선방안을 제시한다.

3. 연구의 흐름

이 연구는 다음과 같이 6개의 장으로 구성된다.

제1장은 서론으로서 연구의 배경과 목적, 연구방법과 내용, 연구의 흐름에 대해 서술한다.

제2장은 이론적 배경으로서 재생가능에너지와 지속가능발전, 재생가능에너지관련 중국의 법제와 지속가능발전, 선행연구검토에 대해 서술한다.

제3장은 중국의 에너지와 재생가능에너지 생산과 소비의 현황과 추세로서 중국의 에너지와 재생가능에너지 현황에 대해 소개한 후 법의 변천에 따른 재생가능에너지의 이용 변화추세에 대해 살펴본다.

제4장은 재생가능에너지 법제도 및 법제 분석으로서 중국의 입법체계, 법률제정절차와 참여자, 재생가능에너지 관련법의 변천사, 재생가능에너지 관련법의 적용범위와 주체, 재생가능에너지법 주요제도 등 내용을 포함한다.

　　제5장은 재생가능에너지법 주요쟁점으로서 중국의 「재생가능에너지법」 제정과 개정과정에서 주요하게 논의되었던 재생가능에너지법과 기타 관련 입법의 관계, 적용범위, 관리부문의 확정, 강제이행수단의 선택, 전력회사, 발전회사 및 전력이용자의 이익조정, 지원제도와 국제분쟁 등 내용에 각 이해관계자의 입장을 서술, 분석한다. 다음 이에 기초하여 최종결정에 있어서 각 이해관계자의 입장 반영 상황을 살펴보고 향후의 개선방안에 대해 제안한다.

　　제6장은 결론으로서 연구의 요약과 의의, 논문의 한계와 향후 연구 과제에 대해 살펴본다.

연구배경
중국의 재생가능에너지 이용 보급 확대-재생가능에너지 관련 법제도 마련이 시급-법의 한계와 문제점

연구목적
중국이 왜 재생가능에너지 이용을 보급확대하였고 단기간에 비약적인 발전을 하게 되었는지 그 주요 요인과 재생가능에너지법의 한계와 개정하게 된 원인 및 이해당사자들 사이의 갈등과 충돌을 알아보고 주요쟁점분석을 통하여 개선방안 도출

이론적 배경
재생가능에너지와 지속가능한 발전
재생가능에너지 관련 중국의 법제
선행연구 검토
연구분석틀

경제
지속가능발전
사회
환경

중국의 에너지와 재생가능에너지
풍력, 태양에너지, 바오매스, 수력

재생가능에너지 관련 법규와 제도
중국의 입법체계
법률제정절차 및 참여자
재생가능에너지 관련법의 변천사
재생가능에너지법의 제정 및 개정
적용범위와 주체
주요제도

재생가능에너지법의 주요쟁점 분석

여타 관련 법과의 관계
적용범위
관리부서의 확정
강제이행수단의 선택
전력회사, 발전회사 및 전력이용자의 이익조정
지원제도와 국제분쟁

이해당사자: 중앙정부, 지방정부, 발전회사, 전력회사와 발전회사, 시민단체

결론
중국의 재생가능에너지 보급확대 요인
재생가능에너지법과 재생가능에너지 보급확대의 관계
법의 한계와 주요 이해관계자
논문의 한계와 향후추세

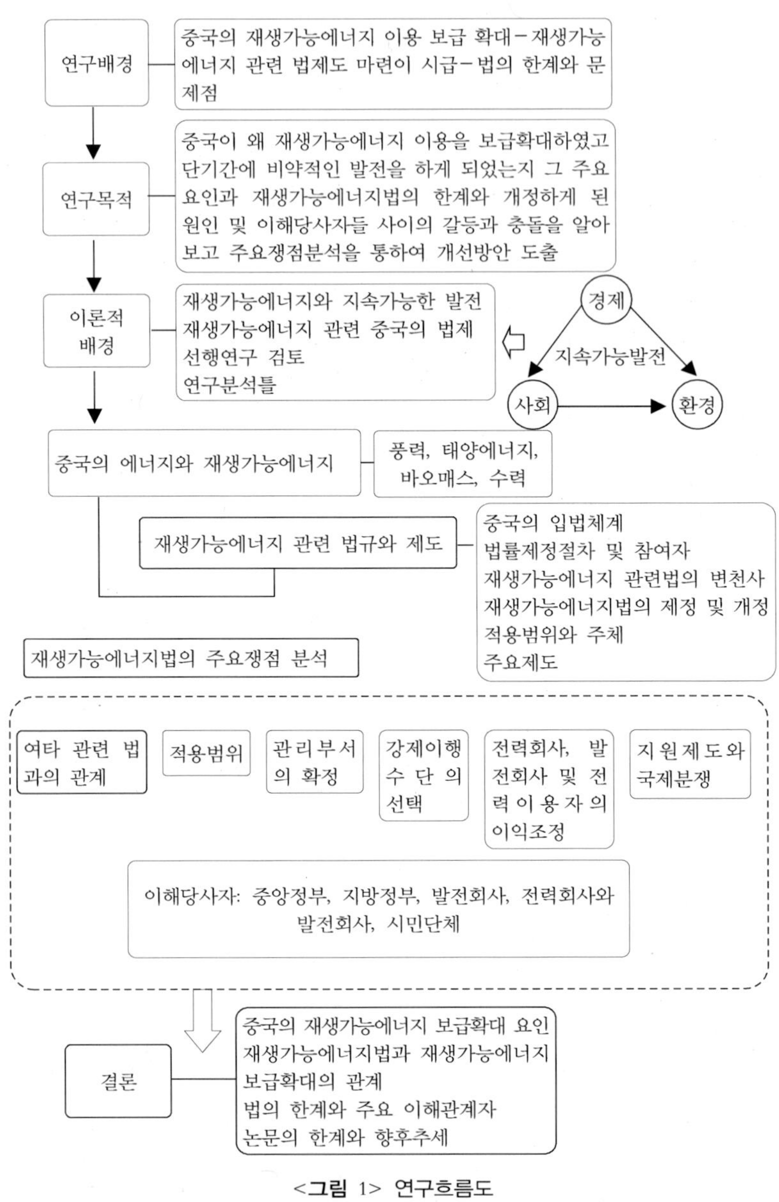

<그림 1> 연구흐름도

Ⅱ
이론적 배경

1. 재생가능에너지와 지속가능발전

지속가능발전의 사상은 1950~60년대부터 시작되었다. 1962년 미국의 Rachel Carson이 발표한 "Silent Spring"에서 제일 처음으로 "지속가능발전"이란 단어가 제기되었고 지속가능발전의 사상이 1980년대부터 점차적으로 형성되었다.

1987년 세계환경개발위원회(World Commission on Environment and Development, WCED)가 "우리 공동의 미래(Our Common Future)"라는 보고서를 펴낸 후 "지속가능한 발전"이란 이 용어는 전 세계적으로 확산되었다. 이후 1992년 "유엔환경개발회의(United Nations Conference on Environment and Development, UNCED)"의 '리우선언', 2002년 "지속가능발전 세계정상회의(World Summit on Sustainable Development, WSSD)" 등을 거쳐 구체적인 실천방안이 s마련되었다. "미래세대가 그들의 필요를 충족시킬 능력을 손상시키지 않으면서, 현세대의 필요를 충족시키는 것"으로 정의되고 있는 "지속가능한 발전"이라는 개념은 이렇게 하여 21세기 인류 미래를 담보하는 패러다임으로 자리 매김하였다. 여기엔 지속가능성과 형평성의 원칙이 내재해 있으며 이 두 원칙이 지속가능한 개발의 핵심이라는 데 대부분 원칙적으로 동의하고 있다. 지속가능성의 원칙이란 환경이 갖는 부양능력의 한계를 인식하면서 발전이 이루어져야 한다는 것이며, 형평성의 원칙이란 세대 간에 그리고 세대 내에서 환경이용의 편익과 비용이 형평성 있게 배분되어야 한다는 것이다(윤순진, 2003).

"지속가능한 발전"은 지속가능성과 발전 두 가지 내용을 포함하고 있다. 발전은 전제이고 기초이다. 반대로 지속가능성은 관건이고 지속성이 없으면 발전도 없게 된다. 여기서 발전이란 첫째, 인류사회의 물질적인 재부의 증가, 경제의 지속적인 발전이 사람들의 생활 수요를 만족하는 것, 둘째, 모든 사람들의 이익 증진을 기본으로, 이 사회의 전반적인 진보를 추구하는 것을 최종적인 목표로 하는 것이다. 사회의 전반적인 발전은 경제의 발전 외에, 자원과 환경의 발전, 인류사회의 물질문명과 정신문명 등 전반적인 발전도 포함하고 있다. 즉, 발전의 목표는 자원, 환경, 경제와 사회의 조화로운 발전이다.

지속가능성이란 첫째, 자원과 환경에 있어서 자원의 생산사용과 자원의 안정성을 유지하거나 연장하도록 요구하는데 이는 자연자원의 이용이 후세대의 생산과 생활에 영향을 주지 말아야 한다는 의미이다. 다음은 사회발전과정에서 자기 자신의 이익만 생각할 뿐더러 후세대의 이익도 반드시 중시하고 국가와 지역 간의 이익도 함께 고려해야 한다는 것이다(王革华, 2005).

그런데 에너지 문제가 제대로 고려되지 않으면 지속가능한 발전은 성취되기 힘들다. 현재 인류가 의존하고 있는 에너지의 생산과 분배, 소비의 전 과정은 경제발전과 함께 다양한 환경문제와 연결되어 있다(윤순진, 2003). 나아가 에너지 문제는 사회적 형평성과도 연결되어 있는데, 에너지의 생산과 소비에 따른 비용과 편익이 사회계층별, 지역별, 연령별, 세대별로 고르게 배분되고 있는지의 문제를 포함하고 있다. 제한된 에너지의 배분을 둘러싸고 국가 간 사회계층 간 갈등이 전개되고 있으며 에너지 소비를 통해 편익은 누리되 에너지와 관련 시설의 입지는 꺼림으로써 에너지 관련 시설이 사회 경제적으로 취약한 지역에 들어섬으로써 사회적 갈등이 빈발하고 있다.

지속가능한 사회로의 전환이라는 역사적 과제는 에너지와 환경, 사회의 상관성을 엄밀히 고려하지 않는다면 실현하기 힘들다. 에너지의 생산과 소비가 지속가능한 발전이 추구하는 사회·경제·환경적 목적을 달성할 수 있도록 이루어지지 않으면 안 되는 것이다(윤순진, 2003). 지속가능한 발전의 관점에서 볼 때 지속가능한 에너지(Sustainable Energy)란 에너지 생산과 사용이 사회, 경제 및 환경의 장기적인 발전을 지지하는 것을 말한다. 즉, 지속가능에너지는 에너지의 지속적인 공급뿐만 아니라 에너지의 생산과 이용이 인류의 복지와 생태평형이 서로 조화를 이루게 하는 것을 의미한다(UNDP, 2000).

결국 지속가능한 에너지체제란 에너지절약과 에너지의 효율적인 사용 및 재생가능에너지의 보급 확대를 그 내용으로 한다(윤순진, 2008b). 2002년 세계 지속가능발전 정상회의에서 채택된 「요하네스버그 이행계획(Johannesburg Plan of Implementation, JPoI)」에는 "각종 에너지(Energy Considerations)이용에 있어서 에너지의 효율성, 감당할 수 있는 비용(affordability), 접근가능성(accessibility)을 사회경제 발전항목에 통합시켜 고려해야 한다"고 제기하였고 "지속가능에너지"의 기본이념인 "안전하고, 비용부담이 적고, 경제적으로 가능하고, 사회적으로 받아들일 수 있고, 환경 친화적인 에너지자원을 추진시켜야 한다"고 규정하였다.[5] 재생가능에너지는 안전하고 환경친화적이며 사회적 수용성이 높지만 아직은 경제적 부담이 적지 않고 어디에 어떻게 설치하느냐에 따라 환경파괴의 위험과 사회갈등의 가능성 또한 없지는 않기에 이를 확대하기 위해서는 법과 제도의 지

---

5) Plan of Implementation for the United Nations World Summit on Sustainable Development, Adopted September 4, 2002 Johannesburg, South Africa, UN Doc. A/CONF.199/20(2002).

지와 신중한 정책설계가 필요하다. 지속가능발전의 요구에 따라 그 나라의 실정에 알맞은 지속가능에너지법체계를 세워 에너지와 사회 경제 및 환경의 조화로운 발전을 확보하려는 움직임은 세계 여러 나라에서 지속가능발전을 실현하기 위해 공통으로 선택하는 전략이다.

2. 재생가능에너지 관련 중국의 법제와 지속가능발전

재생가능에너지가 확대되기 위해서는 법률의 협조가 필수적이다. 재생가능에너지에 대한 투자비용이 이를 통해 달성할 수 있는 편익을 넘어서지 않도록 법률적 지원이 필요하며 재생가능에너지관련 환경적 요소들을 에너지법에 적절하게 통합하는 노력이 필요하다.

1994년 「중국 21세기 의제」에서 지속가능한 에너지 생산과 소비의 목표 및 행동방안을 제기하였는데 이것은 중국의 지속가능에너지 전략실시의 지도적인 역할문서로 되었다. 그 후 중국은 1995년 「전력법(電力法)」, 1996년 「석탄법(煤炭法)」 및 1997년 「에너지절약법(節約能源法)」을 발표하였다. 이러한 법률은 에너지절약방침을 비교적 잘 관철하였고 또한 에너지 이용과 개발에 밀접한 연관이 있는 환경문제를 대대적으로 개선하였다. 그 외 1996년 「광산자원법(鑛産資源法)」, 1998년 「토지관리법(土地管理法)」, 2000년 「대기오염방지법(大氣汚染防治法)」, 2002년 「청정생산촉진법(淸潔生産促進法)」, 2002년 「수법(水法)」 및 2003년 「오염물질배출징수사용관리조례(排汚費

徵收使用管理條例)」 등 일련의 법률과 법규의 제정은 에너지의 사용
효율을 높이고 에너지개발이용에 있어서 환경에 주는 영향을 피하
거나 혹은 경감시키는 데 효과적인 법적인 보장을 제공하였다. 2006
년 1월부터 시행된 「재생가능에너지법(可再生能源法)」 및 「재생가능
에너지발전가격・비용분담관리시행방법(可再生能源發電价格和費用
分攤管理試行辦法)」은 재생가능에너지의 개발이용을 촉진하고 에너
지공급을 증가시키며 에너지구조를 개선하고 환경을 보호하며 경제
사회의 지속가능발전을 실현하는 것을 내용으로 담았기에 더욱 중
대한 의의를 가지고 있다(陈勇, 2007).

특히 중국은 재생가능에너지의 보급 확대를 위해 다양한 측면의
법령을 출범시키고 있으며 이러한 법령은 그 법령의 차원도 굉장히
다양하여 파악하는 데 상당한 어려움이 있을 뿐 아니라 법령 사이에
도 일부 충돌이 존재하는 실정이다. 재생가능에너지의 보급확대를
위해서는 이들 법령에 대해 재정비할 필요성이 대두되며 또한 실제
로 「재생가능에너지법」의 제정과 개정과정에 대두되었던 다양한 논
쟁과 실행과정에 있어서 발견된 문제점 등 해결해야 할 사항이 산적
해 있다.

또한 재생가능에너지의 보급 확대는 경제발전과 에너지 안전 및
환경발전 등 다양한 이유로 추진된다. 중국의 「재생가능에너지법」
제1조에는 입법목적이 규정되어 있다. 그 내용을 살펴보면, 「재생가
능에너지의 개발이용을 촉진하고, 에너지공급을 증가하며, 에너지구
조를 개선하고, 에너지안전을 보장하며, 환경을 보호하고 경제사회
의 지속가능한 발전을 실현하기 위하여 이 법을 제정한다"고 되어있
다. 즉, 입법목적으로 재생가능에너지의 개발이용 촉진, 에너지공급

증가, 에너지구조 개선, 에너지안전 보장, 환경보호, 경제사회의 지속가능한 발전이라는 여섯 가지 목적을 제시하고 있다. 하지만 실제로는 이들은 에너지확보(에너지공급 증가, 에너지구조 개선, 에너지안전 보장), 환경보호, 경제사회의 지속가능한 발전으로 단순화할 수 있다. 법률해석의 측면에서, 상술한 조항을 분석해보면, 법제정의 1차 목적은 재생가능에너지의 개발이용을 촉진하는 것이다. 그러면 왜 재생가능에너지의 개발이용을 촉진해야만 하는지에 대한 질문을 할 수 있는데, 이에 대한 원인으로 에너지확보, 환경보호, 경제사회의 지속가능한 발전을 들 수 있다. 에너지확보와 환경보호는 다시 경제사회의 지속가능한 발전을 위해 필수적인 두 개의 요소로 된다. 즉, 한마디로 말하면 중국 「재생가능에너지법」의 제정은 경제사회의 지속가능한 발전을 최종적인 목적으로 삼고 있다.

중국은 석탄과 석유의 소비대국으로서, 개혁개방 이후 주요 에너지와 초급제품의 수급구도에 있어 이미 비교적 큰 변화가 발생하였으며 자원의 경제발전에 대한 제약이 점점 커지고 있다. 또한 전면적인 유족한 상태의 사회를 건설하는 목표를 실현하는 과정에서 중국의 에너지수요는 계속하여 대폭 증가하게 된다. 향후 일정한 시기내 중국의 주요 에너지원은 계속하여 석탄이 될 것인데 이는 심각한 환경오염문제를 수반한다. 석유의 채취는 이미 극한에 이르렀고 새로 증가되는 석유수요는 거의 전부 수입에 의지해야 하며 국제유가의 끊임없는 상승과 더불어 중국의 경제추세에 대해 비교적 큰 영향을 미치게 될 것이다. 따라서 에너지수요를 충족시키는 전제하에, 에너지구조를 조정하여 석탄과 석유의 소비비중을 감소시키면서 재생가능에너지의 이용을 증가시켜야 한다. 즉, 재생가능에너지 이용

확대는 에너지확보, 환경보호와 경제사회의 지속가능한 발전이라는 세 가지의 목적을 두루 갖고 있다.

에너지는 국민경제발전의 중요한 전제이며, 중국은 경제건설과정에 있어 에너지의 수급모순이 점차 심각해지고 있다. 장기적인 관점에서 보면, 일반에너지자원의 부족은 중국의 지속가능한 경제사회발전을 제약하게 된다. 또한 편벽한 농촌지역은 대형 송전망이 도입되기 어려워 다수는 재생가능에너지를 통해 전력문제를 해결해야 되며, 이러한 농촌지구 특히 빈곤지역과 소수민족지구의 발전을 위해서 재생가능에너지의 개발이용은 매우 중요하다.

중국의 일차 에너지소비량에서 석탄이 차지하는 비중이 너무 높고, 석유, 천연가스자원 역시 제한된 상황에서 재생가능에너지와 원자력의 개발이용을 통해 석탄소비의 비중을 줄이고자 한다. 그러면 이러한 에너지소비구조의 개선은 과연 무엇을 위한 것일까? 에너지안전과 환경보호를 모두 염두에 둔 것으로 사료되며, 석탄 역시 한정적인 에너지원임을 감안하면 역시 에너지보급의 안정성을 우선목적으로 삼고 있는 것이다. 이는 법에서 이들 목적의 상호위치에서도 나타나는데 환경보호에 관해서는 중간 부분에서 간단히 언급을 하고 있을 뿐이다.

국제에너지기구의 예측에 의하면, 21세기 후반기에 이르러 재생가능에너지가 점차 화석에너지를 대체하여 주도적인 지위에 놓이게 된다. 특히, 재생가능에너지의 특성상 현지에너지로서 기본적으로 국제에너지 시장연료가격의 파동에 의해 영향을 받지 않는다. 중국은 1993년부터 석유의 순수입국으로 되었는데 경제의 빠른 발전과 더불어 중국은 점차 세계석유시장의 불확정성과 석유생산지역 정치국면의 파동에 의한 영향을 쉽게 받는다. 재생가능에너지를 개발이용하고 필요한 기술보유는 중국의 외국 광물에너지에 대한 의존도를 감소시키고 국가의 에너지안전 위험에 대항하는 능력을 보강해준다.

다른 한 측면에서 이는 환경오염과 생태파괴의 문제를 해결하기 위한 것이고 또한 중국이 기후변화와 관련한 대외약속을 이행할 수 있는 장치이기도 하다.

에너지에 대한 경제발전의 수요를 지속적으로 충족시키기 위해서, 경제성장방식을 변경하는 외에도 재생가능에너지의 개발이용을 중시해야 하는데 재생가능에너지는 사용으로 인해 감소되지 않고 지속적으로 이용 가능하여 지속가능발전의 요구에 부합된다(黃建初, 2010).

중국의 재생가능에너지 정책과 관련입법을 보면, 장기적으로 발전중점은 소수력발전과 농촌 바이오에너지의 이용이었고 핵심목적은 농촌의 연료부족을 보충하고 국경지대의 전기이용문제를 해결하는 것이었다. 90년대부터 시작하여서야 비로소 재생가능에너지의 산업화 발전문제에 주의를 돌리기 시작했는데 재생가능에너지가 잠재력이 크고, 에너지와 환경의 형세가 심각하며 재생가능에너지의 산업화, 상업화에 필요한 기술, 자금, 시장 등 조건이 초보적으로 구비된 상황에서 그리고 세계 각국 특히 선진국의 관련경험을 참조하여 중국의 재생가능에너지 입법의 목적에 있어서도 근본적인 변화가 발생되어 기존의 농촌과 변경지역의 에너지 문제 해결에서 재생가능에너지의 산업화와 상업화 발전의 촉진과 보장 및 에너지구조의 다원화와 환경압력 감소에로 이전하였다.

3. 선행연구 검토

이 글과 관련된 선행연구는 주로 다음과 같은 네 가지 유형으로 구분할 수 있다.

첫 번째는 재생가능에너지에 대한 이론적인 연구이다. 윤순진 (2003)은 지속가능한 에너지체제로의 전환 없이는 지속가능한 발전을 성취할 수 없다고 전제하고, 정책결정자들은 새로운 에너지 패러다임으로 이행하고 있는 세기의 흐름을 읽고 지속가능한 에너지체제로의 전환이라는 에너지정책의 목표를 분명히 해야 하며 이러한 목표는 지속가능성과 환경친화성, 형평성과 민주성의 원칙을 바탕으로 재생가능에너지의 확대, 에너지효율성 향상, 에너지절약을 위한 정책수단의 도입으로 실현될 수 있다고 지적하였다. 윤순진(2005)은 에너지안보를 단지 물량확보의 관점에서가 아니라 경제적 환경적 측면까지를 고려하는 보다 확장적 개념으로 접근할 것을 제안하면서 에너지안보를 지속가능한 발전의 관점에서 접근하였다. 원전의 운전과 방사성 폐기물 처분과 관련한 기술적 안정성과 사회적 수용성, 경제성이 확보되지 않으면 에너지안보 강화방안으로 유지되기 힘들며 따라서 에너지안보를 강화한 최선의 방안은 수요관리의 강화와 재생가능에너지의 이용 확대라고 지적하고 세계 재생가능에너지의 현황과 정책을 살펴본 후, 한국 재생가능에너지 정책의 개선을 위한 제언을 하였다.

재생가능에너지에 대한 이론적 접근과 관련해서 진상현·한준 (2009)은 신재생에너지 개념에 대해 검토하고 분석하였다. 재생가능에너지에 대한 개념 정의와 관련해서는 국제적으로 어느 정도 합의가 이루어져 있지만 세부적인 에너지원의 분류와 관련해서는 국제기구나 국가마다 상이한 통계기준이 사용되고 있었다고 밝힌 후, 한국에서는 국제적으로 통용되는 신재생에너지와 부합되지 않을 뿐만 아니라 재생 불가능한 화석연료와 재생가능에너지가 결합된 모순적인 신·재생에너지라는 개념을 사용하고 있으며 정책적인 측면에서도 한국의 신·재생에너지는 재생가능하지 않은 에너지원인 폐기물과 지열 등이 포함됨으로써 정책적 성과를 제대로 인정받지 못하고 있다고 비판하였다.

에너지전환을 위한 재생가능에너지 확대에 있어서 주요정책수단으로 활용되고 있는 FIT와 RPS에 대한 논의들도 다수 존재하는데, 이수진·윤순진(2011)은 RPS의 이론적 기대가 현실에서도 구현될 수 있는지, 동일한 이론적 기대와 달리 국가별로 시행결과에 차이가 있다면 그것은 무엇 때문인지 밝히기 위해 이미 RPS를 도입하여 실행하고 있는 사례들을 검토하여 RPS의 이론적 기대가 현실에서 항상 구현되지는 않는다고 판단하고 RPS의 성공적 시행 여부는 시행 국가의 특정 재생가능에너지 부존자원의 규모와 구성 형태, 내용의 적절한 설계, 제도의 일관성 유지와 같은 여러 요소들에 의해 결정되는바 이는 2012년 RPS 도입을 앞두고 있는 한국에게 무엇을 시사하는지 제시하였다. 李艶芳(2005)은 RPS와 FIT제도가 국제적으로 재생가능에너지 발전의 두 가지 주요 제도이고 RPS는 시장에 기반한 제도이며 FIT는 정부의 추진에 기반한 제도라고 지적하였다. 중국의 에너지수요의 거시적 상태와 재생가능에너지의 발전 상황에 근거하여 「재생가능에너지법」에서 구체적인 법률제도를 구축함에 있어 RPS를 취하면 커다란 장벽에 부딪치게 될 것이고 최소한 그 당시의 상황에서 중국은 RPS제도를 도입할 요건을 구비하지 못한 반면, FIT제도는 더욱 강한 실현 가능성이 있고, 따라서 재생가능에너지 조기발전을 지원하는 주요제도 역할을 하게 될 것이라고 제안하였다. 李艶芳·張牧君(2008)은 RPS제도가 재생가능에너지 발전을 추진하는 주요제도로서 영국, 미국 등 국가에서 보편적인 인정과 법률확인을 받고 있으며, 중국은 2005년 공포한 「재생가능에너지법」에서 독일식의 FIT제도를 도입하여 재생가능에너지의 발전을 추진시켰다고 지적하였다. 몇 년간의 발전을 거쳐 중국의 재생가능에너지 개발이용은 수량 및 유형에 있어서 모두 매우 큰 발전을 가져왔음에도 불구하고 아직도 많은 측면에서 문제점에 봉착하였다. 따라서 RPS제도의 도입을 통해 재생가능에너지의 발전을 추진할 필요성이 대두되었고 이와 관련하여 중국 재생가능에너지의 발전현황, 전력체제개혁과 현황, 국가의 전력시장에 대한 감독관리수준, 기존제도와의 연계, 기타 국가의 RPS제도 참조 등을 통해 중국의 실정에 부합되는 RPS제도의 도입을 연구할 필요성이 있다. 전반적으로 아직은 RPS제도의 도입은 시기상조이며 대안으로 전력 고정가격제도를 유지하는 한편 전력회사에 대한 지령성적인 계획을 내용으로 하는 할당지표관리를 통해 변형된 RPS제도의 도입은 가능하다고 주장한다.

이들 연구는 재생에너지의 개념, 재생가능에너지와 지속가능한 발전의 관계, FIT와 RPS의 선택에 대한 논의를 진행하고 이에 기초하여 한국에 대한 시사점을 도출하였는데 이 글에서 이러한 기본이론 특히 지속가능한 발전, 재생가능에너지의 개념 등이 연구의 기초가 되었다. 또한 한국에 대한 시사점을 도출한 부분에서는 이러한 시사점이 중국에도 유사하게 적용될 수 있는지에 대해 고려해 볼 필요가 있다.

두 번째는 대체로 중국의 「재생가능에너지법」을 중심으로 소개를 진행한 후 현행규정에 대해 평가를 진행하고 더 나아가 문제해결에 대해 방법론을 제시한 연구들이 있다. 이러한 연구가 전체 관련 연구에서 차지하는 비중이 가장 크다.

강효백(2011)은 중국의 「재생가능에너지법」 제정 및 개정의 주요 내용에 대해 소개한 후 「재생가능에너지법」을 비롯한 중국의 재생가능에너지법제는 전반적 법률체계의 낙후, 관련법제와 연계성의 부족, 하위법규의 미비, 상하위 법규 간 상호모순과 중첩, 재생가능에너지 유형별, 지역별 특성을 고려하지 않은 획일적 규정, 실효성과 강제성의 부족 등 많은 문제점을 노정하고 있다고 지적하였다. 김종우(2012)는 기후변화의 측면과 연계하여 중국 재생가능에너지법제도 확립의 문제에 대해 논술하였고 이어서 바이오에너지, 태양에너지, 풍력에너지 등 측면에 있어서 이용의 법적 과제에 대해 논의하였으며 더 나아가 중국 재생가능에너지법제도의 발전과제에 대해 견해를 피력하였다.

李艶芳(2010)은 비록 중국이 「기후변화협약」 및 「교토의정서」에 의해 구체적인 온실가스배출 감축의무를 부담하지는 않지만 최근 들어 입법 등을 통해 온실가스의 배출을 적극 통제하고 있다고 하면서 기후변화방지 측면에서 「재생가능에너지법」에 대해 소개한 후 입법목표, 재생가능에너지계획, RPS와 FIT의 선택, 경제지원조치 등 측면에서 문제점을 제시하고 해결방안을 제시하였다.

毛如柏(2007)은 「재생가능에너지법」의 시행 후 재생가능에너지산업이 빠른 발전을 취득하였다고 전제하고, 하지만 일부 부대 법규규정이 마련되지 못한 점, 재생가능에너지법률의 시행과 감독에 있어서의 문제점, 과학기술과 산업발전이 낙후한 점 등 존재하는 문제점을 열거한 후 이에 대한 대안을 제시하였으며 특히 태양에너지발전에 존재하는 문제점을 자세히 지적하였다. 孟雁北(2007)은 「재생가능에너지법」, 특히 그 부대적인 규정들에 대해 비교적 자세히 설명하였으며 아직 이러한 부대적 규정에 적지 않은 문제점이 존재하며 제때에 개선해야 한다고 주장하였다. 또한 재생가능에너지와 신에너지에 대해 비교하면서 재생가능에너지의 발전을 추진함에 있어서 신에너지에 속하는 수소에너지를 포함하고 있지 않기에 「재생가능에너지법」과 별도로 신에너지도 포함할 수 있는 법률을 제정할 필요성이 있다고 하면서 그 대안으로 에너지법의 제정을 제안하였다. 牛忠志·張曉姬(2008)은 「재생가능에너지법」에 아직 완정한 기본원칙체계가 없고 일부 필요한 제도가 미흡하며 법률규범의 시행력이 약하고 장려규정이 미흡하며 법률책임의 설정에 있어서 엄격하지 못한 점 등 문제점이 있다고 비판하면서, 법의 기본원칙체계 구축, 재생가능에너지 분류할당제도와 녹색증서거래제도 도입, 장려제도 추가, 법률책임과 처벌강화를 그 대안으로 제시하였다. 黃建初(2010)는 「재생가능에너지법」에 대해 그 입법배경, 입법과정의 논의 및 해석을 진행하였다. 任東明·曹靜(2003)은 중국의 재생가능에너지에 원가가 높고 시장이 협소한 2대 문제가 존재하기에 이들 문제를 근본적으로 해결하기 위해서는 반드시 새로운 정책을 제정하고 새로운 제도를 도입해야 한다고 제시하였다. 중국 재생가능에너지 정책의 다중 목적은 새로 출범한 정책이 하나의 정책체계를 이루도록 요구하며 구체적으로 목표제도, 가격확정제도, 거래제도, 선택제도와 보상제도 등 다섯 가지 운영제도를 포함해야 한다고 주장하였다.

曾加·董飛(2011)는 대중참여원칙, FIT제도, 녹색증서제도와 관련된 문제에 대한 연구를 통해 중국「재생가능에너지법」수정 후에 여전히 존재하는 제도설계 부족문제를 분석하여 그 원칙체계와 제도설계의 연결이 완벽하지 못하고 확정된 전액보장구매제도가 합리적이지 못하며 제도시행의 관련조치가 미흡하다고 비판하면서, 대중참여원칙을 도입하고, FIT제도를 개선하며 녹색증서제도를 도입해야 한다고 주장하였다.

세 번째는 중국「재생가능에너지법」의 특정 측면에 대한 연구로서 법 전반에 대해서가 아니라 특정된 부분에 대해 문제점을 토로하고 해결책을 마련하는 논문이다. 김종우(2009)는 중국 환경정보공시 권리 보호의 법적 문제 및 개선에 대해 연구하고, 환경정보공시에 관한 중국의 녹색증권법률제도상의 쟁점에 대해 살펴보았으며, 세제지원, 신용대출 등 측면에서 녹색금융제도의 활용에 대해 연구하였다. 李艷芳(2008)은 중국의 재생가능에너지 관리체제가 "통일적인 관리와 각 부문의 관리가 결부되고 중앙관리와 지방관리가 결부된" 관리모델이라고 지적한 후, 이러한 관리모델은 비록 총체적으로는 적합하지만 "자원관리와 에너지관리가 서로 분리되고", "심사비준을 중요시하고 관리를 경시하며", "경제적 관리를 중요시하고 사회적 관리를 경시하고", "농촌관리와 도시관리가 서로 분리되는" 등의 문제점이 있다고 주장한다. 「재생가능에너지법」의 전면적인 시행 및 재생가능에너지의 개발이용에 있어서 상응하는 역할을 할 수 있는지 여부는 현행 재생가능에너지 관리체제에 존재하는 문제를 해결할 수 있는지 여부에 달렸다고 지적하며 따라서 중국의 재생가능에너지 관리체제에 대해 연구를 통해 개선해야 함을 제시하였다.

李艶芳·岳小花(2010)은 중국의 재생가능에너지 입법이 아직 시작단계에 있고 체계를 구성하지 못하였으며 재생가능에너지 개발이용규모와 수준이 높아짐에 따라 재생가능에너지와 관련되는 법률문제가 점차 많아질 것이라고 전제한 뒤, 미국 등 국가의 입법경험을 참고하고 중국의 국정에 결부하여 「재생가능에너지법」을 기초로 하고, 각종 재생가능에너지기술 전문입법과 지방입법을 기본으로 하며, 기타 관련입법과 정책을 보충으로 하는 재생가능에너지 법률체계를 구축하여 재생가능에너지의 개발이용 및 그 파생문제에 대해 필요한 입법과 제도를 제공해야 한다고 주장하며 동시에 관련 입법 및 제도를 수정하고 개선하여 재생가능에너지의 발전에 제도적인 지원을 제공하며 제도적인 장벽을 해소해야 한다고 지적하였다. 李艶芳·劉向寧(2008)은 「재생가능에너지법」의 시행에 있어서 일련의 부대규칙과 정책을 제정해야 하는 외에도 기타 법률과의 조화와 배합이 필요하다는 주장하에, 중국의 기존 에너지입법, 행정입법, 환경자원입법, 경제입법 및 민사입법 등에 아직 지속가능발전이념이 포함되지 않았거나 충분히 구현되지 못하여 재생가능에너지의 이용문제를 해결함에 있어 아직 효과적인 지원을 할 수 없고 재생가능에너지의 이용 측면에 있어 장려역할을 할 수 없으며, 일부 규정은 심지어 재생가능에너지 개발과 이용에 대한 장애로 작용하기에 현행의 재생가능에너지 개발이용 관련 법률에 대한 검토를 진행하고 관련 입법을 개선하는 것은 재생가능에너지의 개발, 이용에 있어 필수적이라고 주장한다.

林承鐸(2010a)은 비교분석법을 이용하여 중국의 기존 상황 및 국외의 해당입법에 대해 연구하였고 중국의 에너지입법 개선에 대해 건의를 제기하면서 에너지법률체계의 수립을 통해 재생가능에너지와 관련되는 입법을 개선하고 특히 2010년 중국국가에너지위원회의 설립 후, 중국은 분업 세분화, 국가협력, 에너지정책조정, 가격확정 제도 법제화 등 측면에서 중국의 에너지분야 약속을 이행해야 한다고 주장한다.

林承鐸(2010b)은 에너지법의 출범을 제안하면서 이는 에너지분야 단행입법의 제정과 개정에 법적 근거를 제공하게 되며 또한 에너지 단행입법 간의 그리고 에너지입법과 기타 법률 간의 문제해결에 유리하여 국가강제력이 국가에너지 경제안전과 에너지전략의 효과적 시행을 보장할 수 있게 될 것으로 전망하였다.

宋彪(2009)는 법치사회에 있어 재생가능에너지와 관련하여 사회 책임과 대중의무를 나타내는 입법에 의지해야 하며 이는 구체화된 강제적 규칙을 통해 명확하고 정확하며 완전하게 표현하여 정부와 사회의 구체행동을 지도하는 기준으로 되도록 해야 한다고 주장한다. 많은 국가들은 이를 위해 강제적 규칙을 입법의 주체내용으로 하였으나 중국은 아직 충분하고 제도적인 규정을 두고 있지 않아 입법목표의 실현에 영향을 주며 고위층의 정책 출범, 산업발전의 노선도 작성, 지방제도의 창조 등 방식을 통해 점차 강제적 규칙을 개선해 나아가야 한다고 지적한다. 특히 입법에서 부과한 정부의 의무가 모두 원칙적인 내용으로서 행정부문의 추가입법이 필요한데 이러한 행정입법이 낙후하고, 중앙입법과 지방입법에 있어서 모순이 존재하며 여러 부서가 감독 관리하는 제도의 존재 등이 모두 강제적 규칙의 효력을 약화시킨다고 주장한다.

王明遠(2007b)은 「에너지절약법」과 「재생가능에너지법」을 예로 삼아, 에너지법의 실시는 정부, 시장, 사회와 관련되는 복잡한 공정이고 정부와 사회의 관념의식, 에너지 감독관리체제 및 정부의 법집행능력, 기술수준과 시장육성 상황 등 기초적 조건과 요소 외에 그 핵심은 정부 감독관리 업무의 이행에 있다고 주장한다. 이를 위해서는 정부 및 관련 주관부문이 그 에너지 감독관리 업무를 이행함에 있어서 정치적 및 법률적 제약과 책임추궁제도를 강화하고 대중참여를 강화하며 정부의 권리를 제약하고 시장, 정부와 사회의 분업협력을 실현해야 한다고 제안한다. 王明遠(2007a)은 「재생가능에너지법」을 소개한 후 정부에서 경제원가만 고려하고 사회원가, 환경원가는 홀시하며 지방정부의 과도한 GDP증가 추구 등 정부의 그릇된 재생가능에너지 발전관념, 부대조치와 규칙제정의 미비, 입법에 대한 집행의 문제 등을 「재생가능에너지법」 시행에 있어서의 주요한 장애로 지적하고 대응방안을 제시하였다.

네 번째는 중국과 외국의 「재생가능에너지법」에 대한 비교를 통해 외국의 우수한 제도를 도입하고자 하였거나 한국과의 비교를 통해 양국의 협력을 탐색하거나 한국기업의 중국시장 점유에 제언을 한 연구들이다. 원동아(2011)는 중국의 에너지 수급 현황과 전망 및 신재생에너지 현황과 정책을 살펴본 후, 한국의 신재생에너지 현황, 정책을 대비적으로 살펴보았으며, 신재생에너지 세계시장 점유율을 높이고자 하는 한국에 향후 성장잠재성이 높은 중국 신재생에너지 시장은 새로운 기회가 될 것으로 보고 태양광의 실리콘 박막과

CIGS박막의 경우 한국의 기술이 앞서고 특히 반도체나 디스플레이 장비 및 대량 생산 라인에 관련된 우수한 기술을 확보하고 있기 때문에 중국 대비 경쟁력이 있다고 판단하고, 중국 해상 풍력발전에 따른 다양한 시장 수요 창출은 한국에 관련 산업의 경쟁력을 향상시킬 수 있는 기회가 될 것으로 보았다.

杜群·廖建凱(2011)는 재생가능에너지입법과 제도운영의 차이가 독일, 영국 양국의 재생가능에너지 발전 상황의 차이를 야기한 중요 원인이라고 규명하고 이러한 양국의 경험이 중국의 재생가능에너지 발전에 대해 중요한 참고가치를 가질 것으로 전망하면서, 독일과 영국 양국의 재생가능에너지입법, 법률규정과 실시효과에 대한 비교연구를 통해 중국 재생가능에너지입법과 법률제도를 개선할 대책을 제시하였다.

許泰秀(2010)는 한중 양국이 재생가능에너지 발전에 있어서 공통점과 차이점 및 각자 처한 문제점을 분석하고 양국의 재생가능에너지 법률제도, 정책목표, 재정투입, 구체적인 촉진조치 등에 대해 비교를 진행하였다. 다음 양국이 재생가능에너지 분야에서 협력하는 시장과 기술조건에 대해 분석하고 양국이 태양에너지, 바이오에너지, 풍력에너지, 조수에너지 등 측면에 있어 협력의 각자 우세에 대해 분석한 후 양국이 적극적인 양국 에너지외교를 진행하고 대화를 강화하여 협력분야와 모델을 창조하며 양자 간 협력과 국제협력을 강화하여 양국 재생가능에너지의 협력발전을 촉진할 것을 제시하였다.

상술한 연구들은 대부분 중국의 현행 규범으로부터 출발하여 이들에 존재하는 문제점을 분석하고 해결책을 제시하는 데 그쳤고, 이러한 규정이 도입된 배경에 대한 연구는 없는 실정이다. 특히 주요한 핵심문제에 대해서 다만 문제가 존재한다고만 서술하고, 왜 이러한 문제가 야기되었는지 그리고 도대체 법의 제정과정에서 어떠한 논의와 상황이 발생되었는지에 대한 연구는 전무하다. 따라서 이 글에서는 이러한 기존연구에서 부족한 점을 보완하고 중국의 「재생가능에너지법」 제정 및 개정과정에서 존재하는 서로 다른 행위자, 그리고 이러한 행위자들이 입법과정에서 어떻게 참여를 하였고 어떠한 입장들을 제시하였으며 최종적으로 어떠한 이유에서 현재의 규정이 도입되었는지에 대해 살펴본다. 또한 법령의 제정 전 및 개정 전에 어떠한 상황이 발생되었고 이러한 상황이 어떠한 정도로 입법에 영향을 미쳤으며 다시 입법은 어떻게 재생가능에너지의 발전에 영향을 미쳤는지에 대한 구체적인 연구도 발견되지 않는 상황에서 이를 통해 기존 법령의 효과에 대해서도 검토를 해볼 수 있다. 최근 들어, 재생가능에너지산업에 대한 정부의 보조를 둘러싸고 중국과 미국, EU, 인도 등은 무역마찰을 이미 빚고 있거나 또는 빚을 조짐을 보이고 있는데 아직 이러한 부분에 대해서도 논의가 전혀 이루어지지 않고 있다. 따라서 중국의 재생가능에너지산업 발전을 대폭 추진하고 있는 기존의 보조금제도에 대해서도 살펴보고 미국 등 국가와의 분쟁 및 이러한 분쟁으로 인하여 중국의 재생가능에너지산업 발전에 다시 어떠한 영향을 미칠 것인지에 대해서도 사전 점검을 해보고 적시적인 제안을 하고자 한다. 이러한 여러 측면에서 본 연구는 기존연구와는 다른 연구방법과 내용을 취하고 있고 또한 입법 자체에 대한 연구보다는 그 근본적인 이유에 대한 연구를 진행함으로써 중국의 재생가능에너지 입법을 더 깊게 분석할 수 있는 기초를 닦는다는 점에서 독창적이라 할 수 있다.

Ⅲ

중국의 에너지와 재생가능에너지: 생산과 소비의 현황과 추세

1. 중국의 에너지

중국은 1978년 개혁개방 이후 연평균 10% 가까운 고도성장을 가져왔는데 이것은 주로 석탄에 의존한 것이었고 석유소비의 증가 또한 주요한 토대가 되었다. 석유소비의 증가로 인해 중국 내 석유가격이 지속적으로 상승했을 뿐 아니라 세계 유가 또한 상승하는 결과를 가져왔다. 그 과정에서 환경오염, 생태계파괴, 이산화탄소 발생량의 급속한 증가, 에너지 수요 급증 등 많은 환경·에너지 영역에서 문제점들이 나타났다. 그럼에도 불구하고 중국의 에너지 소비는 급속도로 증가했다. 에너지와 관련하여 중국은 1960년대 중반까지는 석유 생산이 자체소비량을 충족하는 수준이었으나 생산량이 점차 증가하여 1980년대에는 주요 석유수출국의 하나가 되었다. 그러나 1980년대 중반부터 석유 수요가 증가하고 생산량이 감소함에 따라 석유 수출량이 급격하게 줄어들었다. 1993년을 기점으로 중국은 석유수출국에서 순석유수입국이 되었고(원동아, 2011) 2006년에는 석탄 수입국으로 전환됨에 따라 중장기적인 에너지안보 문제에 대한 우려가 나타나기 시작하였으며, 이에 중국 정부는 에너지 확보를 위해 다각적인 활동을 강화하고 있다. 중국은 이미 전 세계 에너지 시장의 중요한 참가자가 되었는데, 2010년 전 세계 총 에너지 소비량의 17.5%를 차지하였다. 그 결과, 세계 에너지 총 소비의 중심이 중국과 아태지역으로 집중되고 있다(그림 2). 이러한 변화를 거치면서 중국은 재생가능에너지 산업의 발전을 촉진하는 것이 환경보호와 지속가능한 에너지체제전환문제를 해결할 수 있는 대안으로 되기에 이르렀다.

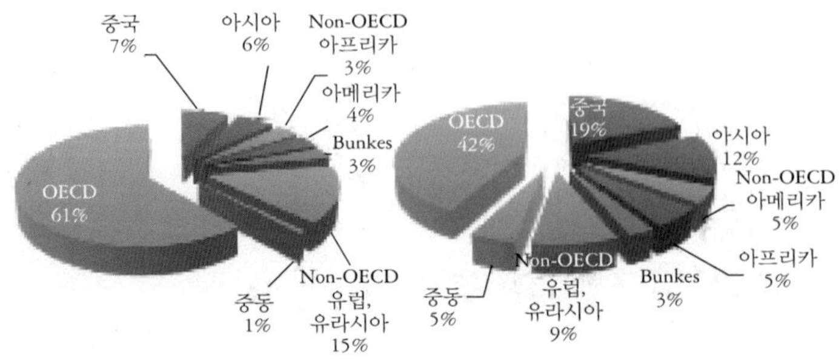

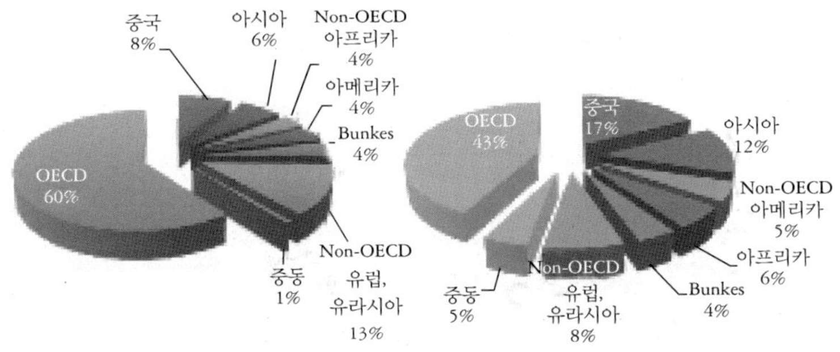

주: 여기서 아시아는 중국을 포함하지 않았다.
출처: IEA, 2012 Key World Energy Statistic

<**그림** 2> 1973년과 2010년 세계 총 1차 에너지와 최종에너지의 지역별 비중

중국통계연감(2011)에 따르면 2010년 중국의 에너지 총생산량은 27.97억TCE이며, 그중에서 석탄생산량은 1978년 이00000래 여전히 에너지 구성 중 가장 높은 비중을 차지하고, 석유 생산량은 9.8%, 천연가스 생산량은 4.3%였다. 기타에너지(수력, 원자력, 풍력)의 생산량은 1978년 3.1%에서 2010년에는 9.4%에 달해 3배 이상 성장하였다. <그림 3>, <그림 4>에서 제시된 것처럼, 중국의 에너지원

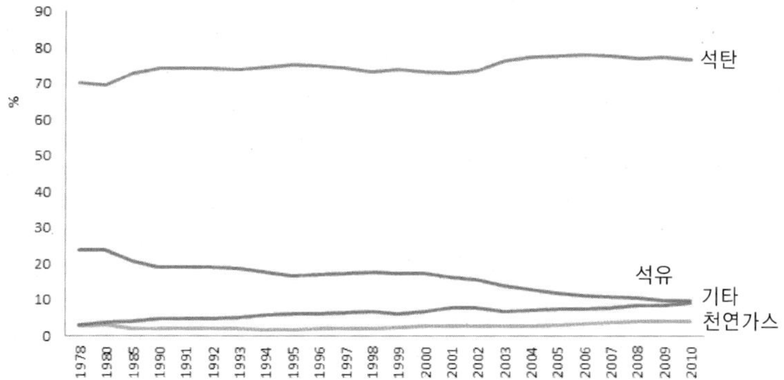

자료출처: China Energy Statistical Yearbook 2011

<그림 3> 중국의 에너지 생산구조(1978~2010)

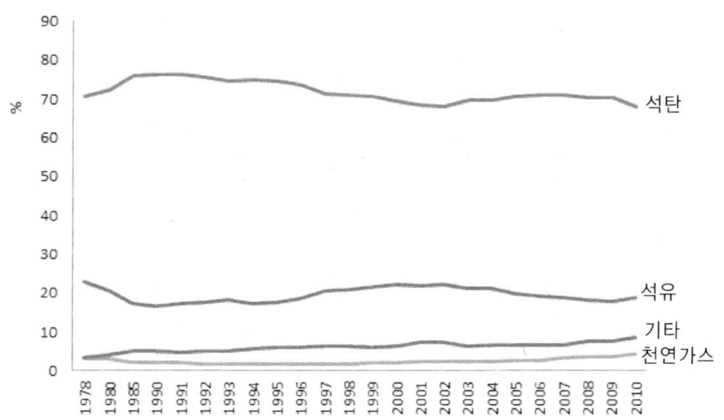

자료출처: China Energy Statistical Yearbook 2011

<그림 4> 중국의 에너지 소비구조(1978~2010)

Ⅲ. 중국의 에너지와 재생가능에너지: 생산과 소비의 현황과 추세 61

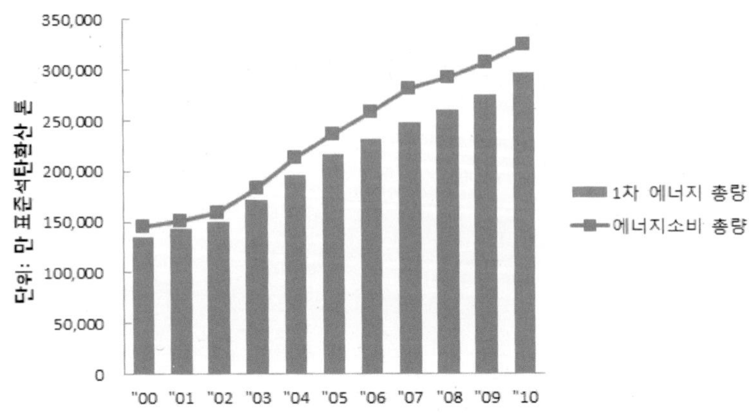

자료출처: China Energy Statistical Yearbook 2011

<그림 5> 중국 에너지 소비 및 생산량 추이(2000~2010)

별 생산과 소비구조의 특징은 석탄이 가장 큰 비중을 차지하고 다음으로 석유인 구조이다. 2010년 중국 에너지 총소비는 32.5억TCE이었는데, 그중 석탄이 68%로 가장 많이 소비되었으며, 다음으로 석유가 19.0%, 천연가스가 4.4%, 기타에너지가 8.6%로 나타나고 있다.

석탄의 소비 비중이 다소 감소하긴 하였지만 중국의 에너지 생산과 소비의 특징은 석탄이 가장 중심에 있다는 사실이다. 석탄을 위주로 하는 에너지구조가 <그림 5>에서 볼 수 있듯이 2000년부터 2010년에 이르기까지 에너지 생산과 소비량이 끊임없이 증가하는 추세를 보였다. 오랜 시간 동안 지속되어 왔기에 석탄 위주의 에너지구조는 앞으로 몇십 년 내는 변화되지 않을 것이며 여전히 석탄이 주요 에너지원으로 될 것으로 전망되고 있다. 때문에 에너지구조를 개선하기 위해 석탄의 종합적 이용을 향상시키고 재생가능에너지의 비중을 늘리면서 에너지절약을 대대적으로 홍보하는 것이 중국 에너지정책의 중점이 되고 있다.

2. 재생가능에너지

중국에서 재생가능에너지라 함은 풍력, 태양, 수력, 바이오매스, 지열, 해양 등 자연에너지를 가리킨다. 수력발전의 「재생가능에너지법」 적용 여부는 국무원 에너지주관부문이 결정하고 국무원의 비준을 받으며 저효율 부뚜막 직접 연소방식을 통한 농작물 줄기, 땔나무, 분변 등의 이용은 이 법을 적용하지 아니한다.[6] 여러 가지 재생가능에너지자원의 잠재량, 기술적인 측면과 시장수요에 근거하여 중국 정부는 풍력, 수력, 바이오매스, 태양에너지를 재생가능에너지 중점발전영역으로 정하였다.[7]

2010년 중국의 재생가능에너지는 지속적인 발전을 하였는데[8] 동기간 재생가능에너지발전량은 당해 전력발전량의 18.2%를 차지하게 되었고, 재생가능에너지 이용 총량은 2.94억TCE로서 당해 1차에너지소비총량의 9.09%를 차지하였다(표 1).

---

6) 「재생가능에너지법」 제2조.

7) 2006년 중국 재생가능에너지산업발전보고.

8) 재생가능에너지 발전(發電) 면에서, 2010년 말에 이르기까지 전국의 수력발전기는 2.16억kW에 달하였고 연간 발전량 6,867억kW로서 약 2.30억TCE의 연소량에 맞먹는 수치였다. 풍력발전기(on-grid)는 3,131만kW에 달하였고 연간 발전량 494억kW로서 약 1,517만TCE의 연소량에 맞먹는 수치였다. 풍력발전기(Small off-grid)는 15만kW에 달하였고 연간 발전량 2.7억kWh로서, 8.4만TCE의 연소량에 맞먹는 수치였다. 태양광발전은 86만kW에 달하였고 연간 발전량 8.6억kWh로서, 26.4만TCE의 연소량에 맞먹는 수치였다. 바이오매스발전기는 669만kW에 달하였고 연간 발전량 268억kWh로서, 898만TCE의 연소량에 맞먹는 수치였다.

<표 1> 2010년 중국 재생가능에너지 개발이용

	이용규모	만TCE
발전량	25,510만kW	25,460(합계)
수력발전소	21,606만kW	23,006
풍력발전소(on-grid)	3,131만kW	1,517
풍력발전소(Small off-grid)	15만kW	8.4
태양광발전	86만kW	26.4
바이오매스발전	669만kW	898
지열해양열발전	2.8만kW	5.0
열공급		3,665(합계)
태양에너지온수기	16,800만m^2	2,016
태양에너지쿠커	200만 대	46.0
메탄	140억m^3	1,000
바이오매스연료	350만 톤	175
지열이용	13,090만m^2	428
교통연료		241(합계)
바이오에탄올	184만 톤	184
바이오디젤	40만 톤	57.2
합계		29365.7
재생가능에너지가 1차 에너지소비에서 차지하는 비중		9.09%

자료출처: The Renewable Energy Industrial Development Report 201

2005년 「재생가능에너지법」이 발표된 이후 2005년부터 2010년에 이르기까지 중국의 재생가능에너지 이용규모는 끊임없이 증가되었고 2009년에 다소 감소하는 추세를 보였지만 이는 추후 「재생가능에너지법」을 개정하게 된 원인으로도 해석된다(그림 6, 7).

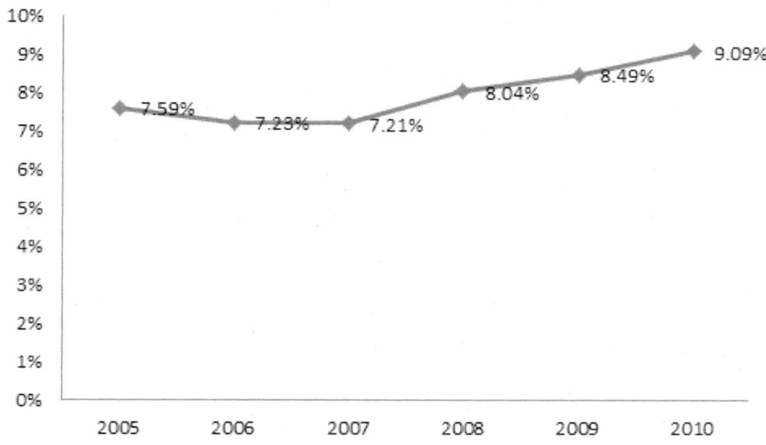

자료출처: The Renewable Energy Industrial Development Report 2011

<그림 6> 재생가능에너지가 1차 에너지 소비에서 차지하는 비중

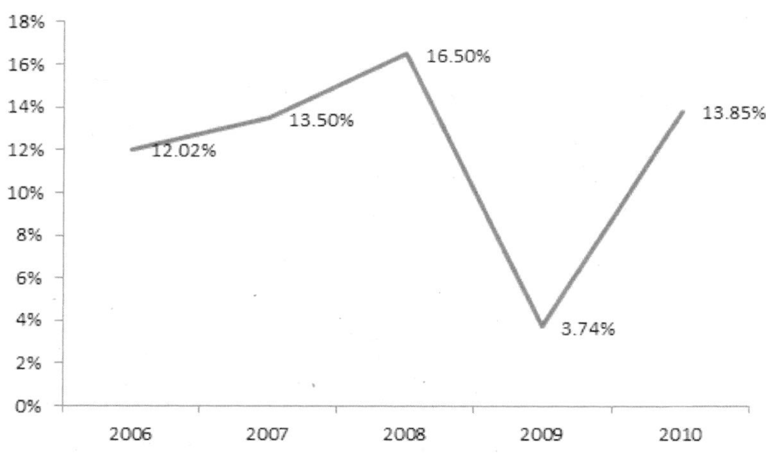

자료출처: The Renewable Energy Industrial Development Report 2011

<그림 7> 재생가능에너지 연간 증가율 추이(2006~2010)

1) 풍력

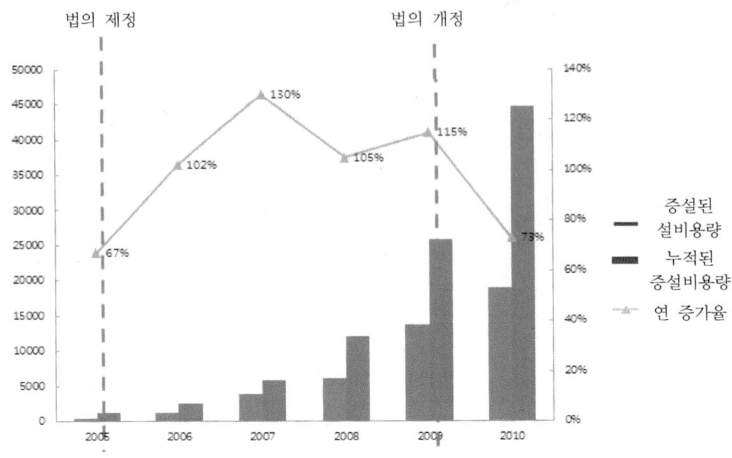

<그림 8> 풍력발전 증가추세(2005~2010)

중국에서 풍력은 수력 다음으로 그 자원이 아주 풍부하며 총량은
미국과 비슷한 수준이다. 일찍이 20세기 70년대 말 국가기상국은 처
음으로 풍력자원의 총체적인 계산을 하고 그 후 수차례 전국적인 조
사를 진행하였다. 조사에 따르면 풍력발전이 가능하다고 판단되는
지역은 지상 10m 상공에서 풍력에너지밀도가 150W/m² 이상의 지
역이며 중국에서 그에 해당하는 육상면적은 약 20만km²로서 이론적
인 자원보유량은 40억kW 이상이고 육지 이론적인 기술적 개발 가
능량은 약 6~10억kW이다. 바다 풍력자원은 약 10~20% 해면에서
이용가능하기에 비록 근해 풍력자원이 풍부하지만 그 설비용량은
약 1억~2억kW 정도밖에 안 된다. 풍력자원이 풍부한 지역은 주요

하게 서북, 화북과 동부의 초원 또는 사막, 동부와 동남연해, 그리고
섬들에 분포돼 있다(그림 9).

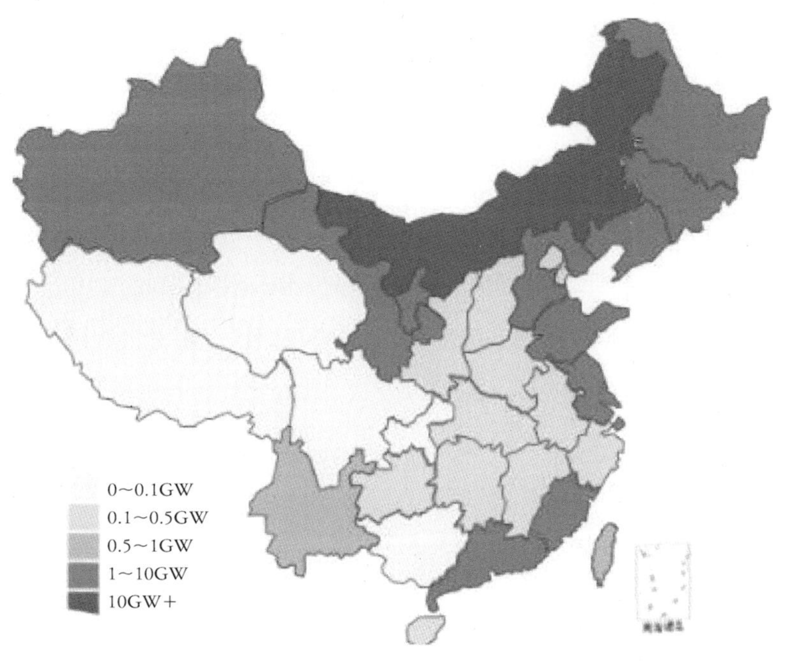

<**그림** 9> 중국 풍력발전 설비용량 지역별 분포[9]

2008년 중국은 각각 감숙(甘肅), 신강(新疆), 하북(河北), 길림(吉
林), 내몽고동부(蒙東), 내몽고서부(蒙西), 강소(江蘇) 등 풍력자원이
풍부한 지역에 7개의 천만kW급 풍력발전기를 건설하였다. 2010년
말, 산동(山東)연해지역에 천만kW급 풍력발전기를 추가 증설하여
모두 8개의 천만kW급 풍력발전기를 보유하고 있다. 이 8개의 천만kW

---

9) 2011년 중국풍력발전설비용량 통계, 중국재생가능에너지협회 전문위원회, 2012. 3.

급 풍력발전기지는 풍력자원이 풍부하고 50m 상공에서 3급 이상의 풍력자원 개발량이 18.5억kW이다. 동해대교(東海大橋)해상풍력발전장도 2010년 상해에서 정식 운영되어 유럽 이외의 최대 해상풍력발전장으로 부상했다. 동 기간 풍력발전 설비 분야에서는 4개의 중국 기업이 세계 10대 풍력발전설비제조기업의 반열에 올랐고 설비를 해외에 수출하기 시작했다.[10]

2006년 「재생가능에너지법」이 시행된 이래, 풍력발전은 급속히 발전하였고 설치량도 매년 증가하였는데 2006년부터 2009년 사이 풍력발전설비용량의 증가율은 100% 이상에 도달하였다. 2010년 새로 증설한 풍력발전설비용량은 1,893만kW로서 누적 총 설비용량은 이미 4,473만kW에 이르렀다.

2) 태양에너지

중국 태양에너지자원은 풍부하고 지역적인 편차가 있긴 하지만 태양에너지 발전에 적합한 자연적인 조건을 잘 갖추고 있다. 중국의 2/3 지역은 연중 5,000MJ/㎡의 태양광 복사에너지를 받고 있으며 연간 일조시간은 2,000h 이상으로 태양광 자원이 풍부하며 티베트 서북부의 최고점에서는 8,400MJ/㎡에 달해 세계 태양에너지자원이 제일 풍부한 지역의 하나이다(그림 10).

---

10) 2010년 중국풍력발전보고.

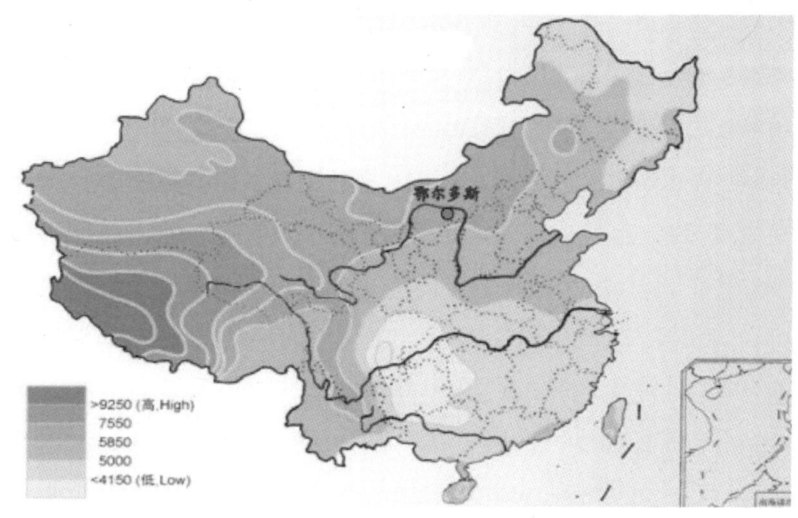

<그림 10> 중국 태양에너지 자원 지역적 분포[11]

이러한 자연적 특성 때문에 현재 태양에너지 발전분야의 수익이 높지 않지만 장기적으로 석탄화력 발전을 대신해 재생가능에너지 발전량을 전체 발전량의 45% 이상까지 향상시키는 것이 중국「재생가능에너지중장기발전계획」의 목표이다. 태양에너지는 중국에서 수력, 풍력 다음으로 규모가 상당하고 산업화 잠재력이 있는 재생가능에너지원이다.

태양에너지는 크게 태양광과 태양열을 이용한 산업 두 개의 산업으로 나눌 수 있다. 태양광 발전은 반도체로 구성된 태양전지를 이용하여 태양빛을 직접 전기에너지로 변환하는 것이다. 중국의 태양광 발전 연구는 1958년부터 시작되었으나, 태양광발전 개발이 본격적으로 추진된 것은 2004년부터이다. 「재생가능에너지법」의 발표와

---

11) http://cwera.cma.gov.cn/cn/.

국제시장의 요구에 따라 태양광 산업이 급속히 발전하여 2007년 태양전지의 총생산은 1,088MW로서 그 후 연속 4년간 세계 1위를 차지하였고, 2007년 기준 태양열온수기시장의 66.7%를 장악하여 세계 1위의 생산국이며 전 세계 태양열온수기의 76%를 보유하였다. 2008년에 중국은 전 세계 태양전지 생산량의 80%를 차지하여 세계 25대 태양전지 기업 중 중국 대륙 기업은 8개로 합계 생산량이 1,821MW에 이르렀다. 2008년 태양열온수기 연간 생산량은 3,100만㎡이었고, 생산액은 430억 위안으로 전년대비(320억 위안) 34.3% 증가했으며 수출은 1억 2,000만 달러로 전년 대비 53.8% 증가하였다. 수출국은 유럽, 미국, 아프리카, 남아프리카, 한국, 동남아시아 등 100여 개 국가를 포함하고 있다(원동아, 2011).

2010년 태양광 전지 총생산량은 8000MW로서 2009년 대비 100% 증가하였고 동 기간 새로 증설된 설비용량은 560MW, 누적 설비용량은 860MW로, 2009년 대비 287% 증가하였다(그림 11).

태양광 발전은 기술 면에서 발달하였지만 시장에서의 주요한 문제점은 원가가 너무 높고 원자재의 부족함이다. 현재, 태양광발전의 비용은 여전히 4~6위안/kW/h 좌우로 책정되어 있어 산업화의 이용과 거리가 상당하다. 하지만 2004년부터 국제 태양광 시장 특히 독일, 일본 시장의 수요에 따라 중국의 태양광 생산량이 급속히 증가하여 국제적인 경쟁력과 지명도를 갖춘 일련의 태양광전지 생산 기업들이 형성되었다. 2010년 중국의 설비용량은 태양광전지 생산량의 5%밖에 차지하지 않았고 여전히 95% 이상이 외국으로 수출되고 있는 실정이며 태양광전지 산업은 여전히 국제시장에 많이 의존하고 있기에 국내시장을 더욱 확대해야 할 필요성이 있다.

중국정부는 2020년까지 태양광발전 능력을 20,000MW로 확대할 계획이다. 특히 태양광 및 태양열발전은 전력보급 상황이 열악하고 송전망 건설에 비용이 많이 소요되는 오지를 중심으로 보급에 역점을 두고 있다. 또한 도시지역의 경우 대규모 태양광발전소 건설보다는 건물 옥상 등에 태양광 시설을 건설하는 방향으로 정책이 수립되어 있어, 도시지역에서는 일반 화력발전의 보조적인 역할에 그칠 것으로 예상된다. 향후 태양광발전은 통신, 기상, 철도, 도로 분야에서 잘 활용될 것으로 전망된다(원동아, 2011).

그 외 태양에너지는 태양열을 이용한 산업인데 주로 태양열 온수기, 태양열 발전, 태양레인지와 태양열 하우스 등이다. 중국에서는 태양열 온수기가 경제적이고 친환경제품으로 많은 각광을 받고 있다.

1990년 이후부터 중국은 줄곧 세계적으로 태양열 온수기 생산과

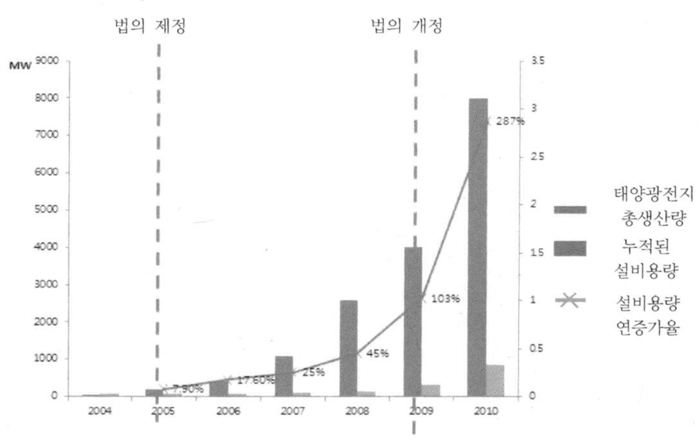

출처: The Renewable Energy Industrial Development Report 2011

<그림 11> 태양광 전지 생산량과 설비용량의 발전추이

사용의 대국으로 자리매김을 하였고 2010년에 이르기까지 태양열 온수기의 생산량과 판매량은 줄곧 세계 1위를 차지하였다. 태양열 온수기 연간 생산량은 4,900만m²로서 전 해에 비해 16.7% 증가하였고 판매량도 16,800만m²로서 전 해에 비해 15.9% 증가하였으며 태양열 온수기 생산기업의 총생산액은 700여 억 위안에 달하였고 전 해에 비해 100여 억 위안 증가하여 사회에 350만 개의 취업기회를 제공해주었다.

3) 바이오매스

바이오매스는 고전적인 재생에너지원으로서 석기시대로부터 화석의 시대가 석탄과 함께 시작되었던 약 1800년까지 나무는 독보적으로 제1의 에너지원이었다. 오늘날까지도 바이오매스는 미국의 총 에너지공급 중 가장 많은 비중을 차지하고 있고 EU에서 전체 재생에너지의 3분의 2를 차지한다. IEA는 바이오매스가 현재 전 세계적으로 80%의 재생에너지원을 차지한다고 하였다. 세계에너지기구(World Energy Council)는 심지어 바이오매스를 잠재적인 세계 최대이자 최고의 지속가능에너지원이라고 부르기도 한다. 풍력이나 태양력과는 달리 바이오매스는 수요의 변동을 감당하기 위하여 가동과 정지를 할 수 있어서 재생가능에너지 공급에 있어 독특한 역할을 하고 있다(Morris · CRAIG, 2007; 전용두 역, 2008).

중국은 바이오매스 자원이 풍부하고 종류도 다양하며 총량 또한 많은바, 주로 농촌 상품과 생산 및 가공 폐기물, 공업 폐기물과 도시 생활쓰레기 등이 있다. 중국의 바이오매스는 주로 화동지역에 집중되어있고 그 다음으로 중남, 동북, 화북, 서남, 서북지역에 많이 분포되어 있다.

농업대국으로서 농업폐기물자원도 널리 분포되었다. 그 중 농작물 짚의 매년 생산량은 7억 톤으로서 에너지 용도로 쓰일 수 있는 양은 약 3억 톤이며 이것은 1.5억TCE 연소량에 맞먹는 수치이다. 공업유기 폐수와 가축양식업장폐수 자원도 이론적으로 메탄가스를 생산할 수 있는 양은 800억m^{3}로서 이것은 5,700만TCE 연소량에 맞먹으며 땔나무숲과 임업 및 목재 가공폐기물의 자원량도 3억TCE 연소량에 맞먹는 수치이다. 최근, 중국 도시 생활쓰레기 연간 배출량은 1.4억 톤이며 2020년에 이르기까지 2.1억 톤에 달할 것으로 추정되고 있다. 만약 쓰레기를 매립회수 또는 소각하여 전기공급에 이용된다면 매년 1,300만TCE를 대체할 수 있다.[12] 2010년 말에 이르러 전국 각종 바이오매스 발전설비용량은 합계 약 670만kW로서「재생가능에너지11.5계획」에 제시된 550만kW의 목표를 초과하였다. 농촌에서 바이오매스의 이용은 이미 400만 가구에서 메탄가스를 사용하고 있고 농업폐기물 메탄가스공정은 72,741곳이나 된다. 그 외 바이오 액체연료의 이용에서도 뚜렷한 발전을 가져왔는바 2010년 바이오연료 생산량은 350만 톤으로서 2009년에 비해 75% 증가하였다.

4) 수력

수력자원은 중국의 가장 중요한 재생가능에너지원이다. 중국의

---

12) 2006년 중국재생가능에너지산업발전보고.

광활한 땅덩어리에는 강과 하천이 많고 강우량이 풍부하며 낙차가 크므로 매우 풍부한 수력자원을 가지고 있다. 수력에너지자원 잠재량이나 개발 가능한 수력에너지자원이나를 막론하고 중국은 모두 세계에서 첫자리를 차지한다. 2003년도 전국 수력에너지자원 재검사 성과에 근거하면, 기술적으로 개발이 가능한 전국 수력에너지자원 설비용량은 5.42억kW이고 연간 발전량은 2.47만억kWh이다. 경제적으로 개발이 가능한 설비용량은 4억kW이고 연간 발전량은 1.75만억kWh로서 경제적으로 개발이 가능한 연간 발전량의 100년간 중복사용으로 계산하면 수력에너지자원은 중국의 잔여 전통에너지 저장량의 40%가량을 차지하여 석탄에 버금간다. 중국의 수력에너지자원은 분포가 광범하며 지역적으로 주로 서부지역에 분포되어 있는데 그 중에서 70%는 서남지역에 분포되어 있으며 주로 장강(长江), 금사강(金沙江), 아롱강(雅砻江), 대도하(大渡河), 오강(乌江), 홍수하(红水河), 난창강(澜沧江), 황하(黄河)와 노강(怒江) 등 대형 강, 하천의 간류에 주로 집중되어 있다. 이 지역의 전체 설비용량은 전국적으로 경제적으로 개발 가능한 양의 약 60%에 달하고 집중개발과 대규모적인 외부송부의 양호한 조건을 갖고 있다.

2006년 말에 이르러, 전국적으로 수력발전의 설비용량은 총 1.25억kW에 달해 전국 총 발전설비용량의 19%에 달하고 연간 발전량이 3,900억kWh로 전국 총 발전량의 13%를 차지하였다. 이 중에서 소수력은 약 4,000만kW이고 연간 발전량이 약 1,400억kWh로 전국 근 1/2의 국토면적, 1/3의 현, 1/4 인구의 전력공급을 담당하였다. 전국적으로 이미 653개의 농촌수력발전에 의지한 초급전기와 가스가 보급된 현을 건설하였고 400개의 소수력발전에 주로 의지한 부유한

수준의 전기와 가스가 보급된 현을 건설하고 있다. 중국의 수력탐측, 설계, 시공, 설치와 설비제조는 모두 국제수준에 이르러 완전한 산업체계를 구축하였다.

중국의 「재생가능에너지중장기발전계획」에 의하면, 2020년에 이르러 중국의 수력발전 설비용량은 3억kW에 달하게 되고, 이 중에서 소수력은 7,500만kW로 수력에너지의 경제적으로 가능한 개발수량의 75%를 차지해 기본적으로 국제적인 선진수준에 근접하게 된다. 2030년을 전후하여 중국의 수력발전은 기본적으로 개발을 완료하고, 설비용량은 3.5억kW 정도에 이르며 발전량은 1.5만억kWh 정도에 이른다. 만약 인당 1kW의 전력수요로 계산하면, 대략 그때 중국 발전 설비용량의 23%가량을 차지하며, 따라서 수력발전은 중국의 에너지공급에서 시종일관하게 중요한 위치를 차지하고 있다.[13]

<표 2> 지역별 개발 가능 수력에너지 자원

지역	설비용량(만kW)	연 발전량(억kW/h)	연 발전량 전국비중(%)
화북	700	230	1.2
동북	1200	380	2.0
화동	1800	690	3.6
중남	6700	2970	15.5
서남	23200	13050	67.8
서북	4200	1910	9.9
전국	37800	19230	100

출처: 我國水資源分布 http://www.indaa.com.cn/zt/zgsd/zgsd_snfb/200908/t20090831_210496.html

<표 2>에서 보시다시피 중국은 수력자원의 지역적인 분포가 매

---

13) 2006년 중국재생가능에너지산업발전보고.

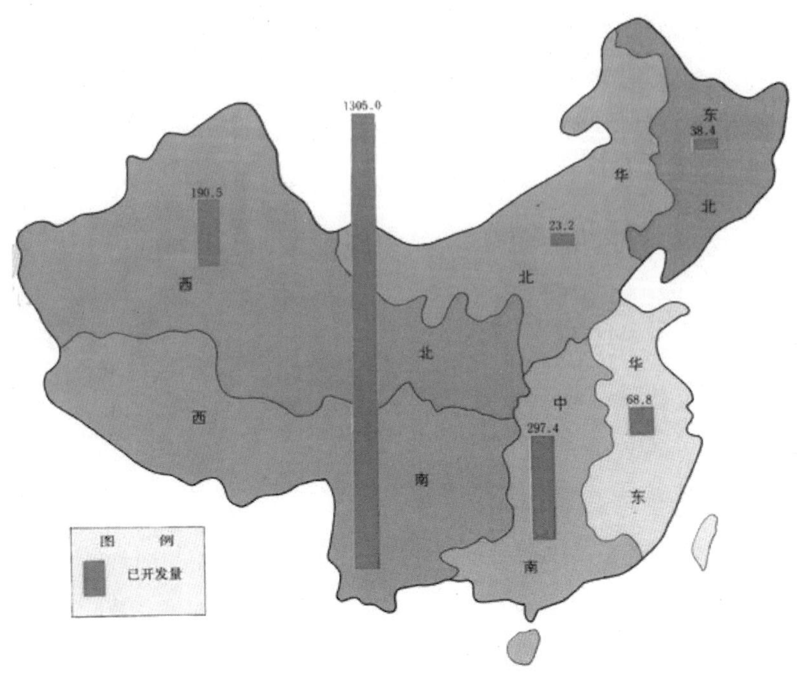

<그림 12> 중국의 개발 가능한 수력자원의 지역적인 분포도[14]

우 불균일하여 대부분 서남지역에 집중되어 있고 그 다음으로 중남
과 서북지역이고 화북, 동북과 화동지역이 차지하는 비중은 매우 작다.

---

14) http://www.indaa.com.cn/zt/zgsd/zgsd_snfb/200908/t20090831_210512.html.

3. 법의 변천에 따른 재생가능에너지의 이용 변화 추세

「재생가능에너지법」 시행의 영향으로 인하여 2006년부터 시작하여 재생가능에너지 발전 설비용량의 비중이 하락추세를 종료하고 상승하기 시작하였다. 재생가능에너지의 비중구성으로 보면, 기술이 성숙되고 경제적인 소수력이 주도지위를 차지하고 있다. 자원이 풍부하고 기술이 기본적으로 성숙되었으며 상업화에 근접한 풍력발전과 바이오발전의 발전추세도 신속한데, 특히 풍력발전의 증가세가 가파롭다. 자원의 잠재력이 거대한 태양광발전은 원가가 비교적 높은 원인으로 인하여 차지하는 비중이 매우 작다. 태양에너지의 다른 이용제품인 태양에너지 온수기는 친환경제품으로서 사용이 편리하여 광범하게 사용되고 있으며, 2008년 말 현재 중국 태양에너지 온수기의 사용면적은 15억m^2로 세계 태양에너지 온수기 총 사용면적의 60% 이상을 차지한다.

2003~2008년간, 풍력발전, 소수력, 바이오와 태양광발전 설비용량 및 그 연간 성장비율은 총체적으로 비교적 빠른 성장을 유지하고 있다. 이들 4개 종류의 재생가능에너지 성장특점 및 법규정책이 이들에 미친 영향을 다음에서 분석한다.

1) 풍력발전

2003년부터 시작하여 풍력발전 특허권정책(风力發電特许權政策)[15]을 실시하여 풍력발전항목의 경영권을 시장경쟁의 방식으로 기업에 수여하였다. 동 정책은 경쟁으로 풍력발전 전기요금의 하락을 촉진하여 풍력발전의 송전망 연결가격이 너무 높은 문제를 해결하였다. 또한 풍력발전 투자의 다원화를 촉진하고, 풍력발전항목의 공급 가능한 전력량에 대한 전부구매를 보장하였으며, 공평한 경쟁의 기회를 제공하였다. 중국은 2005년 7월 「풍력발전건설관리관련요구통지」에서 풍력발전설비의 국산화비중이 70% 이상에 이르도록 규정하고 풍력기기 제조업체의 참여와 투자를 촉진하였다. 이러한 정책의 영향으로 2004년 이래 풍력발전 설비용량은 빠르게 증가하였다.

<그림 7>에서 제시된 것처럼 2008년 풍력발전 설비용량의 증가속도는 2007년 대비 둔화되었는데 그 원인을 분석하면 다음과 같다. (1) 각 국유발전그룹이 풍력발전자원을 취득하기 위해 매우 낮은 입찰 연결가격을 제시하여 특허입찰항목을 취득함으로써 악성경쟁을 야기하였다. 국영기업의 이러한 조치로 인해 민영기업이 풍력발전산업에 접근하기 두렵도록 만들었으며 그 결과 풍력발전의 장기적인 발전에 불리하게 작용하였다. (2) 국내 설비제조업의 발전을 빠르게 진흥시키고, 소형 풍력발전기기의 수입에 대한 의존을 제한하기 위하여, 중국이 출범한 「대효능풍력발전기기·핵심부품·원자재수입세정책조정통지(關于调整大功率风力發電机组及其關键零部件、原材料進口稅收政策的通知)」[16]는 소형 풍력발전기기의 수입원가를 증가시켰다.

---

15) 풍력발전 특허권정책은 입찰을 통해 풍력발전개발업체와 전기요금을 확정하는 제도인데 입찰 중 풍력발전항목 입찰업체의 융자능력, 재무방안, 기술방안, 설비의 현지화방안, 전기요금 등 요소를 종합적으로 고려함으로써 중국 풍력발전산업의 발전을 효과적으로 육성시켰다. 낙찰을 받은 업체는 특허권계약의 규정에 의해 낙찰항목의 투자, 건설과 경영으로 인한 모든 투자 및 리스크를 담당하고 특허기간 내 업체는 항목의 소유권과 경영권을 가지며 정부는 동 항목을 이용한 풍력발전 전력에 대해 전부 구매하겠다고 약속한다. 소재지의 전력업체가 낙찰된 투자업체와 전력구매계약을 체결하고 그 기간은 항목의 경영기간보다 길어야 하며 전기요금은 낙찰가격에 따른다. 특허권은 일반적으로 20~25년으로 하며 기간만료 후 풍력발전항목의 모든 자산과 소유권 및 사용권은 현지 정부나 지정한 대리인에게 무상으로 양도된다.

2009년 7월, 국가발전개혁위원회에서 공포한 「풍력발전송전망연결전기요금정책개선통지」는 전국을 4가지 종류의 풍력에너지자원구역으로 분류하고 풍력발전 기준전기요금(标杆上网电价)[17] 수준을 각각 0.51, 0.54, 0.58, 0.61위안/kWh로 책정하였다. 기준전기요금을 명확히 한 후 만약 통일 입찰하고 투자원가를 확인하면 일정한 이윤공간을 구성하게 되어 투자의 유치에 유리하다. 2010년 후, 풍력발전이 여전히 빠른 발전을 유지하였다. 「재생가능에너지중장기발전계획」에 의하면 2020년에 이르러 풍력발전의 누적 설비용량은 150,000MW에 달하며 연간 성장률이 22.5%에 이른다(赵振宇·范磊磊, 2010).

2) 태양광발전

중국의 상업발전가치를 갖고 있는 4가지 주요 재생가능에너지의 자원량과 발전잠재력으로 보면 이 중에서 태양에너지발전의 잠재력이 가장 크다. 때문에 「재생가능에너지중장기발전계획」에서는 950억 위안을 투자하여 2020년에 이르러 태양에너지의 발전총량을 1,800MW로 증가시키겠다고 하였다.

태양광발전은 원가가 높고 연결이 어려우며 태양에너지에 대한

---

16) 재정부 제정, 2008년 5월 1일 시행, 2009년 7월 1일 폐지. 동 통지는 2008년 1월 1일부터 국내기업이 대형 풍력발전기기를 개발, 제조하기 위해 수입하는 핵심 부품과 원자재에 대해 수입관세를 환급하여 주도록 하였고, 그 환급금액은 국가의 자본금으로 되어 기업에 투자되며 주로 기업 신제품의 연구, 제작, 생산 및 창조능력의 양성에 사용되도록 하였다. 동 통지의 시행과 더불어 소형 풍력발전기기의 수입에까지 적용되던 수입관세의 면제가 2008년 11월 1일부로 전부 폐지되고 대형 풍력발전기기에 한해서만 수입관세의 환급이 이루어지도록 함으로써 소형 풍력발전기의 수입원가가 높아지게 되었다.

17) 기준전기요금은 전기요금의 시장화 개혁을 추진하기 위하여, 새로 건설하는 발전항목에 대해 지역에 따라 통일된 전기요금을 책정하는 것이다.

이용이 주로 온수기에 집중되었고 태양에너지 발전의 설비용량은 재생가능에너지 발전의 비중에서 0.3%에도 미치지 못하여 재생가능에너지 발전의 중요한 구성부분으로 되지 못하고 있다. 「재생가능에너지법」 등 일련의 경제와 기술상의 정책지원을 통해 투자자의 신심을 확고히 하였으며 2005년 후 태양광 발전총량의 증가속도가 급속히 빨라졌다.

태양광발전을 장려하기 위해, 일부 지방에서도 관련정책을 수립하였는데, 예를 들어 2009년 6월, 강소성 정부는 「강소성태양광발전추진의견(江苏省光伏發電推進意见)」[18]을 공포하여 정책지원, 표준건설과 창조구동 등 보장조치를 통해 태양광 발전회사의 경쟁력을 높이고 태양에너지산업발전을 촉진하도록 하였다. 동시에 발전목표를 수립하였는데, 3년의 노력을 거쳐 전 성에서 광전지 연결발전 설비용량이 400MW에 도달하도록 하였다.

3) 바이오발전

현재, 중국의 매년 볏짚생산량은 이미 7억 톤을 초과하여 약 3.5억TCE에 이르며 농작물 볏짚의 자원수량이 비교적 크고 바이오에너지 발전을 발전시키기 위한 자원요건을 갖추었다. 바이오에너지에서 전환된 전력에너지는 품질이 좋고 신뢰할만하며 원가가 낮고 비교적 높은 경제적 가치를 갖고 있으며 중국의 발전구조 조정에 유리하다. 단 바이오전기는 연료공급과 환경오염의 위험이 따르며 심사

---

18) 강소성정부 제정, 2009년 6월 19일 시행.

기준이 복잡하고 관련 법규, 정책 중 바이오발전에 대한 전문 규정
이 너무 적어 바이오발전이 강력한 지속상승을 이룩하지 못하도록
한다. 2006년 후 출범한 관련정책, 특히 강제연결제도와 전기요금
보조금정책은 바이오에너지의 투자와 개발이용을 추진하였고 연결
장벽을 해소하였으며 수익보장을 제공하였다.

"11.5"기간, 과학기술부는 바이오에너지의 우선 발전을 가장 중요
한 지위에 놓고 더욱 많은 경비가 바이오에너지의 개발과 이용에 투
입되었다. 중·장기적으로는 30,000MW에 이르도록 하는데 현재의
성장속도를 유지하기만 한다면 바이오발전은 재생가능에너지의 다
른 한 중요한 부분으로 될 전망이다.

2006~2010년 바이오발전의 투자는 168억 위안에서 586억 위안

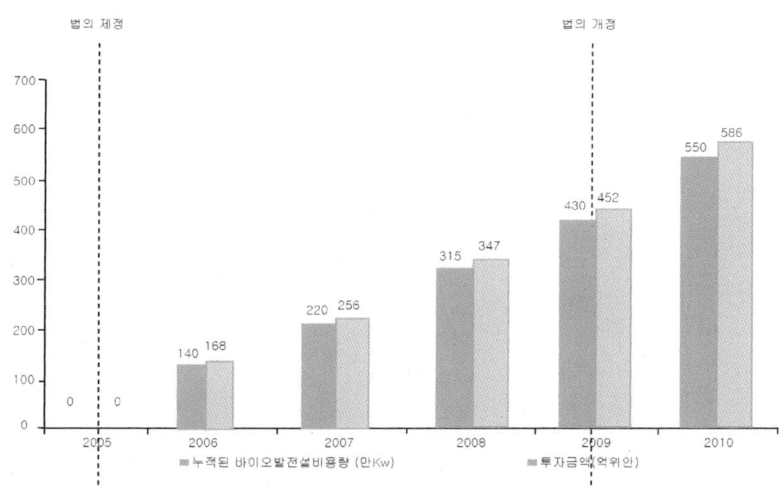

자료출처: 生物质能發電行業分析, 2005년 자료는 없기에 그림에 표기하지 않았음

<그림 13> 바이오에너지 발전규모변화추이도(2005~2010)

으로 증가되었고 연평균 증가율은 30% 이상에 달하였으며 누적된
바이오발전 설비용량은 2006년의 140만kW에서 2010년의 550만
kW로 연평균 증가율은 30% 이상에 달하였다. 숫자적으로는 바이오
발전의 증가속도가 둔화되기는 했지만 여전히 매우 높은 수준이다
(그림 13).

4) 소수력발전

최근 들어, 소수력발전 설비용량이 전체 재생가능에너지 설비용
량의 80% 이상을 차지하여 재생가능에너지 발전구조 중 주도적인
지위를 차지한다. 일찍이 1986년, 중국은 「소수력발전전가약간규정
관련통지(關于小水電電价的几项規定的通知)」[19]를 공포하여 소수력
발전은 대형 송전망의 필요한 보충이고 농촌의 전기사용 수급모순
을 완화하고 농촌경제를 번영시키며 중국식 농촌 전력, 가스화 발전
에 적극적인 역할을 함을 명확히 하였다. 「재생가능에너지법」이 공
포됨에 따라 소수력발전은 일련의 장려와 우대정책을 취득하였는데,
전체적으로 보면 소수력의 설비용량은 기초수량이 크고 성장이 안
정적이다. 「재생가능에너지중장기발전계획」에 근거하면 2020년에
이르러 소수력발전의 설비용량은 75,000MW에 이를 예정이다.

---

19) 국가경제위원회, 수력전력부, 국가물가국 제정, 1986년 11월 20일 시행.

4. 소결

중국에서는 재생가능에너지 개발 확대에서 「재생가능에너지법」의 제정과 개정이 중요한 견인차 역할을 하였다. 본문에서 살펴본 바와 같이 중국에서는 2005년을 전후하여 재생가능에너지의 보급 확대가 빠르게 발전되어 왔는데 이는 2005년에 「재생가능에너지법」이 제정된 데 상당 부분 기인한다. 중국의 재생가능에너지 자원이 풍부한 측면과 기술진보의 원인도 있겠지만 경제성장을 위해 정부가 나서서 적극적으로 지원을 한 결과로 「재생가능에너지법」의 제정과 개정을 매개로 하고 있다.

중국은 정부차원에서 각종 지원과 조치를 통해 재생가능에너지의 보급 확대를 실현하였다. 이러한 지원과 조치는 「재생가능에너지법」을 근간으로 하는 다양한 법령과 정책의 제정 및 시행에 힘입은 것이었다. 「재생가능에너지법」 시행 전후의 재생가능에너지 보급 확대 추세가 이를 설명하여 준다. 또한 중국이 이룩한 재생가능에너지와 관련한 기술진보 역시 법제의 시행에 따른 것이었다.

IV

재생가능에너지 법제도 및 법제 분석

이 장에서는 중국의 재생가능에너지 법제도에 대해 살펴보도록 한다. 재생가능에너지와 관련된 법에 대해 구체적으로 다루기에 앞서 중국의 입법체계에 대해 살펴보고 중국의 법률 제정 절차와 법률 제정 과정에의 참여자들을 살펴보도록 한다. 그리고 나서 재생가능에너지 관련법의 변천사, 재생가능에너지 관련법의 적용범위와 주체에 대해 살펴보도록 한다.

1. 중국의 입법체계

현재 중국의 입법체계는 헌법, 법률, 행정법규, 지방성법규, 규정(規章) 등으로 나뉜다(葛洪義, 2005).

1) 헌법

「헌법(憲法)」[20]은 중국 전국인민대표대회[21]에서 제정 및 개정하는 중국의 기본법이다. 중국의 법률체계에서, 헌법은 최고의 법적 지위와 효력을 가지며, 중국 모든 법령의 기초와 근거가 된다. 모든

---

20) 현행 「헌법」은 1982년 12월 4일 제5기 전국인민대표대회 제5차 회의에서 통과되었고, 1988년(사영경제의 허가 등), 1993년(사회주의 시장경제 시행 등), 1999년(사회주의 법치국가의 건설 등), 2004년(국가가 개체경제, 사영경제의 합법적 권리와 이익에 대한 보호 등)에 거쳐 4차례 개정되었다.

21) 전국인민대표대회는 최고국가권력기관이며, 그 상설기관인 전국인민대표대회 상무위원회와 함께 국가입법권을 행사한다. 매번 임기는 5년이고, 매년 한 차례 회동한다. 「헌법」 제57조 내지 제61조.

법률, 행정법규와 지방성법규는 헌법에 저촉되어서는 아니 된다.[22]

2) 법률

법률은 전국인민대표대회 및 그 상무위원회에서 제정 및 개정하고, 그 법적 효력은 헌법 다음이며, 헌법과 「입법법(立法法)」[23]의 규정에 따라, 기본법률과 기타법률로 구분된다. 기본법률은 형사, 민사, 국가기관과 관련되는 법률로서, 전국인민대표대회에서 제정 및 개정한다.[24] 전국인민대표대회 상무위원회는 전국인민대표대회에서 제정하도록 규정된 법률을 제외하고 나머지 법률을 제정 및 개정한다.[25] 예를 들면, 「환경보호법(環境保護法)」, 「수법」, 「전력법」, 「석탄법(煤炭法)」, 「에너지절약법(節約能源法)」, 「재생가능에너지법」, 「과학기술진보법(科學技術進步法)」, 「청정생산촉진법」, 「순환경제촉진법(循環經濟促進法)」 등 절대다수의 법률이 동 부류에 귀속된다.

전국인민대표대회 및 그 상무위원회에서 공포한 규범성적인 결의, 결정, 규정, 방법 등도 법률에 속하는데, 그 예로 전국인민대표대회 상무위원회가 공포한 「기후변화적극대응결의(關于積極應對氣候變化的決議)」를 들 수 있다.

기본법률과 기타법률 간에는 효력순위가 존재하지 않고 충돌될 경우, 신법우선 및 특별법우선의 원칙에 따라 처리한다(國家司法考

---

22) 「헌법」 제5조제3항.

23) 2000년 3월 15일 주석령 제31호로 제정, 2000년 7월 1일 시행.

24) 「헌법」 제62조제3호.

25) 「헌법」 제67조제2호.

試輔導用書編輯委員會, 2008).

3) 행정법규

국무원(國務院)은 헌법과 법률에 근거하여 행정법규를 제정하며, 국무원이 제정하는 행정법규의 효력은 헌법과 법률에 비해 낮지만, 지방성법규와 각종 규정에 비해서는 높다. 행정법규의 명칭은 일반적으로 '조례'라고 부르며, '규정', '방법'[26] 등으로 부르기도 한다. 국무원이 전국인민대표대회 및 그 상무위원회의 수권에 근거하여 제정하는 행정법규는 '잠정조례' 또는 '잠정규정'으로 부른다.[27] 예를 들면, 「정부정보공개조례(政府信息公開條例)」, 「기업국유자산감지규정(禁止使用童工規定)」, 「산업구조조정촉진잠정규정(促進産業結構調整暫行規定)」, 「소송비용납부방법(訴訟費用交納辦法)」 등이 행정법규에 속한다.

행정법규의 규율내용에는 법률의 집행과 관련된 국가행정사무 관련사항과 국무원 행정관리 직권 관련사항이 포함된다. 후자의 경우, 국가행정기관의 행정사무활동 중에서의 직권과 업무, 국가행정기관이 행정관리활동 중 기타 국가기관·사회조직·기업사업단위와 공민 간의 관계 등 광범위한 내용이 포함된다.

그밖에 국무원이 공포한 규범성적인 결정과 명령(일반적으로 국

---

26) 1987년 4월 21일, 국무원에서 공포한 「행정법규제정절차잠정조례(行政法規制定程序暫行條例)」 제3조의 규정에 따르면, 한 측면의 행정업무에 대해 비교적 전면적이고 계통적으로 규정한 경우, '조례'라 부르고, 부분적 규정을 한 경우 '규정'이라 부르며, 한 가지 행정업무에 대해 비교적 구체적인 규정을 한 경우 '방법'이라 부른다. 하지만 그 후 개정된 「행정법규제정절차조례(行政法規制定程序條例)」에서는 조례, 규정과 방법에 대해 명확한 정의를 내리지 않고 있다.

27) 「행정법규제정절차조례」 제4조.

무원 규범성문건[28])으로 불림) 역시 행정법규와 같은 법적 효력을 가지는데 그 예로 「전략적신흥산업육성가속화결정(關于加快培育和發展戰略性新兴产业的決定)」, 「중국기후변화대응국가방안인쇄·발행통지(關于印發中國應對氣候變化國家方案的通知)」, 「과학발전관실현, 환경보호강화결정(關于落實科學發展觀加強環境保護的決定)」, 「중국21세기아젠다-중국21세기인구·환경·발전백서실현·실시통지(關于贯彻實施中國21世紀議程-中國21世紀人口、環境与發展白皮書的通知)」, 「12.5국가전략신흥산업발전계획인쇄·발행통지(關于印發"十二五"國家戰略性新兴产业發展規劃的通知)」 등이 있다. 현재 중국의 행정법규와 국무원의 규범성문건은 수량 면에서 전국인민대표대회와 그 상무위원회가 제정한 법률의 수를 훨씬 웃돈다(國家司法考試輔導用書編輯委員會, 2008).

4) 지방성법규

성·자치구·직할시의 인민대표대회 및 그 상무위원회는 당해 행정구역의 구체상황과 실제수요에 근거하여, 헌법·법률·행정법규와 충돌하지 아니한다는 전제하에, 지방성법규를 제정할 수 있다. 비교적 큰 도시의 인민대표대회 및 그 상무위원회는 당해 도시의 구체적 상황과 실제수요에 근거하여, 헌법·법률·행정법규와 당해 성·

---

28) 중국의 규범성문건은 주로 국무원의 규범성문건과 각 부문의 규범성문건으로 나뉘며 이 글에서 사용되는 규범성문건은 일반적으로 각 부문의 규범성문건을 말한다. 규범성문건은 국무원 또는 각 부문이 제정하는데 국무원령 또는 부령의 형태를 취하지 않고 "통지", "의견" 등 형태를 취하며 국무원의 규범성문건은 국무원의 행정법규에 해당하고 각 부문의 규범성문건은 부문규정에 해당하는 법적 효력이 있다.

자치구의 지방성법규와 충돌하지 아니한다는 전제하에, 지방성법규를 제정할 수 있으며, 성·자치구의 인민대표대회 상무위원회의 허가를 거쳐 시행한다. 여기에서 말하는 비교적 큰 도시란, 성·자치구 정부 소재지의 도시, 경제특구 소재지의 도시 및 국무원이 허가한 비교적 큰 도시를 가리킨다.[29] 예를 들면, 「호남성농촌재생가능에너지조례(湖南省農村可再生能源條例)」,[30] 「호북성농촌재생가능에너지조례(湖北省農村可再生能源條例)」,[31] 「산동성농촌재생가능에너지조례(山東省農村可再生能源條例)」,[32] 「흑룡강성농촌재생가능에너지개발이용조례(黑龍江省農村可再生能源開發利用條例)」,[33] 「절강성재생가능에너지개발이용촉진조례(浙江省可再生能源開發利用促進條例)」[34] 등은 지방성법규에 귀속된다.

또한 지방 각급 국가권력기관 및 그 상설기관이 제정한 규범성적인 결정·명령·결의도 지방성법규에 속한다. 지방성법규는 법률과 행정법규의 집행을 위하여 당해 행정구역의 실제 상황에 근거한 구체사항, 지방성 사무에 속하여 지방성법규를 제정하여야 할 내용 등에 대해 규정한다. 중국의 지방성법규는 일반적으로 '조례', '규정', '방법' 등 명칭을 사용한다. 지방성법규는 동일 지방의 동급 지방정부 규정에 대해 우선 적용된다.

---

29) 「입법법」 제63조.

30) 2005년 11월 28일 호남성인민대표대회상무위원회공고 제53호 제정, 2006년 3월 1일 시행.

31) 2010년 7월 30일 호북성인민대표대회상무위원회공고 제109호 제정, 2010년 10월 1일 시행.

32) 2007년 11월 23일 산동성인민대표대회상무위원회공고 제119호 제정, 2008년 1월 1일 시행.

33) 2008년 1월 8일 흑룡강성인민대표대회상무위원회공고 제68호 제정, 2008년 3월 1일 시행.

34) 2012년 5월 30일 절강성인민대표대회상무위원회공고 제78호 제정, 2012년 10월 1일 시행.

5) 부문규정과 지방정부규정

국무원 각 부, 위원회, 중국인민은행(中國人民銀行), 심계서(審計署)와 행정관리기능을 가진 직속기관은 법률과 국무원 행정법규·결정·명령에 근거하여, 동 부서의 권한범위 내에서 규정을 제정할 수 있다.[35] 부문규정은 부위(部委)규정이라고도 부르며, 그 효력은 헌법, 법률과 행정법규에 비해 낮다. 예를 들면, 국가전력감독관리위원회에서 제정한 「전력회사재생가능에너지전기량전액구매감독관리방법(電網企業全額收購可再生能源電量監管辦法)」 등이 부문규정에 속한다.

부문규정을 제외하고, 중국의 각 부, 위원회 등은 부문 규범성문건을 다수 제정하고 있다. 이러한 규범성 문건은 행정관리에서 다수 존재하고 광범위하게 이용되며 이는 부문규정을 보완하고 새로 발생된 사회적 문제를 처리하는 측면에서 보면 그 적극성과 합리성이 있다. 예를 들면, 「재생가능에너지산업발전지도목록(可再生能源産業發展指導目錄)」, 「재생가능에너지발전관리규정(可再生能源發電有關管理規定)」, 「재생가능에너지발전가격·비용분담관리시행방법(可再生能源發電價格和費用分攤管理試行辦法)」, 「재생가능에너지발전전문자금관리잠정방법(可再生能源發展專項資金管理暫行辦法)」, 「재생가능에너지발전가격부가수입할당잠정방법(可再生能源電價附加收入調配暫行辦法)」, 「재생가능에너지발전기금징수사용관리잠정방법(可再生能源發展基金徵收使用管理暫行辦法)」, 「재생가능에너지전기요금부가보조자

---

35) 「입법법」 제71조.

금관리잠정방법(可再生能源電價附加補助資金管理暫行辦法)」 등 절대
다수의 재생가능에너지관련 규정은 부문 규범성문건의 형태로 이루
어지고 있으며 부문규정이 각 부·위원회 령(令)의 형태로 공포되는
반면, 부문 규범성문건은 통지, 의견 등의 형태로 공포된다.

성·자치구·직할시와 비교적 큰 도시의 정부는 법률·행정법규
와 당해 성·자치구·직할시의 지방성법규에 근거하여 규정을 제정할
수 있다. 지방정부규정은 다음의 내용에 대해 규정할 수 있다. (1) 법
률·행정법규·지방성법규의 집행을 위해 규정의 제정이 필요한 사
항. (2) 당해 행정구역 내의 구체적인 행정관리사항.[36] 예를 들면, 「하
얼빈시농촌재생가능에너지개발이용관리방법(哈尔濱市農村可再生能
源开發利用管理辦法)」 등이 지방정부규정에 속한다.

6) 정책

중국에서 정책은 정부의 정책과 공산당의 정책으로 분류할 수 있
다. 공산당의 정책은 입법과 정부의 정책제정에 커다란 영향을 미치
고 정부 또한 행정입법의 제정주체로서 그 정책은 입법에 큰 영향을
미치게 된다. 공산당과 정부의 정책은 직접 구속력을 갖는 것이 아
니라 입법으로의 전환을 통해 실제로 사회에서 적용된다. 때문에 이
러한 정책들은 중국의 재생가능에너지 입법의 방향을 결정짓는 데
있어 중요한 기능을 하고 있다.

---

36) 「입법법」 제73조.

2. 중국의 법률제정절차 및 참여자

1) 법률제정절차

중국은 「입법법」에서 법률제정절차를 자세히 규정하고 있다. 중국의 법률제정 권리는 전국인민대표대회와 전국인민대표대회 상무위원회로 이원화되어 있다. 전국인민대표대회는 형사, 민사, 국가기관과 기타의 기본법률을 제정하고 기타 법률은 전국인민대표대회 상무위원회가 제정하며 따라서 중국의 법률제정절차 역시 전국인민대표대회의 입법절차와 전국인민대표대회 상무위원회의 입법절차로 구분된다.

「재생가능에너지법」을 포함한 다수의 법률은 전국인민대표대회 상무위원회가 제정하는 기타법률에 귀속되며, 따라서 이 논문에서는 전국인민대표대회 상무위원회의 법률제정절차에 대해서만 기술하고자 한다.

우선, 전국인민대표대회 상무위원회 위원장회의가 자체 발의 또는 법률안 제출의 권한이 있는 기관들로부터 받은 법률안을 상무위원회 회의에 제출하여 회의 의사일정에 포함시키고, 동 법률안은 일반적으로 3차의 심의를 거쳐 표결에 회부되며 전체 구성원의 과반수 찬성으로 법률안이 통과된다. 1차 심의에서는 전체회의에서 제안인의 설명을 청취한 후, 소조를 나누어 예비심의를 진행하고, 2차 심의에서는 전체회의에서 전국인민대표대회 법률위원회의 법률초안에 대한 수정 사항과 주요문제에 대한 보고를 청취한 후 분과위원회를 나누어 더욱 심도 있게 심의하며, 3차 심의에서는 전체회의에서 법률위원회의 법률초안에 대한 심의 결과 보고를 청취한 후 소조를 나누어 법률초안의 수정안에 대해 심의한다.[37]

상술한 법률제정절차에 대해 더욱 깊이 있는 이해를 증진시키기 위해 아래에서 관련 기관에 대해 살펴보고자 한다.

2) 법률안 제출기관

전국인민대표대회 상무위원회 위원장회의는 상무위원회에 법률안을 제출할 수 있으며 상무위원회 회의에서 심의한다. 국무원, 중앙군사위원회, 최고인민법원, 최고인민검찰원, 전국인민대표대회 각 전문위원회는 상무위원회에 법률안을 제출할 수 있으며 위원장회의에서 상무위원회 회의 의사일정에 포함시키거나 먼저 관련 전문위원회에 회부하여 심의, 보고를 제출한 후 상무위원회 회의 의사일정에 포함시킬지 여부를 결정한다. 만약 위원장회의에서 법률안에 중대한 문제가 있어 더 보완해야 한다고 판단하면 제안인에게 수정 및 개선 후 다시 상무위원회에 제출하도록 건의할 수 있다.[38]

상술한 법률안 제출기관 중 국무원은 중요한 기능을 하고 있다. 「국무원업무규칙(國務院工作規則)」[39] 제17항, 제39항과 제40항에 의하면, 국무원에서 법률안의 제출은 국무원 전체회의에서 진행되는데 국무원 전체회의는 총리(1인), 부총리(4인), 국무위원(5인), 각 부 부

---

37) 「입법법」 제27조.

38) 「입법법」 제24조.

39) 국무원 제정, 2005년 2월 18일 시행, 2008년 개정.

장(22개 부), 각 위원회 주임(3개 위원회), 인민은행 행장, 회계감사장, 비서장(국무위원 겸임)으로 구성된다. 국무원 전체회의는 일반적으로 반년에 한 번 개최되며, 동 규칙의 제41항에 의하면 국무원 전체회의에 제출하여 논의에 회부되는 의제에 대해 국무원의 담당주관 영도가 조정 또는 확인 후 제출하며 총리에게 보고하여 확정한다. 부총리 4인과 국무위원 5인이 상술한 22개의 부와 3개의 위원회에 대한 담당주관 영도이며, 재생가능에너지 분야에 대해서는 국가발전개혁위원회의 전 주임 등을 역임한 국무위원이 주관한다.

전국인민대표대회 상무위원회의 구성인원 10인 이상 연명으로 상무위원회에 법률안을 제출할 수 있으며, 위원장회의에서 상무위원회 회의 의사일정에 포함시킬지 여부를 결정하거나, 먼저 관련 전문위원회에 회부하여 심의하여 회의 의사일정에 포함시킬지 여부에 대해 의견을 제출한 후, 다시 상무위원회 회의 의사일정에 포함시킬지 여부를 결정한다. 회의 의사일정에 포함시키지 않는 경우, 상무위원회 회의에 보고해야 하며 제안인에게 설명해야 한다.[40)

위에서 살펴본 바와 같이 위원장회의가 최종적으로 법률안을 상무위원회 회의 의사일정에 포함시킬지 여부에 대해 최종적인 결정권을 갖고 있으며 이에 대해 감독을 할 수 있는 기관이 전무하다. 특히 상무위원회 구성인원 10인 이상이 연명으로 제출한 경우에만 회의 의사일정에 동 법률안을 포함시키지 않은 데 대해 설명할 의무를 지며 기타 기관의 법률안 제출에 대해서는 심지어 설명할 의무도 지지 않는데, 이는 문제가 있어 보인다. 특히 관련 전문위원회가 회의

---

40) 「입법법」 제25조.

의사일정에 포함시킬지 여부에 대해 먼저 의견을 제출하는데, 이에 대해 위원장회의가 어떠한 설명도 없이 이러한 의견을 번복할 경우는 충분히 문제가 될 수 있다.

현실에서 보면 법률안을 가장 많이 제출하는 기관은 국무원으로서 대체로 전체 법률안의 50~60%를 차지하고, 다음은 위원장회의와 전문위원회로서 대체로 40% 정도를 차지하며, 중앙군사위원회, 최고인민법원, 최고인민검찰원에서 제출한 법률안은 10% 미만이고, 아직 상무위원회 구성원이 연명으로 법률안을 제출한 적은 없다.「재생가능에너지법」의 경우 환경자원보호위원회에서 법률안과 수정안을 제출하였다.

3) 전국인민대표대회 대표

전국인민대표대회는 중국 23개의 성, 3개의 직할시, 5개의 자치구, 홍콩, 마카오, 대만, 해방군의 대표로 구성되며, 현재 대표 수는 2,987명이다. 우선 전국인민대표대회 대표로 선출되어야만 상무위원회 위원 또는 전문위원회 위원으로 선출될 자격을 갖는다. 즉,「재생가능에너지법」의 제정과정에서 결정권을 행사한 전국인민대표대회 상무위원회 위원, 전문위원회 위원은 우선 전국인민대표대회 대표여야 한다.

4) 전국인민대표대회 상무위원회 위원

전국인민대표대회 상무위원회는 위원장 1인, 부위원장 약간 명,

비서장 1인, 위원 약간 명으로 구성되고 전국인민대표대회가 대표 중에서 선출한다.[41] 현재 제11기 전국인민대표대회 상무위원회는 위원장 1인, 부위원장 13인, 위원 161명, 합계 175명으로 구성되었다. 위원장회의는 위원장, 부위원장, 비서장으로 구성되는데 전국인민대표대회 상무위원회의 중요한 일상업무를 처리하며[42] 2012년 12월 14일 현재, 위원장 1인, 부위원장 13인, 비서장은 부위원장 1인이 겸직, 도합 14인으로 구성되었다. 상무위원회에서 회의를 진행하는 경우, 각 성, 자치구, 직할시의 인민대표대회 상무위원회는 주임 또는 부주임 1인을 파견하여 회의에 열석하며 의견을 발표하도록 할 수 있는데, 물론 이들은 상무위원회 위원의 신분을 별도로 갖고 있는 경우를 제외하고 표결권은 행사하지 못한다.[43]

5) 전국인민대표대회 전문위원회 위원

전국인민대표대회는 민족위원회, 법률위원회, 재정경제위원회, 교육과학문화위생위원회, 외사위원회, 화교위원회와 기타 설립의 수요가 있는 전문위원회를 설립한다. 전국인민대표대회의 폐회기간에 각 전문위원회는 전국인민대표대회 상무위원회의 지도를 받는다. 각 전문위원회는 전국인민대표대회와 전국인민대표대회 상무위원회의 지도하에 관련 안건을 심의 및 입안한다.[44] 각 전문위원회는 주임위원

---

41) 「전국인민대표대회조직법」 제23조.

42) 「헌법」 제68조제2항.

43) 「전국인민대표대회조직법」 제30조.

44) 「헌법」 제70조.

1인, 부주임위원 약간 명과 위원 약간 명으로 구성되며 주임위원, 부주임위원과 위원의 인선은 의장단에서 대표 중 추천하며 대회에서 통과한다.[45) 상술한 전문위원회에 더해 내무사법위원회, 환경자원보호위원회, 농업농촌위원회가 새로 설립되어 2012년 12월 14일 현재 전국인민대표대회 산하에 9개의 전문위원회가 존재하며 재생가능에너지 입법과 관련되는 전문위원회는 환경자원보호위원회인데 주임위원 1인, 부주임위원 16인, 위원 17인, 합계 34인으로 구성되었다. 그밖에 입법과 관련되는 전문위원회가 또 별도로 있는데 이것이 바로 법률전문위원회이며, 주임위원 1인, 부주임위원 8인, 위원 14인, 합계 23인으로 구성되었다. 법률위원회는 전국인민대표대회 또는 상무위원회에 제출하는 법률초안을 통일적으로 심의하며, 기타 전문위원회는 관련되는 법률초안과 관련하여 법률위원회에 의견을 제출한다.[46)

6) 법률안에 대한 의견 제출

상무위원회 회의 의사일정에 포함된 법률안에 대해 법률위원회, 관련되는 전문위원회와 상무위원회의 업무기관은 각 측의 의견을 청취해야 하며 의견청취는 좌담회, 논증회, 청문회 등 각종 형식을 통해 진행할 수 있다. 상무위원회의 업무기관은 법률초안을 관련기관, 조직과 전문가에게 발송하여 의견을 요구하여 의견을 정리한 후 법률위원회와 관련되는 전문위원회에 송달하며 필요에 근거하여 상

---

45) 「전국인민대표대회조직법」 제35조.
46) 「전국인민대표대회조직법」 제37조.

무위원회 회의에 회부한다.[47)]

　하지만 좌담회, 논증회, 청문회 등 형식 사이의 구분을 규정하지 않고 있는 점은 문제를 유발하게 된다. 일반적으로 좌담회와 논증회에 비해 청문회의 참여범위가 더 광범위하고 일반적인 대중이나 이해관계기관이 광범위하게 참여할 수 있는 성격을 띠지만, 어떠한 경우 청문회를 개최하는지에 대해 규정하고 있지 않아 실제 집행과정에서 자의성이 비교적 크며, 그 결과는 공민의 입법제도에 대한 참여에 불리하다. 또한 좌담회, 논증회와 청문회의 절차규칙을 규정하지 않고 있는데, 이들 회의의 절차가 명확하지 않음으로 인해 현실에서 공민의 입법참여가 잘 이루어질 수 있는지 의문스럽다.

　또한 공민의 의견발표절차는 입법자가 진행주도하고, 대중은 다만 입법자의 주도하에서 참여하며, 입법과정에서 정보의 공개가 부족하고 정보공개의 주도권은 완전히 입법자에게 장악되어 대중이 입법과정의 상황에 대해 장악하기 어려운 결함이 있다(徐致遠, 2011).

　좌담회 등의 형식을 제외하고도, 상무위원회의 회의 의사일정에 포함된 중요한 법률안에 대해 위원장회의의 결정을 거쳐 법률초안을 공포하여 의견을 구할 수 있는데, 각 기관(예를 들면, 외국정부 등), 조직(예를 들면, 발전회사, 전력회사, 설비수출회사, 외국기업 등)과 공민(예를 들면, 시민단체 등)이 제출한 의견은 상무위원회 업무기관에 송부된다.[48)] 하지만 여기에서 말하는 '중요한 법률안'이 무엇을 가리키는지는 명백하지 않고 2005년의 「물권법(초안)」을 시작으로 2007년까지 「노동계약법(초안)」, 「취업촉진법(초안)」, 「수오염

---

47) 「입법법」 제34조.
48) 「입법법」 제35조.

방지법(초안)」을 전국인민대표대회 웹사이트에 공포하였다.

그 후 2008년 4월 20일, 「식품안전법(초안)」이 시민사회를 대상으로 의견을 수렴하였는데, 그 당시에 전국인민대표대회 판공청은 향후 전국인민대표대회 상무위원회에서 심의하는 법률안에 대해 일반적으로 모두 공개할 것이며 시민사회를 대상으로 의견을 수렴하겠다고 하였다. 또한 법률안의 공포에는 두 가지 형식이 있는데, 하나는 전국인민대표대회 상무위원회에 제청하여 심의하는 법률안에 대해 상무위원회 회의에서 초보심의를 거친 후 일반적으로 모두 전국인민대표대회 웹사이트에 공포하는 것이며, 다른 한 가지는 개혁발전의 안정국면에 관련되고 인민대중의 자체이익에 연관되며 사회에서 보편적으로 관심을 갖는 중요한 법률안에 대해 위원장회의의 결정을 거침과 동시에 중앙의 주요 신문매체와 전국인민대표대회 웹사이트에 공포하는 것이다(毛磊, 2008). 즉, 중국의 인터넷 보급현황을 감안하여 중요한 법률안에 대해서는 중앙의 주요 신문매체를 통해서도 공포함으로써 인터넷을 쉽게 접할 수 없는 공민들의 알권리를 보장하고자 하는 것이다.

이러한 변화의 일환으로 중국은 2005년 「재생가능에너지법」의 제정 당시와는 달리 2009년 「재생가능에너지법」을 수정하면서 이에 대해 상무위원회 회의에서 1차 심의한 후인 2009년 8월 28일 그 수정초안을 전국인민대표대회 웹사이트에 공개하여 사이트에 직접 의견을 올리거나 또는 우편으로 상무위원회 법제공작위원회에 제출하도록 하였으며, 그 기간을 9월 30일까지로 정하였는데, 이는 「재생가능에너지법」이 안정적인 개혁발전과 관련되고 인민대중 자신의 이익과 관계되며 사회에서 보편적으로 관심을 갖는 정도의 중요한 법률안은 아니라는 것으로 이해될 수 있다. 하지만 실제로 「재생가능에너지법」은 사회전반에 모두 중요한 이해관계를 갖는 만큼 웹사이트에만 공개하는 것은 문제가 있어 보이며 이는 인터넷에 쉽게 접근할 수 없는 상당수의 중국 공민들에 있어서는 알권리에 대한 보장의 측면에서 문제가 된다. 따라서 앞으로는 모든 법률안에 대해 웹사이트뿐만 아니라 각 주요 신문매체에도 공개함으로써 다양한 공민의 알권리를 보장해주어야 할 것이다. 실제로 2009년 8월 28일에서 9월 30일까지 79인이 254건의 의견을 제출하였다.

의견 제출의 다른 한 중요한 주체는 국무원을 포함한 정부부처로 된다. 국무원에서 법률안에 대한 논의는 국무원 상무회의에서 진행되는데 국무원 상무회의는 총리, 부총리, 국무위원, 비서장으로 구성된다. 국무원 상무회의는 일반적으로 매주 한 번 개최되며 국무원 상무회의에 제출하여 논의에 회부되는 의제에 대해 국무원의 담당 주관 영도가 조정 또는 확인 후 제출하며 총리에게 보고하여 확정한다. 법률안 제출의 경우와는 달리 법률안에 대한 의견 제출은 총리, 부총리, 국무위원을 포함한 10인에 의해 결정되는데, 이는 다양한 각 부처의 의견을 수렴하는 데 불리한 구조로 판단되며 법률안에 대한 의견 제출도 법률안 제출과 마찬가지로 국무원 전체회의에서 결정되어야 한다고 보인다.

실제로 「재생가능에너지법」의 경우 2004년 12월 25일부터 29일까지 개최된 제10기 전국인민대표대회 상무위원회 제13차 회의에서 그 초안에 대해 제1차 심의하였고, 2005년 1월 4일 전국인민대표대회 상무위원회 판공청은 초안을 국무원 판공청에 송부하여 국무원의 의견을 청구하였으며 국무원 판공청은 각 부처의 의견을 수렴한

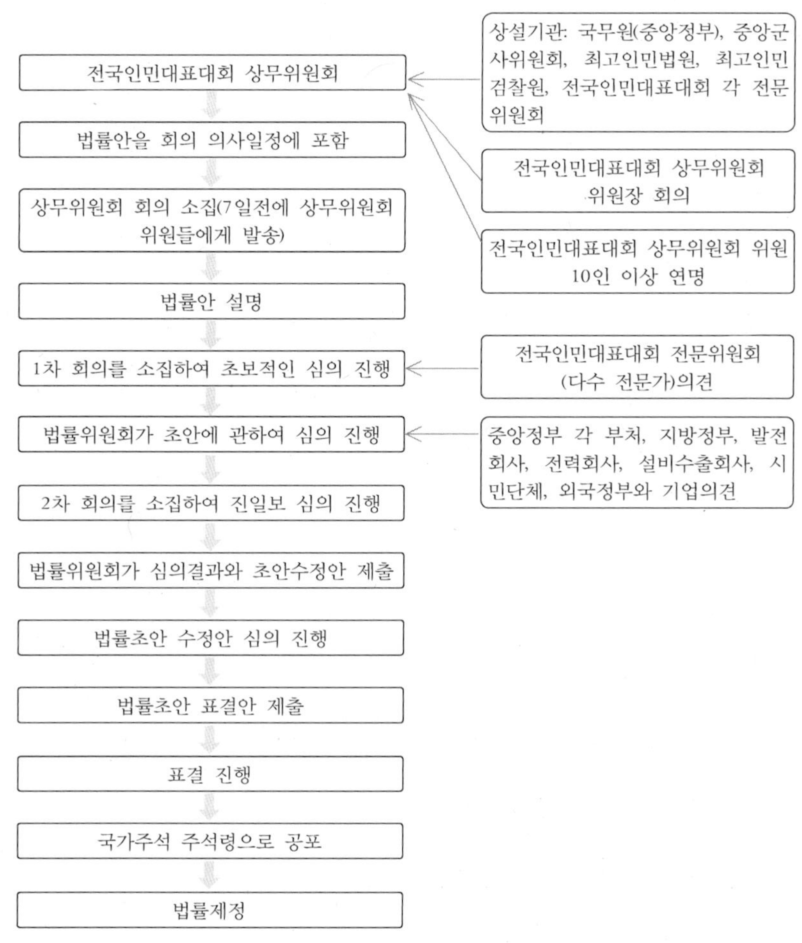

<**그림** 14> 중국(전국인민대표대회 상무위원회)의 입법절차(「입법법」에 근거하여 작성)

후 1월 31일 전국인민대표대회 상무위원회 판공청에 국무원 영도의 동의를 받은 국무원 법제판공실의 초안에 대한 의견을 송부하였다. 국무원은 국가발전개혁위원회, 과학기술부, 재정부, 국토자원부, 수리부, 농업부, 인민은행, 환경보호총국(현재 환경보호부로 변경) 등 7

개의 국무원 구성부문, 국무원 특별직속기관인 국유자산감독관리위원회(國有資产監督管理委員會), 국가품질감독검사검역총국(國家质量監督检验检疫總局)과 임업국 등 2개의 국무원 직속기관, 국무원 판사기관인 국무원연구실, 국무원 직속사업단위인 기상국, 국가전력감독관리위원회(國家電力監管委員會), 국무원 부·위원회가 관리하는 국가국인 해양국, 국무원과 공산당 중앙의 2중 영도를 받는 중앙기관편성위원회판공실(中央机構编制委員會辦公室) 등 17개 부문과 단위의 의견을 청취한 결과 국가발전개혁위원회, 건설부, 수리부, 국유자산감독관리위원회, 환경보호총국, 국무원연구실, 국가전력감독관리위원회 등 부문, 단위로부터 의견을 받았다.

상무위원회 회의 의사일정에 포함된 법률안에 대해 상무위원회 업무기관은 수집, 정리한 분과위원회 심의 의견과 각 측이 제출한 의견 및 기타 관련자료를 법률위원회와 관련 전문위원회에 각각 송부하며 수요에 근거하여 상무위원회 회의에 발송한다.[49]

3. 재생가능에너지 관련법의 변천사

1) 1950~80년대

1950년대부터 중국은 풍력에너지, 태양에너지, 메탄가스, 태양로,

---

49) 「입법법」 제36조.

태양광 등 재생가능에너지 및 기술의 연구개발과 이용을 시작하였으나 1980년대 말까지 약 40년간 가장 광범위하게 이용된 재생가능에너지는 소수력발전이었고 가정용 메탄가스도 일정한 발전을 가져왔으나 기타 재생가능에너지는 아직 연구개발단계에 있었다. 1986년 국가경제위원회에서 「농촌에너지건설강화의견(關于加强農村能源建設的意見)」50)을 공포하여 각 성, 자치구, 직할시에서 농촌에너지발전의 장기계획을 작성할 때 화덕, 메탄가스, 삼림에너지, 소수력발전, 소화력발전, 소형탄광, 밀짚이용, 태양에너지, 풍력에너지, 지열에너지, 해양에너지 등 에너지의 연구개발과 보급계획, 농촌에너지이용계획과 에너지절약계획을 포함시키도록 하였으며, 특히 소형탄광, 신탄림, 소수력발전의 개발에 특별히 중점을 두는 동시에 풍력에너지, 태양에너지, 지열에너지, 해양에너지, 에너지작물과 관련한 시범적 개발을 적극 진행하도록 하였다. 법률차원에서는 단지 1988년 공포한 「수법」51) 제16조52)에서 수력에너지자원의 적극 개발, 이용을 장려한다고 명확히 규정하였을 뿐이다. 1989년 수리부는 「지방중소수력발전건설관리잠정방법(地方中小水電建設與管理暫行辦法)」53)을 제정하였다.

---

50) 국가경제위원회 제정, 1986년 12월 30일 시행.

51) 1988년 1월 21일 주석령 제61호 제정, 1988년 7월 1일 시행, 2002년 8월 29일 주석령 제74호 개정.

52) 개정 후 제26조.

53) 수리부 제정, 1989년 10월 20일 시행.

2) 1990년대

1992년, 리우회의에서 어젠다 21이 채택되어 지속가능한 개발의 관점이 명확히 제기된 후 중국정부는 재생가능에너지 기술의 개발과 보급을 지속가능한 개발전략을 실시하기 위한 중요조치로 삼게 되었고 따라서 이때로부터 시작하여 일련의 재생가능에너지와 관련되는 정책, 법률을 출범시켰다(謝治國·胡化凱·張逢, 2005).

정책의 측면에 있어서, 1992년 국무원은 중국 환경과 발전의 10대 대책과 조치를 제출하여 지역에 알맞도록 태양에너지, 풍력에너지, 지열에너지, 조수에너지, 바이오에너지 등 청정에너지를 개발, 보급할 것을 명확히 요구하였다. 1994년 국무원은 「중국21세기아젠다－중국21세기인구·환경·발전백서(中國21世紀議程-中國21世紀人口, 環境與發展白皮書)」[54]에서 에너지공업의 발전은 석탄을 기반으로 하고 전력을 중심으로 하여 수력발전을 대폭 발전시키고 석유, 천연가스를 적극 개발하며 원자력발전을 적절히 발전시키고 지역에 알맞도록 신재생에너지를 개발하도록 요구하였으며, 1995년 국가과학기술위원회, 계획위원회 및 경제무역위원회가 공동으로 「신재생에너지발전개요(1996~2010)(新能源和可再生能源發展綱要(1996~2010))」[55] 및 「신재생에너지우선발전항목(新能源可再生能源優先發展項目)」 등을 시행하였는데, 이들 문건은 중국의 신재생에너지 산업발전을 지도하는 강령성의 문건으로 되었다.

법률차원에서는 1995년의 「전력법」[56]이 총칙 제5조에서 "국가는

---

54) 국무원 제정, 1994년 7월 4일 시행.
55) 국가계획위원회, 국가과학기술위원회, 국가경제무역위원회 제정, 1995년 1월 5일 시행.

재생가능에너지와 청정에너지를 이용한 발전을 장려한다"고 규정하였고 '농촌전력건설과 농업용 전력'이라는 장에서 "중국은 농촌의 수력에너지자원개발을 제창하고 중소형 발전소를 건설하며 농촌의 전력보급을 촉진한다. 중국은 농촌에서 태양에너지, 풍력에너지, 지열에너지, 바이오에너지 및 기타 에너지를 이용하여 농촌전기건설을 진행하는 것을 장려, 지원하며 농촌의 전력공급을 증가시킨다"고 규정하였다. 1997년에는 「에너지절약법」[57]을 제정하였다. 에너지절약법 제4조[58]에서는 "국가는 신재생에너지의 개발, 이용을 장려한다"고 규정하였고 제38조[59] 또한 "각급 정부는 지역에 알맞고, 여러 가지 에너지의 상호보완, 종합이용, 효율성의 원칙에 따라 농촌에너지건설을 강화하며 메탄가스, 태양에너지, 풍력에너지, 수력에너지, 지열 등의 신재생에너지를 개발 및 이용해야 한다"고 규정하였다. 이들 법률은 비록 신재생에너지의 발전을 명확히 요구하였지만, 구체적인 지원조치를 두고 있지 않았다. 반면에 1993년 제정된 「과학기술진보법」[60]은 제25조[61]에서 "하이테크제품을 개발, 생산한 기업과 연구개발기관에 대해 국가에서 규정한 우대정책을 실시"하도록 규정하고 제46조[62]에서 "국가는 기업이 연구개발과 기술창조에 대한

---

56) 1995년 12월 28일 주석령 제60호 제정, 1996년 4월 1일 시행, 2009년 8월 27일 주석령 제18호 개정.

57) 1997년 11월 1일 주석령 제90호 제정, 1998년 1월 1일 시행, 2007년 10월 28일 주석령 제77호 개정.

58) 개정 후 제7조.

59) 개정 후 제59조.

60) 1993년 7월 2일 주석령 제4호 제정, 1993년 10월 1일 시행, 2007년 12월 19일 주석령 제82호 개정.

61) 개정 후 삭제.

62) 개정 후 제33조.

투입강화를 장려하며 기업의 기술개발비용은 실제 발생한 금액에 따라 원가비용에 산입된다"고 규정하였는데 이는 대다수의 태양에너지, 메탄가스기업의 발전을 보호하는 역할을 하였다.

동 시기에는 또한 「풍력발전소송전망연결운영관리규정(시행)(風力發電場幷網運行管理規定(試行))」63)과 「신에너지기본건설항목관리잠정규정(新能源基本建設項目管理的暫行規定)」64) 등 부문규정이 시행되었다.

3) 1997년 「교토의정서」 채택 후

「교토의정서」의 채택 후 비록 중국은 개도국으로서 강제적인 온실가스 배출 감축의무는 부담하지 않으나 청정개발체제에 의해 선진국과 개도국 간의 배출권거래에 참여할 수 있게 되었다. 이러한 배경에서 중국은 재생가능에너지를 발전시킬 내재적인 동력을 갖게 되었고 관련 정책과 법률이 빠르게 정비되었다.

우선 정책의 경우, 1999년 국가계획위원회와 과학기술부에서는 「재생가능에너지발전지지통지(關于進一步支持可再生能源發展有關問題的通知)」65)를 공포하여 재생가능에너지에 주로 풍력발전, 태양광발전, 바이오에너지발전, 지열발전, 해양에너지발전 등이 포함되는 것을 분명히 하였고 재생가능에너지 발전항목에 대해 은행에서 기본건설 대출금을 우선 배치할 수 있으며 재생가능에너지 송전망 연결

---

63) 전력공업부 제정, 1994년 7월 26일 시행.
64) 국가계획위원회 제정, 1997년 5월 27일 시행.
65) 국가계획위원회, 과학기술부 제정, 1999년 1월 12일 시행.

발전항목에 대해 대출금 상환기간 내 '본금과 이자 및 합리적인 이윤'을 포함하는 정가원칙을 실시하여 송전망의 평균 전기요금을 초과하는 부분에 대해서는 송전망에서 분담하도록 하였는데 이는 중국 초기의 재생가능에너지 FIT제도에 해당한다. 2000년 국가경제무역위원회의 「2000~2015년 신재생에너지산업발전계획요점(2000~2015 年新能源和可再生能源産業發展規劃要點)」[66]에서는 신재생에너지산업의 발전목표, 산업화 체계건설, 예측효과분석, 제약요소와 존재하는 문제점을 명확히 하였고, 2001년 국가경제무역위원회는 「신재생에너지산업발전10.5계획(新能源和可再生能源産業發展十五規劃)」[67]을 공포하여 2001년부터 2005년까지 중국의 신재생에너지 발전목표와 중점, 정책조치 등을 분명히 하였으며 2003년 국가환경보호총국은 「짚연소금지·종합이용관리방법(稭稈禁燒和綜合利用管理辦法)」[68]을 공포하였다.

법률의 경우 2000년도에 개정된 「대기오염방지법」[69]이 최초로 대기오염방지 전문입법 중에 신재생에너지 이용을 장려한다는 점을 분명히 하였는데 제9조에서 "중국은 대기오염방제를 위한 과학기술연구를 지원하며 선진화한 대기오염방제기술을 확대보급하고 태양에너지, 풍력에너지, 수력에너지 등의 청정에너지 개발과 이용을 장려한다"고 규정하였다. 2002년에 제정된 「청정생산촉진법」[70] 제2조도 "청정에너지를 사용할 것"을 규정하였으며 재생가능에너지의 개

---

66) 국가경제무역위원회 제정, 2000년 8월 23일 시행.

67) 국가경제무역위원회 제정, 2001년 10월 10일 시행.

68) 국가환경보호총국 제정, 2003년 3월 11일 시행.

69) 1987년 9월 5일 주석령 제57호 제정, 1988년 6월 1일 시행, 1995년 8월 29일 주석령 제54호 개정, 2000년 4월 29일 주석령 제32호 개정.

70) 2002년 6월 29일 주석령 제72호 제정, 2003년 1월 1일 시행, 2012년 2월 29일 주석령 제54호 개정.

발이용을 촉진하는 이들 법률 외에 2005년 「재생가능에너지법」[71]이 통과되었는데 이는 중국의 재생가능에너지 개발이용이 법제의 궤도에 들어섰음을 의미한다.

4) 2005년 「재생가능에너지법」 제정 후

중국의 「재생가능에너지법」은 재생가능에너지의 개발과 이용에 대해 기본적인 법적 보장을 제공하였으나 전체적으로 보면 비교적 원칙적이고 33개 조항으로 재생가능에너지 개발이용에 있어서의 일부 기본원칙과 제도만 규정하여 재생가능에너지 개발이용의 현실수요를 충족시킬 수 없었다. 때문에 「재생가능에너지법」 공포 이후 전국인민대표대회 상무위원회 판공청은 국무원판공실에 서한을 보내 국무원 각 부처가 「재생가능에너지법」과 관련된 다음 12개의 규정과 기술규범 초안을 작성할 것을 요청했다: (1) 수력발전의 「재생가능에너지법」 적용 규정, (2) 재생가능에너지 자원조사와 기술규범, (3) 재생가능에너지 발전의 총체적 목표, (4) 재생가능에너지 개발이용계획, (5) 재생가능에너지 산업발전 지도목록, (6) 재생가능에너지 발전(發電) 가격정책, (7) 재생가능에너지 발전(發電)비용 분담방법, (8) 재생가능에너지 발전 전용자금, (9) 농촌지역의 재생가능에너지 재정지원정책, (10) 재정이자할인과 세수우대정책, (11) 태양에너지 이용시스템과 건축결합규범, (12) 재생가능에너지 전력 송전망 연결 및 관련기술표준.

---

71) 2005년 2월 28일 주석령 제33호 제정, 2006년 1월 1일 시행, 2009년 12월 26일 주석령 제23호 개정.

이 12가지 항목들 중 (1), (9), (10)항을 제외하고는 모두 공포 및 시행되고 있는데 이들로는 「재생가능에너지중장기발전계획(可再生能源中長期發展規劃)」,[72] 「재생가능에너지산업발전지도목록(可再生能源産業發展指導目錄)」,[73] 「재생가능에너지발전관리규정(可再生能源發電有關管理規定)」,[74] 「전력회사재생가능에너지전기량전액구매감독관리방법」,[75] 「재생가능에너지발전가격・비용분담관리시행방법(可再生能源發電價格和費用分攤管理試行辦法)」,[76] 「재생가능에너지발전전문자금관리잠정방법(可再生能源發展專項資金管理暫行辦法)」,[77] 「재생가능에너지발전가격부가수입할당잠정방법(可再生能源電價附加收入調配暫行辦法)」,[78] 「민간건축태양에너지온수시스템이용기술규범(民用建築太陽能熱水系統應用技術規範)」,[79] 「지열발전전력시스템연결기술규정(地熱發電接入電力系統的技術規定)」,[80] 「태양광발전소전력시스템연결기술규정(光伏發電站接入電力系統的技術規定)」,[81] 「태양광발전시스템송전망연결기술요구(光伏系統幷網技術要求)」,[82] 「풍력발전소전력시스템연결기술규정(風電場接入電力系統的技術規定)」[83] 등이 있다.

---

[72] 국가발전개혁위원회 제정, 2007년 8월 31일 시행.

[73] 국가발전개혁위원회 제정, 2005년 11월 29일 시행.

[74] 국가발전개혁위원회 제정, 2006년 1월 5일 시행.

[75] 2007년 7월 25일 국가전력감독관리위원회령 제25호 제정, 2007년 9월 1일 시행.

[76] 국가발전개혁위원회 제정, 2006년 1월 4일 시행.

[77] 재정부 제정, 2006년 5월 30일 시행.

[78] 국가발전개혁위원회 제정, 2007년 1월 10일 시행.

[79] 건설부 제정, 2006년 1월 1일 시행.

[80] 국가표준화위원회 제정, 2005년 12월 12일 시행.

[81] 국가표준화위원회 제정, 2005년 12월 12일 시행.

[82] 국가표준화위원회 제정, 2006년 4월 1일 시행.

[83] 국가표준화위원회 제정, 2012년 2월 16일 시행.

동 시기에 각 정부부문은 또한 각종의 부문규정과 규범성문건을 출범시켰는데 이들은 소수력발전, 풍력에너지, 재생가능에너지의 건축이용, 바이오에너지와 관련되는 법령으로 분류할 수 있다. 소수력발전에 대해서는 다만 「소수력발전개발질서수립・생태환경보호통지(關于有序開發小水電切實保護生態環境的通知)」84)가 시행되었고 풍력에너지에 대해서는 「풍력발전건설관리관련요구통지(關于風電建設管理有關要求的通知)」,85) 「풍력발전소공정건설용지・환경보호관리잠정방법(風電場工程建設用地和環境保護管理暫行辦法)」,86) 「풍력발전산업발전촉진실시의견(促進風電産業發展實施意見)」,87) 「풍력발전설비산업화전문자금관리잠정방법(風力發電設備産業化專項資金管理暫行辦法)」,88) 「풍력발전송전망연결전기요금정책개선통지(關于完善風力發電上網電價政策的通知)」89) 등이 시행되었다.

재생가능에너지의 건축이용과 관련하여 「재생가능에너지건축이용추진실시의견(關于推進可再生能源在建築中應用的實施意見)」,90) 「재생가능에너지건축이용전문자금관리잠정방법(可再生能源建築應用專項資金管理暫行辦法)」,91) 「재생가능에너지건축이용시범항목심사평가방법(可再生能源建築應用示範項目評審辦法)」,92) 「재생가능에너지건축이용

---

84) 국가환경보호총국 제정, 2006년 6월 18일 시행.
85) 국가발전개혁위원회 제정, 2005년 7월 4일 시행.
86) 국토자원부, 국가발전개혁위원회, 국가환경보호총국 제정, 2005년 8월 9일 시행.
87) 재정부, 국가세무총국 제정, 2005년 12월 14일 시행.
88) 재정부 제정, 2008년 8월 11일 시행, 2011년 2월 21일 폐지.
89) 국가발전개혁위원회 제정, 2009년 7월 20일 시행.
90) 건설부, 재정부 제정, 2006년 8월 25일 시행.
91) 재정부, 건설부 제정, 2006년 9월 4일 시행.
92) 재정부, 건설부 제정, 2006년 9월 4일 시행.

시범관리강화통지(關于加强可再生能源建築應用示範管理的通知)」,93) 「태양광전지건축이용추진실시의견(關于加快推進太陽能光電建築應用的實施意見)」,94) 「태양광전지건축이용재정보조자금관리잠정방법(太陽能光電建築應用財政補助資金管理暫行辦法)」,95) 「재생가능에너지건축이용도시시범실시방안(可再生能源建築應用城市示範實施方案)」,96) 「농촌지역재생가능에너지건축이용추진실시방안(加快推進農村地區可再生能源建築應用的實施方案)」97) 등이 시행되었다.

바이오에너지와 관련하여 「바이오에너지발전・바이오화공재정세수지원정책실시의견(關于發展生物能源和生物化工財稅扶持政策的實施意見)」,98) 「바이오연료에틸알코올항목건설관리강화・산업건전발전촉진통지(關于加强生物燃料乙醇項目建設管理, 促進産業健康發展的通知)」,99) 「바이오에너지바이오화공비곡식유도장려자금관리잠정방법(生物能源和生物化工非粮引導獎勵資金管理暫行辦法)」,100) 「변성연료에틸알코올지정생산기업세수정책문제통지(關于變性燃料乙醇定点生産企業有關稅收政策問題的通知)」, 「바이오에너지・바이오화공원료기지보조자금관리잠정방법(生物能源和生物化工原料基地補助資金管理暫行辦法)」,101) 「바이오연료에틸알코올탄력보조금재정재무관리방법(生物燃料乙醇彈性

---

93) 재정부, 건설부 제정, 2007년 2월 13일 시행.

94) 재정부, 주택도시농촌건설부 제정, 2009년 3월 23일 시행.

95) 재정부, 주택도시농촌건설부 제정, 2009년 3월 23일 시행.

96) 재정부, 주택도시농촌건설부 제정, 2009년 7월 6일 시행.

97) 주택도시농촌건설부 제정, 2009년 7월 6일 시행.

98) 재정부, 국가발전개혁위원회, 농업부, 국가세무총국, 국가임업국 제정, 2006년 9월 30일 시행.

99) 국가발전개혁위원회, 재정부 제정, 2006년 12월 14일 시행.

100) 재정부 제정, 2007년 7월 12일 시행.

101) 재정부 제정, 2007년 9월 20일 시행.

補貼財政財務管理辦法)」,[102] 「줄기에너지화이용보조자금관리잠정방법
(秸稈能源化利用補助資金管理暫行辦法)」[103] 등이 시행되었다.

이들 재생가능에너지와 관련되는 전문적인 법률과 정책 외에도,
중국의 환경보호, 기타 에너지법률과 정책에서도 재생가능에너지의
개발이용을 강조하였는데, 예를 들어 2005년 국무원의 「과학발전관
실행·환경보호강화결정(關于落實科學發展觀加强環境保護的決定)」[104]
에서 풍력에너지, 태양에너지, 지열에너지, 바이오에너지 등의 신에
너지[105]를 대폭 발전시키고 원자력발전(發電)을 적극 발전시키며,[106]
수력에너지를 질서 있게 발전시켜 청정에너지의 비중을 높이고 대
기오염물질의 배출을 감소할 것을 요구하였으며, 2007년 수정 통과
된 「에너지절약법」, 2008년 통과된 「순환경제촉진법」,[107] 국무원이
제정한 「에너지절약·배출감소종합사업방안(節能減排綜合性工作方
案)」,[108] 2007년 국가발전개혁위원회가 공포한 「중국기후변화대응
국가방안(中國應對氣候變化國家方案)」[109]과 2009년 전국인민대표대
회 상무위원회의 「기후변화적극대응결의(關于積極應對氣候變化的決

---

102) 재정부 제정, 2007년 11월 20일 시행.

103) 재정부 제정, 2008년 10월 30일 시행.

104) 국무원 제정, 2005년 12월 3일 시행.

105) 중국은 신에너지와 재생가능에너지의 개념을 혼용하고 있으며 이들에 대한 명백한 개념정의
가 부재하는 상황이다. 이 부분에 대한 문제점은 Ⅳ.4.1에서 다루기로 하며 여기에서는 법령
의 원문을 되도록 살리기 위해 신에너지라는 원문의 용어를 사용한다.

106) 환경보호를 강화하는 취지의 법령에 원자력발전을 적극 발전시키는 내용을 포함시킨 것은 석
탄 화력에 비해 원자력발전이 발생시키는 대기오염 물질이 적다는 것을 감안한 것으로 보인
다. 하지만 원자력발전과정에서는 부산물로 방사성 폐기물이 발생하며 따라서 원자력발전문
제는 방사성 폐기물 문제를 항상 동반한다는 측면에서 원자력발전의 적극 발전과 환경보호의
강화를 동일시하는 것은 분명히 문제된다.

107) 2008년 8월 29일 주석령 제4호 제정, 2009년 1월 1일 시행.

108) 국무원 제정, 2007년 5월 23일 시행.

109) 국무원 제정, 2007년 6월 3일 시행.

議)」[110] 등이 모두 재생가능에너지의 개발이용에 대해 규정하였다.

또한 이 시기에 공포된 기타 관련 법령에는「전력감독관리조례(電力監管條例)」,[111]「에너지절약발전지도방법(시행)(節能發電調度辦法(試行))」[112] 등이 있다.

5) 2009년 말 「재생가능에너지법」 개정

(1) 법 개정의 배경

2005년 통과된「재생가능에너지법」은 정부추진과 시장인도를 서로 결부한 재생가능에너지 발전체제를 확립했으며 총량목표, 강제적인 연결, 우대적인 전기요금 등 일련의 중요한 법률제도와 조치를 규정했다. 동 법은 실행된 약 4년 동안 중국 재생가능에너지의 개발과 이용에서 중요한 역할을 발휘하였다.

그러나 중국의 재생가능에너지산업은 쾌속발전과 함께 송전망 건설이 뒤떨어지고 일부 재생가능에너지의 발전프로젝트 시행이 어려운 점 등 일부 문제에 봉착했다.

이러한 상황에서 2009년「재생가능에너지법」의 수정이 이루어졌으며 시행과정에서 봉착한 문제들을 해결하는 데 그 중점을 두었다.

(2) 개발이용계획 작성

2009년「재생가능에너지법」 개정에서는 "국무원 관련부문은 전국

---

110) 전국인민대표대회상무위원회 제정, 2009년 8월 27일 시행.

111) 국무원 제정, 2005년 1월 1일 시행.

112) 국무원판공청 제정, 2007년 8월 2일 시행.

재생가능에너지 개발이용의 중장기 총량목표 실현에 유리한 관련 계획을 수립해야 한다"는 내용을 추가하였고, 성, 자치구, 직할시 재생가능에너지 개발이용에 관한 계획을 수립한 후 국무원 에너지주관부문과 국가전력감독기관에 비치하도록 하는 내용을 추가하였다. 이는 재생가능에너지의 개발이용과 관련한 계획의 작성을 규범화한 것이다.

(3) FIT

2009년 「재생가능에너지법」 개정에서는 또한 다음의 내용이 추가되었다.

"국가는 재생가능에너지 발전에 대한 FIT제도[113]를 시행한다. 국무원 에너지주관부문은 국가전력감독관리기관, 국무원 재정부문과 함께 전국 재생가능에너지 개발이용계획에 따라 계획기간 내 도달해야 하는, 재생가능에너지 발전량이 전부 발전량에서 차지하는 비중을 확정하고, 전력회사가 재생가능에너지발전을 우선 배치, 전액구매하는 구체방법을 제정하며, 국무원 에너지주관부문과 국가전력감독관리기관이 연도 중 실현을 독촉한다. 전력회사는 송전망 건설을 강화해야 하고 재생가능에너지 전력배치범위를 확대하며 스마트 송전망, 에너지저장 등 기술을 발전 및 이용하며 송전망 운영관리를 개선하고 재생가능에너지를 흡수할 수 있는 능력을 제고하고 재생가능에너지의 발전에 송전망 연결서비스를 제공한다."[114] 이는 FIT제도와 RPS제도의 결합을 의미하며 전력회사에 의한 송전망 건설

---

113) 2005년 입법의 "전액구매"라는 표현에서 "전액보장구매"라는 표현으로 개정되었는데 일각에서는 "보장"이라는 용어를 추가한 것이 실질적인 의미를 갖지는 않는다고 보고 있다.
114) 「재생가능에너지법」 제14조.

의무의 부담을 의미한다.

더불어 "전력회사가 재생가능에너지 전기량을 전액구매하지 않아 재생가능에너지 발전회사의 경제손실을 야기한 경우 배상책임을 부담"하도록 규정한 부분을 "전력회사가 규정에 따라 재생가능에너지 전기량의 구매를 완성하지 않아 재생가능에너지 발전회사의 경제손실을 야기한 경우 배상책임을 부담"[115]하도록 개정하였다.

이러한 개정내용을 살펴보면, 실제로 개정 전의 법률에서도 FIT제도가 명백히 규정되어 있어 개정에서 실제로는 전력회사의 송전망 건설 등 의무와 계획기간 내 도달해야 하는 재생가능에너지 발전량이 발전량 전체에서 차지하는 비중에 대해 규정한 부분이 핵심이다. 또한 배상책임을 부담하는 경우를 "전액구매하지 않은"데서 "규정에 따라 전기량의 구매를 완성하지 않은" 것으로 개정한 부분은 전액구매에 일정한 예외를 인정해주고자 하는 의도라고 분석된다. 이는 FIT제도가 송전망 건설의 낙후, 전력회사의 FIT의무 불이행 등 원인으로 인해 발전의 한계에 부딪친 상황에서 문제를 해결하고자 한 것이다. 다만 전력회사의 송전망 건설 불이행에 대해서는 상응하는 처벌규정이 없고 재생가능에너지 발전비중의 확정 등은 아직 이루어지지 않고 있는데, 이러한 측면에서 보면 이 부분의 개정은 실제적으로 의미가 그다지 클 것으로 보이지는 않는다. 또한 이번 개정에서 재생가능에너지 발전비중의 확정이 도입된 것에 대해 중국이 RPS제도의 도입을 예시하지 않는가 하는 의문도 발생할 수 있는데, 이에 대해서는 정부차원에서 전체적인 재생가능에너지 발전의

---

115) 「재생가능에너지법」 제29조.

계획을 수립하는 것이고 구체적인 시행방법이 나오기 전까지는 전력회사에 대한 강제적인 의무를 부과시키는 RPS제도와 동일시할 수는 없을 것이며, 더 나아가 이러한 시행방법이 제정 및 시행되더라도 이는 정부의 지령에 따른 RPS에 불과하며 FIT를 근본으로 하는 추가 적용일 뿐이어서 시장에 입각해서 재생가능에너지를 발전시키는 전통적인 RPS와는 큰 차이가 난다.

(4) 전기요금 비용보상

전력회사가 확정된 송전망 연결 전기요금에 의해 재생가능에너지 전력을 구매함에 있어 발생한 비용이 일상 에너지 발전의 평균 송전망 연결가격에 의해 계산했을 때 발생한 비용을 초과하는 부분은 "판매한 전기요금에 부가하여 분담"시키던 것을 "전국범위에서 판매되는 전기량에 대해 재생가능에너지 전기요금 부가보상을 징수"[116] 하도록 개정되었다. 이는 다만 기존의 분담체제에서 보상체제에로 명칭을 변경한 것으로 볼 수 있다.

(5) 재생가능에너지 발전기금

국가재정에 "재생가능에너지발전전문자금"을 설립하기로 했던 규정을 "재생가능에너지발전기금"을 설립하기로 하고 자금의 출처에 국가재정이 연도 배치한 전문자금과 법에 의해 징수한 재생가능에너지 전기요금 부가요금 등을 포함하는 내용을 추가하였다. 따라서 그 용도에 발전차액을 보상해주는 내용이 추가되었고, "전력회사가

---

116) 「재생가능에너지법」 제12조.

재생가능에너지 전기량을 구매하기 위하여 지불하는 합리적인 송전
망 연결비용 및 기타 합리적인 관련비용에 대해 전력회사가 전기요
금의 판매를 통해 회수할 수 없는 경우, 재생가능에너지발전기금을
신청하여 보조할 수 있으며 재생가능에너지발전기금의 징수사용관
리 구체방법은 국무원 재정부문이 국무원 에너지, 가격주관부문과
함께 제정한다"[117)는 내용이 추가되었다. 이는 발전차액에 대해 전
력회사가 징수하던 부가요금과 기존의 재생가능에너지발전전문자금
을 합쳐서 재생가능에너지발전기금으로 형식상 통합한 것이고 다만
그 이용에 대해서는 기존의 발전차액 지원과 기타 용도로 분리하여
실질적인 차이는 없으며 징수주체가 전력회사에서 국가로 변화된
것일 따름이다. 또한 발전 부가요금은 전력회사가 국가를 대신하여
징수한 후 국가에 상납하도록 하였고 송전망 건설비용에 대해서 재
생가능에너지발전기금에 의해 보상을 받도록 한 것이다.

<표 3> 「재생가능에너지법」 개정 전후의 내용 비교

개정 전	개정 후
제8조 국무원 에너지주관부문은 전국 재생가능에너지 개발이용의 중장기 총량목표에 근거하여 국무원 관련부문과 함께 전국 재생가능에너지 개발이용계획을 작성하며 국무원에 보고하여 비준을 받은 후 실시한다. 성, 자치구, 직할시 정부의 에너지업무를 관리하는 부문은 동 행정구역의 재생가능에너지 개발이용 중장기목표에 근거하여 동급 정부의 관련부문과 함께 동 행정구역의 재생가능에너지 개발이용계획을 작성하며 동급 정부의 비준을 거쳐 실시한다. ……	제8조 국무원 에너지주관부문은 국무원 관련부문과 함께 전국 재생가능에너지 개발이용의 중장기 총량목표와 재생가능에너지 기술발전 상황에 근거하여 전국 재생가능에너지 개발이용계획을 작성하며 국무원에 보고하여 비준을 받은 후 실시한다. 국무원 관련부문은 전국 재생가능에너지 개발이용 중장기 총량목표 실현의 촉진에 유리한 관련 계획을 수립해야 한다. 성, 자치구, 직할시 정부의 에너지업무를 관리하는 부문은 동급 정부의 관련부문과 함께 전국 재생가능에너지 개발이용계획과 동 행정구역의 재생가능에너지 개발이용 중장기목표에 따라 동 행정구역의 재생가능에너지 개발이용계획을 작성하며 동급 정부의 비준을 거쳐 국무원 에너지주관부문과 국가전력감독관리기관에 비치하며 실시한다. ……

---

117) 「재생가능에너지법」 제24조.

제9조 재생가능에너지 개발이용계획의 작성에 있어 관련기관과 업체, 전문가와 대중의 의견을 청구해야 하며 과학논증을 진행해야 한다.	제9조 재생가능에너지 개발이용계획의 작성에 있어 그 지역에 알맞도록 규정하고 통일적으로 계획하며 합리적으로 배치하고 질서 있게 발전하는 원칙에 따라 풍력에너지, 태양에너지, 수력에너지, 바이오에너지, 지열에너지, 해양에너지 등 재생가능에너지의 개발이용에 대해 통일적으로 배치해야 한다. 계획의 내용에는 발전목표, 주요임무, 지역분포, 중점항목, 실시진도, 부대송전망건설, 서비스체계와 보장조치 등이 포함되어야 한다. 작성기관은 관련기관과 업체, 전문가와 대중의 의견을 청구해야 하며 과학논증을 진행해야 한다.
제14조 송전망 기업은 법에 의해 행정허가를 취득했거나 비치를 보고한 재생가능에너지 발전회사와 송전망 연결계약을 체결하여 그 송전망의 범위에 포함되는 재생가능에너지 송전망 연결 발전항목의 전기량을 전액구매해야 하며 재생가능에너지의 발전에 대해 송전망 연결서비스를 제공해야 한다.	제14조 국가는 재생가능에너지발전의 전액보장구매제도를 실시한다. 국무원 에너지주관부문은 국가전력감독관리기관, 국무원 재정부문과 함께 전국 재생가능에너지 개발이용계획에 따라 계획기간 내 도달해야 하는 재생가능에너지 발전량이 전체 발전량에서 차지하는 비중을 확정하며 전력회사가 재생가능에너지를 우선 배치 및 전액구매하는 구체방법을 제정하며 국무원 에너지주관부문이 국가전력감독관리기관과 함께 연도 중에 실시를 독촉한다. 전력회사는 재생가능에너지 개발이용계획에 의해 건설되고 법에 의해 행정허가를 취득했거나 비치를 보고한 재생가능에너지 발전회사와 송전망 연결계약을 체결하여 그 송전망의 범위에 포함되고 연결기술표준에 부합되는 재생가능에너지 송전망 연결 발전항목의 전기량을 전액구매해야 한다. 발전회사는 전력회사에 협조하여 송전망안전을 보장할 의무가 있다. 전력회사는 송전망 건설을 강화해야 하고 재생가능에너지 전기배치범위를 확대하고 스마트 송전망을 발전 및 이용하며 송전망의 운영관리를 개선하고 재생가능에너지 전력을 배치할 수 있는 능력을 개선하며 재생가능에너지의 발전에 대해 송전망 연결서비스를 제공해야 한다.
제5장 가격관리와 비용분담	제5장 가격관리와 비용보상
제20조 전력회사가 동법 제19조의 규정에 의해 확정된 송전망 연결 전기요금에 의해 재생가능에너지 발전량을 구매하여 발생한 비용이 일반 에너지 발전의 평균 송전망 연결 전기요금에 의해 발생한 비용과의 차액은 판매되는 전기요금에 부가하여 분담시킨다. 구체방법은 국무원 가격주관부문이 제정한다.	제20조 전력회사가 동법 제19조의 규정에 의해 확정된 송전망 연결 전기요금에 의해 재생가능에너지 발전량을 구매하여 발생한 비용이 일반 에너지 발전의 평균 송전망 연결 전기요금에 의해 발생한 비용과의 차액은 전국범위에서 판매되는 전기량에 대해 징수하는 재생가능에너지 전기요금 부가가격으로 보상한다.

제22조 국가에서 투자 또는 보조금을 지급하여 건설하는 공공 재생가능에너지 독립전력계통의 판매 전기요금은 동일 지역의 분류판매가격을 집행하며 그 합리적인 운영과 관리비용이 판매가격을 초과하는 부분은 동법 제20조에 규정된 방법에 의해 분담한다.	제22조 국가에서 투자 또는 보조금을 지급하여 건설하는 공공 재생가능에너지 독립전력계통의 판매 전기요금은 동일 지역의 분류판매가격을 집행하며 그 합리적인 운영과 관리비용이 판매가격을 초과하는 부분은 동법 제20조의 규정에 의해 보상한다.
제24조 국가재정은 재생가능에너지발전전문자금을 설립하여 다음의 활동을 지원하는 데 사용한다. (1) 재생가능에너지 개발이용의 과학기술연구, 표준제정과 시범공정. (2) 농촌, 축목구의 재생가능에너지 이용항목. (3) 외진지역과 해도의 재생가능에너지 독립전력계통 건설. (4) 재생가능에너지의 자원탐사, 평가와 관련 정보시스템 건설. (5) 재생가능에너지 개발이용설비의 현지화생산 촉진.	제24조 국가재정은 재생가능에너지발전기금을 설립하며 그 출처는 국가재정에서 연도 안배하는 전문자금과 법에 의해 징수한 재생가능에너지발전 부가요금 등이 포함된다. 재생가능에너지발전기금은 동법 제20조, 제22조에 규정된 차액비용을 보상하는 데 사용되고 또한 다음의 사항을 지원하는 데 사용된다. (1) 재생가능에너지 개발이용의 과학기술연구, 표준제정과 시범공정. (2) 농촌, 축목구의 재생가능에너지 이용항목. (3) 외진지역과 해도의 재생가능에너지 독립전력계통 건설. (4) 재생가능에너지의 자원탐사, 평가와 관련 정보시스템 건설. (5) 재생가능에너지 개발이용설비의 현지화생산 촉진. 동법 제21조에 규정된 송전망 연결비용 및 기타 관련비용에 대해 전력회사가 전기의 판매가격을 통해 회수할 수 없는 경우 재생가능에너지발전기금에 보조를 신청할 수 있다. 재생가능에너지발전기금의 징수사용관리에 대한 구체방법은 국무원 재정부문이 국무원 에너지, 가격주관부문과 함께 제정한다.
제29조 동법 제14조의 규정을 위반하여 전력회사가 규정에 따라 재생가능에너지의 전기량을 전액구매하지 않아 재생가능에너지 발전회사의 경제손실을 야기한 경우 배상책임을 부담해야 하며 국가전력감독관리기관이 기한 내 시정을 명한다. 시정을 하지 않는 경우, 재생가능에너지 발전회사의 경제손실 1배 이하의 벌금을 부과한다.	제29조 동법 제14조의 규정을 위반하여 전력회사가 규정에 따라 재생가능에너지의 전기량 구매를 완성하지 않아 재생가능에너지 발전회사의 경제손실을 야기한 경우 배상책임을 부담해야 하며 국가전력감독관리기관이 기한 내 시정을 명한다. 시정을 하지 않는 경우, 재생가능에너지 발전회사의 경제손실 1배 이하의 벌금을 부과한다.

(6) 평가

중국의 2009년 「재생가능에너지법」 개정은 재생가능에너지를 발전시킬 수 있는 법적장치를 마련한 것으로 평가된다. 하지만 법령의 개정은 많은 제한을 갖고 있다. 우선, 「재생가능에너지법」의 제정과 정에서 해결하지 못한 법의 적용범위를 확정하지 못하였고 특히 수력발전의 포함 여부에 대해 아직 규정을 마련하지 못한 실정이다. 또한 전력회사의 송전망 건설의 의무를 강제적으로 규정하지 못하였고 전력회사와 발전회사의 이익충돌 문제의 해결에도 실패한 것으로 판단된다. 전력회사에 전액구매의 의무가 있음에도 불구하고 송전망 건설과 송전망의 연결안전 등 문제를 이유로 연결을 거부할 경우 이러한 전액구매는 그 기능을 크게 상실하게 됨을 상기시킬 필요가 있다. 또한 서로 다른 정부부문의 관계에 대해서도 명확한 답을 주지 못하였고 FIT제도와 RPS제도의 선택에 있어서도 명백하게 규정하지 못하여 전액구매를 통해 어떻게 재생가능에너지의 비중을 확대할지에 대해서도 방법을 마련하지 못하였다.

6) 「재생가능에너지법」 개정 후

동 시기에는 재생가능에너지 발전목표에 대해 자세하게 규정하는 작업이 이루어졌다. 2011~2015년 사이의 재생가능에너지 발전목표들은 「12.5에너지절약·배출감소종합사업방안(十二五節能減排綜合性工作方案)」,[118] 「재생가능에너지발전12.5계획(可再生能源發展"十二五"規劃)」,[119] 「풍력발전12.5계획(风電發展"十二五"規劃)」,[120] 「수력발전12.5계획(水電發展"十二五"規劃)」,[121] 「바이오에너지발전12.5계획

(生物质能發展"十二五"規劃)」,122) 「태양에너지발전12.5계획(太陽能發電發展"十二五"規劃)」,123) 「태양에너지발전과학기술발전12.5전문계획(太陽能發電科技發展"十二五"專項規劃)」124) 등의 다양한 정책을 통해 명확하게 규정되었다.

동 시기에 또한 중요한 부문규정 또는 부문규범문건이 공포되었다. 구체적인 부문 규정이나 부문 규범문건들로는 「해양재생가능에너지전문자금관리잠정방법(海洋可再生能源專項資金管理暫行辦法)」,125) 「재생가능에너지건축이용도시시범·농촌지구현급시범관리강화통지(關于加强可再生能源建築應用城市示範和農村地區縣級示範管理的通知)」,126) 「재생가능에너지건축이용시범후속업무·예산집행관리강화통지(關于加强可再生能源建築應用示範後續工作及預算執行管理的通知)」,127) 「재생가능에너지발전기금징수사용관리잠정방법(可再生能源發展基金徵收使用管理暫行辦法)」,128) 「재생가능에너지전기요금부가보조자금관리잠정방법(可再生能源電價附加補助資金管理暫行辦法)」129) 등이 있다. 또한 이 시기에는 국가에서 외국인의 투자를 장려하는 산업으로 지정하여 외국인의 투자를 적극 유도하였다. 2011년에 「외상투자산업지도목록(外商投資産業指導目錄)」130)을 개정하여 연료전

---

121) 국가에너지국 제정, 2012년 8월 6일 시행.
122) 국가에너지국 제정, 2012년 8월 6일 시행.
123) 국가에너지국 제정, 2012년 8월 6일 시행.
124) 과학기술부 제정, 2012년 3월 27일 시행.
125) 재정부, 국가해양국 제정, 2010년 5월 18일 시행.
126) 재정부, 주택도시농촌건설부 제정, 2010년 8월 4일 시행.
127) 재정부, 주택도시농촌건설부 제정, 2010년 8월 16일 시행.
128) 재정부, 국가발전개혁위원회, 국가에너지국 제정, 2010년 11월 29일 시행.
129) 재정부, 국가발전개혁위원회, 국가에너지국 제정, 2012년 3월 14일 시행.
130) 1995년 6월 28일 국가계획위원회, 국가경제무역위원회, 대외무역경제합작부 제정, 1995년 6

지와 혼합연료 등 신에너지발동기, 신에너지자동차 핵심부품 제조, 신에너지발전 플랜트 또는 핵심설비 제조(태양광발전, 지열발전, 조수발전, 파도발전, 쓰레기발전, 메탄가스발전, 2.5MW 이상의 풍력발전설비), 재생가능에너지 냉방에어컨설비 제조, 발전 위주의 수력발전소 건설과 경영, 신에너지발전소의 건설과 경영, 풍력발전세트 베어링 제조, 바이오에너지 개발기술, 쓰레기처분장 메탄가스 발전장치 등에 외국인이 적극 투자하도록 유도하였다.

이 밖에도 현재 중국은 「재생가능에너지발전세수정책(可再生能源發展稅收政策)」, 「국가재생가능에너지발전계획·총량목표(國家可再生能源發展規劃和總量目標)」, 「농촌지역재생가능에너지재정지원정책(農村地區可再生能源財政支持政策)」 등의 행정법규와 규정을 제정 중에 있다(孟雁北, 2007). 하지만 중앙 차원의 입법은 활발한 데 비하여 지방의 입법은 큰 발전을 가져오지 못한 상황이며, 현재 호남성, 호북성, 산동성, 흑룡강성에서 농촌의 재생가능에너지 개발이용에 대한 조례를 제정하였고, 전반적인 재생가능에너지 개발이용에 대해 규정한 지방성법규는 「절강성재생가능에너지개발이용촉진조례」 하나뿐이다.

이러한 중국의 재생가능에너지 관련 정책과 법규의 제정과 개정 내용에 대해 정리하면 <표 4>와 같다.

월 28일 시행, 2002년 3월 11일 국가발전계획위원회, 국가경제무역위원회, 대외무역경제합작부령 제21호 개정, 2004년 11월 30일 국가발전개혁위원회, 상무부령 제24호 개정, 2007년 10월 31일 국가발전개혁위원회, 상무부령 제57호 개정, 2011년 12월 24일 국가발전개혁위원회, 상무부령 제12호 개정, 현재 시행 중인 것은 2011년 개정판이다.

<표 4> 중국의 주요 재생가능에너지 정책, 법규

구성내용	구성내용 세분화	구체내용	역할
법률법규	제정된 법률	「전력법」, 「석탄법」, 「재생가능에너지법」 등	입법형태로 재생가능에너지의 발전지위를 확정하고 재생가능에너지의 발전을
	조속한 제정이 필요한 법률	「에너지법」, 「석유법」, 「천연가스법」, 「원자력법」, 「에너지시장감독관리법」 등	전체 국민의 의무와 정부의 업무로 삼았으며 정부가 재생가능에너지의 발전을 촉진하는 과정에서 부여받은 권한을 명확히 하고 그 권한에 대해 감독 실시.
	제정된 부문규정	「재생가능에너지산업발전지도목록」, 「재생가능에너지발전관리규정」, 「전력회사재생가능에너지전기량전액구매감독관리방법」, 「재생가능에너지발전가격·비용분담관리시행방법」, 「재생가능에너지발전전문자금관리잠정방법」, 「재생가능에너지발전가격부가수입할당잠정방법」, 「풍력발전설비산업화전문자금관리잠정방법」, 「재생가능에너지건축이용전문자금관리잠정방법」, 「해양재생가능에너지전문자금관리잠정방법」, 「재생가능에너지발전기금징수사용관리잠정방법」, 「재생가능에너지전기요금부가보조자금관리잠정방법」 등.	입법의 취지를 철저히 실행하고 입법조치를 실행에 옮기며 입법목표를 실현.
	제정된 기술규범과 표준	태양에너지분야: 「민간건축태양에너지온수시스템이용기술규범」, 「태양광발전소전력시스템연결기술규정」, 「태양광발전시스템송전망연결기술요구」 등. 지열에너지분야: 「지열발전전력시스템연결기술규정」 등. 풍력발전분야: 「풍력발전소전력시스템연결기술규정」 등.	재생가능에너지산업의 시장 행위를 규범화하고, 관련 산업의 지속적이고 건전하며 빠른 발전을 실현.
	조속한 제정이 필요한 기술규범과 표준	「풍력발전설비제조산업접근표준」, 「풍력발전세트저전압통과능력테스트규정」, 「풍력발전소송전망연결테스트표준」, 「발전소공정시공조직설계규범」, 「발전기기철거기술규칙」 등.	

기본제도	현행제도	총량목표제도, FIT제도, 분류전력 가격제도, 비용분담제도와 전문기금제도 등.	「재생가능에너지법」에 확립한 기본제도는 구체적인 지원정책의 출범에 제도적인 보장 제공. 생태세금제도의 수립목적은 화석에너지의 사용원가를 증가시키고 동시에 새로운 에너지의 개발과 응용을 장려하기 위함.
	출범해야 하는 새로운 제도	생태세금제도, 자원세, 에너지소비세, 배출세, 탄소세 등 포함.	
계획, 목표	이미 공포한 계획	「재생가능에너지중장기발전계획」, 「재생가능에너지발전12.5계획」, 「풍력발전12.5계획」, 「수력발전12.5계획」, 「태양에너지발전12.5계획」, 「바이오에너지발전12.5계획」 등은 각각 재생가능에너지산업의 발전목표를 명확히 함.	명확한 시장목표를 제출하고, 재생가능에너지산업의 지속적인 고속발전 유도.
	시급하게 공포해야 할 계획	「신흥에너지산업발전계획」 등 계획과 목표	
정책, 체제	전기요금정책	재생가능에너지 발전에 대해 FIT 정책 시행.	
	자원특허권입찰	풍력발전특허권항목입찰, 풍력발전기지항목입찰, 대형지면광전지발전소입찰, 해상풍력발전항목입찰	관련 규정은 관련 항목의 선택을 위해 실행 가능한 체제를 제공
	보조금정책	「태양광전지건축이용재정보조자금관리잠정방법」, 「바이오에너지·바이오화공원료기지보조자금관리잠정방법」, 「줄기에너지화이용보조자금관리잠정방법」 등을 통해 재생가능에너지산업에 대해 일정한 비중의 보조금 제공 등.	재생가능에너지산업의 상업화와 규모화 발전능력 제고
	세수지원정책	2001년 1월 1일부터, 바이오에너지에 속하는 쓰레기발전에 대해 부가가치세의 환급정책 실시, 풍력발전에 대해 부가가치세의 절반 감소 정책 실시. 2005년부터 국가에서 비준한 기업이 생산 및 판매한 에틸알코올 연료에 대해 부가가치세환급/소비세면제/수입세우대정책 실시, 일부 대형 수력발전회사에 대해 부가가치세의 환급정책 실시, 국내	재생가능에너지산업의 상업화와 규모화 발전능력을 제고

정책, 체제	세수지원정책	투자항목과 외상투자항목에 의해 수입되는 재생가능에너지 설비에 대해 규정된 범위 내에서 수입관세와 수입단계의 부가가치세 면제와 기업소득세우대 부여, 기업이 풍력, 태양에너지, 폐수, 폐가스, 고형 폐기물 등으로 생산한 전력과 열에너지에 대해 소득세 감소 또는 면제 등. 2009년 1월 1일부터 모든 산업에 대한 부가가치세 개혁을 실시하여 기업이 새로 구입한 설비에 포함된 부가가치세를 공제하도록 허락하고 소비세우대 실시.	
	강제시장정책	FIT정책	재생가능에너지에 적합한 시장공간 제공
	민간자본투자지원 및 우대대출정책	국무원의 새로운 36조항, 즉 「민간투자건전발전지원·유도일부의견」 등	재생가능에너지의 투자와 융자능력 제고
	연구개발정책	「국가중장기과학기술발전계획개요」 등	지적재산권전략과 기술표준전략을 실시하고, 기업기술창조를 장려하는 재정세수정책과 창조와 창업을 촉진하는 금융정책 등을 통해 풍력에너지, 태양에너지, 바이오에너지 등 재생가능에너지 기술의 발전과 대규모 이용 도모

출처: China New Energy and Renewable Energy Yearbooks 2011

4. 재생가능에너지 관련법의 적용범위와 주체

1) 재생가능에너지원

중국에서 최초로 재생가능에너지에 대해 자세히 규정한 정책은 1995년 1월 5일 시행된 「신재생에너지발전개요(1995~2010)」로 조사되며, 동 정책에서는 신에너지와 재생가능에너지를 구분하여 사용하고는 있었으나 이는 다만 형식적인 구분이고 내용상으로는 명확한 구분이 부재하여 혼용하고 있었다. 동 개요에서는 재생가능에너지에 대한 정의를 내리지 않고 다만 신재생에너지의 범위에 대해 "수소에너지, 바이오에너지, 소수력발전, 태양에너지, 수력에너지, 조석에너지, 폐기물에너지" 등으로 열거하였다.

그 후 1999년 1월 12일 시행된 「재생가능에너지발전지지통지」 제1항에서는 재생가능에너지에 주로 풍력발전, 태양광전지발전, 바이오에너지발전, 지열발전, 해양에너지발전 등이 포함된다고 하여 재생가능에너지의 중점은 이를 이용한 발전에 있음을 명확히 하였다. 하지만 이러한 규정들은 결코 재생가능에너지에 대해 명확한 개념정의를 한 것으로 볼 수 없다.

결국 중국법상 재생가능에너지에 대한 명확한 개념정의는 2005년 공포된 「재생가능에너지법」에 의해 수립된 것으로 볼 수 있다. 이 법 제2조에 의하면, "재생가능에너지"란 풍력에너지, 태양에너지, 수력에너지, 바이오에너지, 지열에너지, 해양에너지 등 비화석에너지를 가리키고 수력발전의 이 법 적용 여부는 국무원 에너지주관부문이 결정하고 국무원의 비준을 받으며 저효율 부뚜막 직접 연소방식을 통한 농작물 줄기, 땔나무, 분변 등의 이용은 이 법을 적용하지 아니한다.” 즉, 중국은 현 단계에서 재생가능에너지에 풍력에너지, 태양에너지, 수력에너지, 바이오에너지, 지열에너지, 해양에너지를 주로 포함시키고 있으며, 수력발전에 대해서는 수력에너지에 포함되므로 재생가능에너지에 포함되는 것은 문제가 없겠지만 「재생가능에너지법」의 적용 여부에 대해서는 아직 미결상태로 남아 있다. 또한 저효율 부뚜막 직접 연소방식을 통한 농작물 줄기, 땔나무, 분변 등도 바이오에너지에 포함되므로 재생가능에너지에 포함되는 것 역시 문제가 없지만, 다만 「재생가능에너지법」의 적용을 받지 않으므로 법에서 정한 각종 우대조치를 받을 수는 없다. 다시 말해서 이들은 재생가능에너지에 포함되는지의 여부에 대한 문제가 아니라 「재생가능에너지법」의 적용을 받는지 여부에 대한 문제이다.

「폐물자원화과학기술공정12.5전문계획(廢物資源化科技工程“十二五”專項規劃)」[131]에 의하면, 2015년에 이르러 중국의 폐물자원화 생산가치는 2만억 달러에 이르러 2010년 대비 2배로 되는데 「재생가능에너지법」에서는 쓰레기의 소각과 매장을 통한 발전에 대해서는 구체적인 규정을 하지 않고 있다. 하지만 「재생가능에너지전기요금부가보조자금관리잠정방법」 제2조, 「재생가능에너지발전가격부가수입할당잠정방법」 제2조, 「재생가능에너지발전가격 · 비용부담관리시행방법」 제2조, 「전력회사재생가능에너지전기량전액구매감독관리방법」 제2조에서는 “재생가능에너지 발전”에 농림폐기물의 직접연소

---

131) 과학기술부, 국가발전개혁위원회, 공업정보화부, 환경보호부, 주택건설부, 상무부, 중국과학원 제정, 2012년 8월 20일 시행.

와 기체화 발전, 쓰레기 연소와 쓰레기 매장 기체발전을 바이오에너지발전에 포함시키고 있어 쓰레기를 바이오에너지에 포함시켜 재생가능에너지로 보고 있다. 다음으로 「재생가능에너지건축이용전문자금관리잠정방법」 제2조에서는 지열에너지를 옅은 층 지열에너지에 한정시키고, 오수여열도 재생가능에너지에 포함시켰다. 2012년 제정된 「절강성재생가능에너지개발이용촉진조례」는 재생가능에너지 전반에 대한 중국의 최초 지방성법규인데 동 조례에서는 재생가능에너지의 범위에 공기에너지도 포함시키고 있다. 또한 「해양재생가능에너지전문자금관리잠정방법」 제2조에서는 해양재생에너지를 해양속에 매장되고 해양의 특수한 배경환경으로 인하여 생성된 재생가능에너지로서, 주로 조석에너지, 조류에너지, 파도에너지, 온도차에너지, 염도차에너지 등으로 구분하여 해양에너지의 범위를 명확히하였다.

위에서 언급하였듯이 중국은 신에너지와 재생가능에너지의 개념을 명백히 구분하지 않고 사용하고 있으며, 재생가능에너지에 대해서도 다양한 법령에서 그 개념정의가 일치하지 않고 약간의 차이가 존재한다. 하지만 상술한 법령을 종합하여 중국의 재생가능에너지 범위에 대해 개괄한다면, 풍력에너지, 태양에너지, 수력에너지, 바이오에너지, 옅은 층 지열에너지, 해양에너지, 오수여열, 쓰레기발전, 공기에너지 등이 포함된다.

현재 가장 큰 논쟁은 수력발전의 「재생가능에너지법」 적용 여부에 대한 문제인데 에너지주관부문에 이에 대한 포함 여부 결정권을 부여하였지만 아직 결정을 내리지 못한 상태이다. 이와 관련하여 중국에서 수력발전의 개발기술은 이미 매우 성숙되었고 수력발전량은 이미 국가전력 총 소비량의 상당한 규모를 차지하였는데, 만약 모든 수력발전을 재생가능에너지 전력범위에 포함시키면 수력발전으로 기타 재생가능에너지의 개발을 대체하는 상황이 발생될 가능성이 있다는 점이 문제이다. 풍력발전, 태양에너지 등 비수력 재생가능에너지 발전의 제고를 위해 수력발전 특히 생태환경에 대해 비교적 큰 영향을 주는 대형 수력발전에 대해 신중해야 하며 구분을 거치지 않고 모든 수력발전을 재생가능에너지전력에 포함시키는 것은 적절하지 않다. 수력발전은 대기오염을 비롯해서 다양한 오염물질의 발생이 적어 청정에너지라 할 수 있지만 대수력의 경우 생태계를 파괴하거나 교란하는 부정적인 영향도 야기하게 되므로 온전히 친환경적인 에너지라 하기는 어렵다. 수력발전소 건설은 하류를 절단하고, 제방을 건설하며, 토지를 침몰시키는 등 환경에 심각한 영향을 미치며 주변 지역주민들을 떠나게 함으로써 사회적인 문제를 야기한다. 따라서 대규모 수력발전소 건설에 있어서는 환경보호문제와 인구 이주로 발생하는 다양한 사회문제를 타당하게 처리하여야 한다. 「재생가능에너지법」에서 수력발전에 대해 유보의 결정을 내린 것은 수력발전을 발전시킴에 있어 정책적 요소가 크게 역할을 하고 동시에 기타 재생가능에너지에 비교하여 수력발전기술이 상대적으로 성숙되었으며 원가도 비교적 낮은 점 등을 감안한 것이다. 수력발전에 대한 「재생가능에너지법」의 적용 여부를 국무원 에너지주관부문에 맡겨 처리하도록 함으로써 중국 에너지발전 상황에 근거하여 수력발전소 건설의 건전한 발전을 촉진하는 데 유리하게 되었다고 볼 수도 있겠지만 오랜 기간 동안 이에 대한 결론이 내려지지 않아 법의 적용에서 큰 문제점을 야기한 것도 사실이다. 따라서 법의 적용범위에 소수력발전만 포함시키는 규정을 하루 빨리 도입하는 것이 시급하다. 소수력발전만을 법의 적용범위로 확정할 시 소수력에 대한 범위확정이 필요한데, 「소수력질서개발·생태환경보호통지」 제2항에서는 설비용량이 50,000kW 이하인 경우만 소수력으로 보고 있다.

저효율 부뚜막 직접 연소방식은 바로 직접 연소방식을 통한 농작물 줄기, 땔나무, 분변 등의 이용이다. 바이오에너지의 직접 연소는 에너지효율이 낮고 환경을 오염시킨다. 재생가능에너지는 국가에서 촉진과 개발이용을 장려하는 청정에너지로서 에너지효율성의 이용이 낮고 환경을 오염시키는 전통적인 바이오 연소방식을 적용범위에서 배제시키는 것이 필요하며 국제적인 관행 일반에도 부합된다. 하지만 쓰레기를 통한 발전을 재생가능에너지로 보는 것은 이러한 법의 이념과 상충되는 문제점이 존재하는 것으로 판단된다. 특히 폐기물정책에서 가장 중요한 감량정책과 폐기물 연소를 통한 에너지회수는 상충하는 측면이 있기 때문에 폐기물 소각을 통한 에너지 이용을 장려하는 것은 문제가 될 소지가 있다.

에너지분류의 측면에서 보면, 재생가능에너지와 신에너지는 외연적으로 서로 다르다. 무릇 끊임없이 보충받을 수 있거나 비교적 짧은 주기 내 재생산이 가능한 에너지는 재생가능에너지라 불리고 나머지는 비재생에너지로 귀결된다. 그러나 신에너지의 함의는 여러 개의 분류표준이 있는데 중화전국상공업연합회 신에너지상회의 해석에 의하면 신에너지는 일상적인 에너지와 비재생가능에너지와 상반되는 에너지 종류인데, 예를 들어 태양에너지, 풍력에너지, 바이오에너지, 소수력발전, 해양에너지, 지열에너지, 수소에너지 등 인류의 이용에 의해 쇠약해지지 않는 재생가능에너지를 포함할 뿐만 아니라 전통에너지에 대한 새로운 이용, 즉 에너지절약, 소모감소와 기타 새로운 기술의 이용도 포함한다(孟雁北, 2007). 재생가능에너지와 신에너지의 개념정립을 위해서 신에너지에 대해서도 분명한 정의를 내리는 것이 필요하며 아직 「에너지법」이 제정되지 않은 상황에서 「에너지절약법」에서 신에너지에 대해 개념정의를 명백히 해두는 것이 좋다.

2) 재생가능에너지 주관부문

2008년의 국무원 기관개혁에서 중국의 에너지관리기관은 새로 설립된 국가에너지위원회와 국가에너지국으로 구성된다. 국가에너지위원회는 하나의 고위급 의사조정기관으로 설정되어 국가의 에너지 발전전략을 세우고 에너지안전과 에너지 발전 중의 중대한 문제를 심의하며 국가에너지국은 하나의 산업관리기관으로 설정되었다. 국가에너지국은 국가발전개혁위원회의 전 에너지국, 전 국가에너지지도소조판공실, 전 국방과학기술공업위원회 산하의 원자력발전공업시스템 관리사(국) 및 국가발전개혁위원회의 에너지산업 관련 사(국)로 공동 구성되는데 에너지산업계획, 산업정책과 표준을 수립하고 국가에너지위원회 판공실의 업무를 담당한다. 재생가능에너지 및 석탄, 전력, 석유, 천연가스, 원자력발전 등 모든 에너지에 대한 관리는 이로써 국가에너지국으로 통합되었다.

중국의 「재생가능에너지법」 제5조에 의하면, 국무원 에너지주관부문은 전국 재생가능에너지의 개발이용에 대해 통일적인 관리를 실시하며, 국무원 관련부문은 각자의 업무범위 내에서 재생가능에너지의 개발이용에 대해 일부 관리를 실시한다. 또한 현급 이상 지방정부의 에너지업무 관리부문은 동 행정구역 내의 재생가능에너지 개발이용에 대해 관리하며 관련부문은 각자의 업무범위 내에서 재생가능에너지의 개발이용에 대해 일부 관리를 실시한다. 동 규정은 중국 재생가능에너지의 통일관리와 부문관리가 결부되고 중앙관리와 지방관리가 결부된 관리체제를 확립하였다. 국가에너지국의 설립 전, 중국의 에너지주관부문은 국가발전개혁위원회였고 구체적인 업무는 그 산하의 에너지국이 담당하였으나 국가에너지국의 설립 후, 국가에너지국이 재생가능에너지의 주관기관으로 된다.

「재생가능에너지법」의 규정에 따라 국가에너지주관부문의 주요업무는 전국의 재생가능에너지 개발이용 중장기 총량목표를 제정하고 전국 재생가능에너지 개발이용계획을 작성하며 재생가능에너지산업 발전지도목록을 제정, 공포하는 것 등이다. 부문관리를 실시하는 국무원의 관련부문에는 과학기술, 농업, 수리, 국토자원, 건설, 환경보호, 임업, 해양, 기상 등 부문이 포함되며 이들 부문은 관련 법률의 규정에 따라 재생가능에너지의 개발이용에 대한 관리를 행하고 있다. 예를 들어, 과학기술부문은 「과학기술진보법」과 「재생가능에너지법」에 의해 전국범위 내에서 과학기술역량을 조직하여 관련 재생가능에너지의 개발이용에 대한 중대한 과학기술항목 입안과 시범연구 및 보급의 업무를 부담하며 농업부문은 「농업법(農業法)」[132]과 「재생가능에너지법」에 근거하여 메탄가스 등 농촌에너지에 대해 관리업무를 부담한다. 수리부문은 중앙에서 보조하여 투자하는 농촌수력 발전항목의 심의를 책임지고 대·중형 수력자원의 개발이용항목에

---

132) 1993년 7월 2일 주석령 제6호 제정, 1993년 7월 2일 시행, 2002년 12월 28일 주석령 제81호 개정, 2012년 12월 28일 주석령 제74호 개정.

대한 확인과 심사비준에 참여하고, 지방 농촌의 수력발전항목에 대한 심사, 심사비준과 검수업무의 지도를 책임지며, 농촌 수력발전설비의 시장접근제도와 농촌 수력발전 및 전력공급지역의 안전문명생산관리방법을 입안하고 실시함과 동시에 농촌 수력발전 설계시장, 설비시장, 건설시장과 전력제품시장에 대한 관리업무를 부담한다. 국토자원부문은 「광산자원법」[133]과 「재생가능에너지법」에 근거하여 지열자원의 개발이용에 대해 관리업무를 부담하고 건설부문은 「건축법(建築法)」[134]과 「재생가능에너지법」에 근거하여 태양에너지, 저층지열 등 재생가능에너지가 건축분야에서의 규모화 이용에 대해 관리업무를 지며 환경보호부문은 「환경보호법」[135]과 「재생가능에너지법」에 근거하여 수력발전, 풍력발전, 지열 등 재생가능에너지의 개발이용이 환경자원에 야기할 수 있는 영향에 대해 관리업무를 부담한다. 임업부문은 「삼림법(森林法)」[136]과 「재생가능에너지법」에 근거하여 임업바이오에너지의 개발이용에 대해 관리업무를 부담하고 해양관리부문은 「해양환경보호법(海洋環境保護法)」[137]과 「재생가능에너지법」에 근거하여 조석발전 등 해양에너지 발전 및 미래해상풍력발전 등에 대해 관리업무를 지며 기상부문은 「기상법(氣象法)」[138]

---

133) 1986년 3월 19일 주석령 제36호 제정, 1986년 10월 1일 시행, 1996년 8월 29일 주석령 제74호 개정.

134) 1997년 11월 1일 주석령 제91호 제정, 1998년 3월 1일 시행, 2011년 4월 22일 주석령 제46호 개정.

135) 1989년 12월 26일 주석령 제22호 제정, 1983년 3월 1일 시행.

136) 1984년 9월 20일 주석령 제17호 제정, 1985년 1월 1일 시행, 1998년 4월 29일 주석령 제3호 개정.

137) 1982년 8월 23일 주석령 전국인민대표대회상무위원회령 제9호 제정, 1983년 3월 1일 시행, 1999년 12월 25일 주석령 제26호 개정.

138) 1999년 10월 31일 주석령 제23호 제정, 2000년 1월 1일 시행.

과 「재생가능에너지법」에 근거하여 태양에너지, 풍력에너지 등 기후자원의 평가에 대해 일정한 업무를 부담한다.

실제로 이들과 같은 전문 또는 산업관리부문을 제외하고도 국무원의 재정, 세무, 가격, 금융, 표준화, 품질검사, 교육 등 부문은 비록 재생가능에너지의 개발이용에 대해 직접적인 관리업무를 부담하고 있지는 않지만 재생가능에너지와 관련되는 재정세수우대, 가격, 대출우대, 기술과 산업표준, 품질표준, 과정교육 등에 대해 상응하는 관리업무를 부담한다.

중앙의 에너지관리부문은 주로 전체적이고, 장기적이며 간접적인 거시적 관리를 진행하는 것과 달리 지방의 관리는 성급, 시급, 현급으로 나뉘며, 성급부문은 주로 거시적인 환경관리를 진행하는데 각 행정구역의 재생가능에너지 개발이용의 중장기목표를 확정하고 해당 행정구역의 재생가능에너지 개발이용계획을 작성하며, 시급 관리에는 거시적관리와 미시적관리가 모두 포함되고, 현급관리부문은 주로 집행성격의 직접적인 미시적 관리를 진행한다(李艶芳, 2008). 에너지 주관부문을 보다 구체적으로 살펴보면 아래와 같다.

(1) 국가에너지위원회

국가의 에너지발전전략을 연구, 입안하고, 에너지안전과 에너지발전의 중대한 문제를 심의하며, 국내의 에너지개발과 에너지 국제협력에 있어서 중대한 사항에 대해 총괄, 조정하는 기구는 국가에너지위원회(國家能源委員會)이다. 국가에너지위원회는 제11기 전국인민대표대회 제1차 회의에서 심의 비준된 「국무원기관개혁방안」과 「의사조정기관설치통지(國務院關于議事協調机構設置的通知)」[139)에 따라 국무원이 에너지전략에 대한 결정과 총괄, 조정하는 기관으로 설립한 것이다.

국가에너지위원회는 중국 국무원 총리가 주임을 담당하고, 부총리가 부주임을 담당하고 있으며, 외교부, 국가발전개혁위원회, 과학기술부, 공업정보화부, 안전부, 재정부, 국토자원부, 환경보호부, 교통운수부, 수리부, 상무부, 중국인민은행, 국유자산감독관리위원회, 국가세무총국, 국가안전감독관리총국, 은행업감독관리위원회, 전력감독관리위원회, 국가에너지국 등 부서의 장관이 위원으로 되어 있다. 국가에너지위원회의 판공실주임은 국가발전개혁위원회 주임이 겸임하고, 부주임은 국가에너지국 국장이 겸임하며, 판공실의 구체업무는 국가에너지국에서 담당한다. 국가에너지위원회의 산하에 에너지전문가자문위원회(能源專家諮詢委員會)를 둔다.

(2) 국가에너지국

「부·위원회관리국가국설치통지(國務院關于部委管理的國家局設置的通知)」[140)에 의해 국가발전개혁위원회가 관리하는 국가에너지국(國家能源局)을 설립하였는데 동 국은 차관급으로서 실제적인 에너지 관련 행정을 담당하고 있다. 국가에너지위원회와의 관계를 보면, 국가에너지위원회는 국가의 에너지발전전략 등 중요한 사항에 대하여 심의하거나 각 부문의 이익을 조정하는 등 거시적인 문제만 다루는데 반해 국가에너지국은 국가에너지위원회 판공실의 구체업무를 담당하는 등 구체적인 행정업무를 담당하고 있다.

국가에너지국은 산하에 종합사, 정책법규사, 발전계획사, 에너지

---

139) 국무원 제정, 2008년 3월 21일 시행.
140) 국무원 제정, 2008년 3월 21일 시행.

절약·과학기술장비사, 전력사, 석탄사, 석유천연가스사, 신에너지·
재생가능에너지사, 국제협력사, 인사사 등 부서를 두고 있으며 이
중에서 재생가능에너지에 대한 주관부서는 신에너지·재생가능에너
지사로서 신에너지·재생가능에너지와 농촌에너지발전을 지도하고,
신에너지·수력에너지·바이오매스와 기타 재생가능에너지 발전계
획과 정책을 입안 및 실시한다.

　신에너지·재생가능에너지사의 구체적 업무는 다음과 같다. ① 신
에너지와 재생가능에너지의 산업관리 담당, 관련 분야의 기술법규와
산업표준 입안, 관련 분야의 과학연구 지도. ② 농촌 송전망, 신에너
지, 수력에너지, 바이오매스와 기타 재생가능에너지 발전 상황 모니
터링, 관련 분야의 발전계획, 연도계획과 정책 입안, 각 지역과 중점
기업의 관련 발전계획을 연결 및 평형. ③ 전력체제개혁업무에 참여,
신에너지와 재생가능에너지 체제개혁문제 연구, 체제개혁건의 제출,

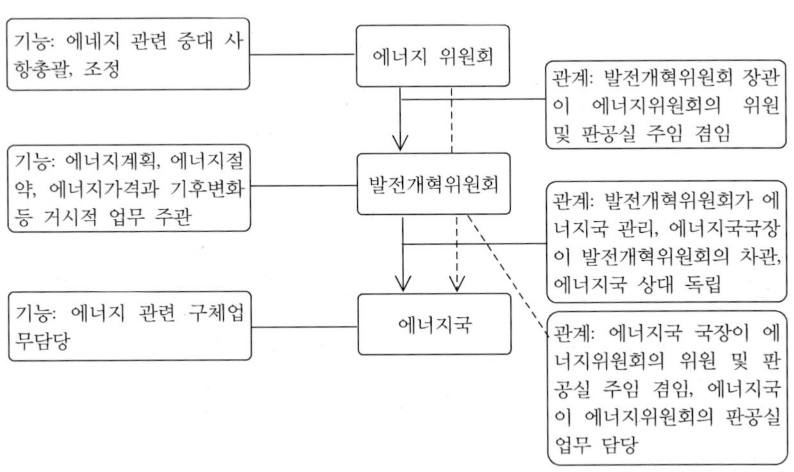

<그림 15> 재생가능에너지 주관부문의 상호관계

개혁방안 입안 및 실시, 관련 중대 문제 조정. ④ 농촌 송전망, 신에
너지, 수력에너지, 바이오매스와 기타 재생가능에너지의 발전분포
및 중대항목에 대한 심사의견 제출, 관련 고정자산의 투자에 대한
관리 책임. ⑤ 신에너지와 재생가능에너지자원 관리, 농촌 에너지발
전 조정, 지도. ⑥ 관련 가격건의 제출, 관련 재정세수, 환경보호정책
에 대한 제정 참여. ⑦ 국 영도가 처리하도록 맡긴 기타 사항.

3) 재생가능에너지 감독관리

중국은 현재 이미 초보적으로 국가권력기관, 행정부문, 사회가 함
께 구성되어 「재생가능에너지법」의 실시와 감독관리체계를 구축하
였다(王仲穎 외, 2007). 재생가능에너지 감독관리에 관여하고 있는
국방부 직할부대 및 기관들의 종류와 각 국방부 직할부대 및 기관의
역할은 다음과 같다.

(1) 국가권력기관

각급 인민대표대회 상무위원회와 관련 전문위원회는 「재생가능에
너지법」의 집행에 관한 검사, 정부부서의 보고청취, 전문조사연구
등 방식을 통해 법률의 시행정황을 추적검사하고, 관련 행정부서에
「재생가능에너지법」의 효과적인 시행을 독촉할 수 있다. 현재, 전국
인민대표대회 환경자원위원회 및 지방인민대표대회의 환경자원과
재정업무를 책임지는 전문위원회가 동 법과 관련된 검사, 감독관리
업무를 책임지고 있다.

(2) 행정부서

「재생가능에너지발전관리규정」에 의하면, 국가발전개혁위원회는 전국의 재생가능에너지 발전항목의 계획, 정책제정과 국가에서 확인 또는 심사 비준하는 항목에 대한 관리를 책임지고 성급 정부의 에너지주관부문은 해당 관할구역 내 지방권한의 범위에 포함되는 재생가능에너지 발전항목에 대한 관리를 책임진다. 주요 하류에 건설하는 수력발전항목과 25만kW 및 이상의 수력발전항목, 5만kW 및 그 이상의 풍력발전항목은 국가발전개혁위원회에서 확인 또는 심사 비준하며 기타 항목은 성급 정부의 투자주관부문의 확인 또는 심사 비준을 거쳐 국가발전개혁위원회에 보고하여 기록한다. 국가정책과 자금지원이 필요한 바이오에너지발전, 지열에너지발전, 해양에너지발전과 태양에너지발전항목은 국가발전개혁위원회에 신고한다.

(3) 독립적인 감독관리기관

「재생가능에너지법」 제27조에 의하면, 전력회사는 재생가능에너지 발전과 관련한 자료를 진실하고 완벽하게 기재, 보존해야 하며, 전력감독관리기관의 검사와 감독을 받는다. 전력감독관리기관은 규정된 절차에 따라 검사를 진행해야 하며 검사대상자의 상업비밀과 기타 비밀을 준수해야 하는데 여기에서 전력감독기관은 국가전력감독관리위원회이다.

(4) 사회

대중의 법률의식이 점차 높아짐에 따라, 민간조직은 갈수록 「재생가능에너지법」 시행에 있어 중요한 감독관리주체로 발전하고 있다.

일부 환경보호단체와 에너지에 관심을 갖는 민간조직 중 일부는 재생가능에너지의 개발이용에 큰 관심을 갖고 있는데, 한편으로는 풍력발전, 태양에너지의 이용 및 바이오에너지의 이용에 대해 적극 지지하고 다른 한편으로는 고속으로 진행되는 수력발전의 개발로 인한 생태파괴에 대해 높은 관심을 보이고 있으며 사회 각 계층에서 관련 법, 계획의 수립에 참여하도록 설득한다.

현재, 재생가능에너지에 관심을 갖는 조직은 주로 다음과 같은 세 가지 유형이다. 첫째로 재생가능에너지산업을 대표하는 협회와 단체로서 전국상공연합회, 자원종합이용협회 재생가능에너지전문위원회 등이고, 둘째로 재생가능에너지에 관련되는 학술단체와 조직으로서 재생가능에너지학회, 환경과학학회 등이며, 셋째로 환경단체들인데 통상적으로 재생가능에너지 지식보급활동에 종사하고 있다. 이 밖에도 국제환경보호기구 역시 중국의 재생가능에너지 개발이용에 대해 중요한 추진역할을 하였다(王仲穎 외, 2007).

5. 재생가능에너지법 주요제도

1) 총량목표제도

중국은 2005년 「재생가능에너지법」의 초안작성과 제정 시 EU, 스페인, 호주 등 선진국의 경험을 참고하여 총량목표제도를 규정하였다. 즉, 중국은 재생가능에너지의 개발과 이용을 에너지발전의 우선

분야에 포함시키고 재생가능에너지 발전·이용 총량목표의 제정과 상응한 조치를 통해 재생가능에너지 시장을 수립하고 그 발전을 촉진(법 제4조제1항)하기로 하였다. 이에 대응하여 중국은 「재생가능에너지중장기발전계획」, 「재생가능에너지산업발전지도목록」, 「재생가능에너지발전12.5계획」 등을 수립하였다.

중국은 총량목표제도의 실시를 보장하기 위하여 다음과 같이 이를 구체화하였다. 국무원 에너지주관부문은 전국 에너지 수요와 재생가능에너지 자원의 실제 상황에 근거하여 전국 재생가능에너지 개발, 이용과 관련한 중장기 총량목표를 제정하여 국무원의 비준을 받은 후 집행하며, 아울러 사회에 공포한다. 국무원 에너지주관부문은 총량목표와 성, 자치구, 직할시 경제발전 및 재생가능에너지 자원의 실제 상황에 근거하여 성, 자치구, 직할시 정부와 함께 각 행정구역의 재생가능에너지 개발, 이용 중장기목표를 제정하여 사회에 공포한다(법 제7조). 국가발전개혁위원회는 2007년 「재생가능에너지중장기발전계획」을 공포하여 향후 일정기간 동안 중국 재생가능에너지의 발전 중점은 수력에너지, 바이오에너지, 풍력에너지와 태양에너지라고 밝혔다. 중국은 재생가능에너지 전력건설을 촉구하여 2020년에 이르러 수력발전 3억kW, 풍력발전 3,000만kW, 바이오에너지발전 3,000만kW, 태양에너지발전 180만kW를 달성하고, 태양에너지온수기 면적 3억m^2를 건설하며 비식량 생물액체연료를 적극 발전시켜 2020년에 이르러 1,200만t의 석유를 대체할 수 있는 능력을 갖는다는 목표를 세웠다. 2012년 국가발전개혁위원회는 「재생가능에너지발전12.5계획」을 수립하여, 12.5기간 내 수력발전, 풍력발전, 바이오에너지, 태양에너지, 농촌재생가능에너지 등의 발전목표에 대해 구체적으로 규정하였다. 또한 2009년 중국정부는 재생가능에너지를 대폭 발전시켜 2020년에 이르러 비화석에너지(재생가능에너지, 원자력에너지 등 포함)가 에너지소비에서 차지하는 비중이 15%에 이르게 하겠다고 선언하였다. 전국적인 중장기 총량목표 외에도, 국무원 에너지주관부문은 전국의 총량목표와 각 성, 자치구, 직할시 경제발전 및 재생가능에너지의 실제 상황에 근거하여, 각 성, 자치구, 직할시 정부와 함께 각 행정구역의 재생가능에너지 개발이용의 중장기 목표를 수립하였다. 예를 들어, 「섬서성바이오에너지개발이용계획(2007~2020)(陝西省生物質能開發利用規劃)」에 의하면 2020년에 이르러 섬서성의 바이오에너지 연간 이용비중이 1차 에너지소비량에서 차지하는 비중은 4%에 이를 전망이다.

국무원 에너지주관부문은 국무원 관련부문과 함께 전국의 재생가능에너지 개발, 이용 중장기 총량목표와 재생가능에너지 기술의 발전 상황에 근거하여 전국의 재생가능에너지 개발, 이용계획을 작성하여 국무원의 비준을 받은 후 실시한다. 국무원 관련부문은 전국의 재생가능에너지 개발, 이용 중장기 총량목표의 실현을 촉진하는 데 유리한 관련 계획을 수립해야 한다. 성, 자치구, 직할시 정부의 에너지업무 관리부문은 동급 정부 관련부문과 함께 전국의 재생가능에너지 개발, 이용계획과 동 행정구역의 재생가능에너지 개발, 이용계획 중장기 목표에 근거하여 동 행정구역의 재생가능에너지 개발, 이용계획을 수립하여 동급 정부의 비준을 받은 후 국무원 에너지주관부문과 국가 전력감독관리기관에 등록 비치하고 조직 실시한다(법제8조). 이와 관련하여 농업부에서 「전국농촌메탄가스건설공정계획(全國農村沼氣建設工程規劃)」, 「농업바이오에너지산업발전계획

(2007∼2015)(農業生物質能産業發展規劃)」을 수립하였고, 국가임업국에서 「전국에너지림건설계획」, 「임업생물디젤유원료림기지11.5건설방안」, 「11.5에너지림육성이용시범항목실시방안」 등을 수립하였다.

총량목표도 일종의 할당이며 재생가능에너지가 국가의 에너지소비 총량에서 차지하는 비중에 대해 강제적인 규정을 한 것이다. 다만 그 의무주체는 정부로서 이는 정부가 국가전략을 실현하기 위하여 확정한 발전목표이며 따라서 전략적 목표 또는 거시적 목표에 속한다. 총량목표는 재생가능에너지의 모든 이용형식을 포함하며 재생가능에너지전력 외에도 연료 등 기타 재생가능에너지 이용량을 포함한다. 재생가능에너지의 총량목표는 재생가능에너지 할당제를 실행하기 위한 전제이며 할당제는 총량목표를 실현하는 수단이다. 재생가능에너지 총량목표는 재생가능에너지 발전의 정부목표이고 재생가능에너지 할당제는 재생가능에너지 발전의 기업 목표이다(李艶芳·張牧君, 2011).

2) FIT제도

중국은 「재생가능에너지법」의 제정과정에 FIT 또는 RPS제도의 도입 여부를 놓고 많은 논의가 있었다. 중국의 학자들은 RPS에 더욱 많은 관심을 가졌고 입법에서 RPS를 도입하여야 한다고 주장하였다. 국가발전개혁위원회 에너지연구소 산하의 재생가능에너지연구센터 역시 RPS에 대해 장기간의 연구를 수행하였고 중국에서 RPS를 실행해야 하는 필요성, 가능성과 정책프레임에 대해 심도 있게 분석하여 몇 개의 보고서를 제출하였다. RPS에 대한 관심과는 반대로 FIT에 대해 전면적인 연구를 진행한 중국학자는 매우 적었다. 하지만 영국 워릭대학교 경영대학원의 C. Mitchellf 교수와 독일의 저명한 재생가능에너지법 전문가인 Ole Langniss는 모두 FIT가 중국에 더욱 적합하다고 주장하였고 중국의 재생가능에너지법 권위자인 중국인민대학교 법과대학의 李艶芳 교수도 중국은 초기에 FIT를 시행해야 하고 일정기간을 지켜보다가 RPS로 전환해야 한다고 주장하였다(李艶芳, 2005). 최종적으로 입법에서는 이러한 주장이 받아들여져 FIT를 도입하기에 이르렀다.

즉, 「재생가능에너지법」 제14조에서 재생가능에너지 발전 전력에 대한 FIT제도를 실시한다고 규정하였다. 또한 제29조에서는 FIT의무를 부담하지 않는 경우에는 처벌이 부과되도록 하였다. 즉, 전력회사가 규정에 따라 재생가능에너지 FIT의무를 이행하지 않아 재생가능에너지 발전회사의 경제손실이 발생하는 경우 배상책임을 져야 하고, 동시에 국가전력감독관리기관이 기한부 시정을 명하며 시정을 거부할 경우에는 재생가능에너지 발전회사가 입은 경제손실 1배 이하의 벌금을 부과하도록 하였다.

FIT의무를 이행하지 않은 상황은 「전력회사재생가능에너지전기량전액구매감독관리방법」 제20조에서 다음의 몇 가지로 열거되었다: (1) 규정을 위반하고 재생가능에너지 발전항목 연결공정을 건설하지 않았거나 제때에 건설하지 않은 경우, (2) 재생가능에너지 발전회사와 전력 구매판매계약, 연결배치계약의 체결을 거절 또는 방해한 경우, (3) 재생가능에너지발전 연결서비스를 제공하지 않거나 제때에 제공하지 않은 경우, (4) 재생가능에너지 발전을 우선적으로 안배하지 않은 경우, (5) 기타 전력회사의 원인으로 인하여 전액구매를 달성하지 못한 경우. 또한 전력회사는 전력감독관리기관이 재생가능에너지 발전회사의 경제손해를 인정한 날로부터 15일 내 배상해야 한다. 일반적으로 손해배상의 범위는 법률에서 직접 규정하거나 쌍방이 약정하는데, 상술한 배상은 법정 손해배상으로서 완전배상을 원칙으로 하며 이에는 직접손해와 간접손해가 모두 포함된다. 직접손해는 재산상의 직접적인 감소를 가리키고 간접손해는 예측 가능한 취득이익의 상실을 가리킨다. 재생가능에너지 발전회사는 전력회사와의 손해배상분쟁에 대해 협상으로 해결할 수 있으며 협상에 의해 해결할 수 없는 경우 민사소송을 제기할 수 있다.

2005년「재생가능에너지법」공포 이후, FIT는 정책목표상의 역할을 잘 수행함으로써 중국의 재생가능에너지가 비약적으로 발전하였다. 하지만 재생가능에너지의 고속발전과 동시에 일부 문제도 발견되었다. 핵심적인 문제는 재생가능에너지 전력의 송전망 연결상의 어려움이었는데 이로 인하여 재생가능에너지 전력의 낭비가 야기되어 발전회사의 적극적 의지를 약화시켰고, 근본적으로는 재생가능에너지의 개발과 이용에 불리하였다. 이러한 문제를 해결하고자 2009년 개정된「재생가능에너지법」에서 FIT를 계속 사용하는 한편 제14조에 "국무원 에너지주관부문은 국가전력감독관리기관, 국무원 재정부문과 함께 전국 재생가능에너지 개발, 이용계획에 따라 계획 기간 내에 달성해야 할 재생가능에너지 발전량이 전체 발전량에서 차지하는 비중을 확정하고 전력회사가 재생가능에너지 발전 전력을 우선 조달하고 전액구매하는 구체적 방법을 제정하며 국무원 에너지주관부문은 국가전력감독관리기관과 함께 연도 내의 실시를 독촉하도록" 규정하였다. 이와 비슷한 맥락에서 국무원이 공포한「전략

신흥산업육성·발전가속화결정(關于加快培育和發展戰略性新興産業
的決定)」141)에서도 "신에너지 할당제를 실시하며 신에너지 발전의
FIT제도를 실시한다"고 규정하였다. 또한 현재, 국가에너지국 등 부
문은 「재생가능에너지발전할당·송전망보장구매관리방법(可再生能源
發電配額和電網保障性收購管理辦法)」을 입안하고 있다. 이러한 측면
에서 보면, 중국의 새로운 제도는 FIT에 기반해 있으면서 RPS 일부
내용을 도입한 것으로 볼 수 있다.

물론 중국이 FIT를 포기하지 않는 상태에서 RPS를 도입하면 상대
적으로 실행하기 쉬울 수 있다. 우선 큰 시장환경이 필수적이지 않
고 다음으로 녹색증서제도도 필수적이지 않다. 다만 전력회사가 지
령성적인 계획을 내용으로 하는 할당지표관리를 진행하기만 하면
문제를 해결할 수 있다. 하지만 이 경우 원가를 계산하지 않고 할당
의무를 부담하는 기업의 이익을 적게 고려하여 기업의 배척을 받을
가능성이 있다는 부정적 결과가 초래될 수 있다. 이와 관련하여 중
국의 전력회사가 모두 국유기업이므로 비교적 많은 사회책임을 부
담하여도 과도하지 않다는 주장이 있지만(李艶芳·張牧君, 2011), 만
약 이렇게 된다면 중국의 재생가능에너지 RPS는 다른 국가에서 실
행하는 RPS와 중대한 차이점을 가지게 된다. 이는 단지 행정간섭의
기초 위에 수립된 지령성 계획으로서 시장기초 위에 수립되고 기업
에 비교적 큰 선택권리가 있는 할당제는 아니다. 또한 전력회사의
입장에서 "할당의무"를 이행한 후에도 "전액구매"를 계속해야 하는
지에 대한 의문이 발생할 수 있다. 이 부분은 동 규정의 도입과정에

---

141) 국무원 제정, 2010년 10월 10일 시행.

서 많은 비판의 대상이 되었다. 실제로 2009년 「재생가능에너지법」이 개정된 후에도 관련 세칙이 제정되지 못하고 있는 부분 역시 이러한 실제 어려움을 보여주며 세칙이 제정되기 전에는 결코 FIT를 기반으로 한 RPS가 시행되고 있다고 볼 수 없고 현재까지 시행되고 있는 제도는 아직 FIT일 뿐이다. 이 부분도 소수력발전의 「재생가능에너지법」 적용범위에 대한 논란과 같이 논란이 장기화될 전망이며 당분간은 지금의 제도가 지속될 것으로 보인다.

  설령 향후 RPS로 전환이 되거나 FIT와 RPS의 병행이 이루어진다 하더라도 재생가능에너지 할당량의 의무부담주체가 누구로 될지 하는 문제가 발생할 수 있다. 이와 관련하여 중국 실무계와 이론계의 관점은 다른 양상을 보인다. 전력회사가 부담하여야 한다는 주장이 있는가 하면 발전회사가 부담해야 한다는 주장도 있다. 그밖에 소비자가 부담해야 한다는 주장과 발전회사, 전력회사, 소비자, 지방정부가 모두 부담해야 한다는 주장도 있다. 이들 중, 가장 많이 제기되는 것은 바로 발전회사와 전력회사이다. 발전회사가 부담해야 한다는 주장의 이유는 재생가능에너지 전력의 공급은 발전을 기초로 한다는 것이다. 또한 현재 중국은 대형 전력 이용자의 전력 직접구매 시점을 진행하고 있는데 이러한 상황에서는 발전회사가 직접적인 공급업체로 되며 따라서 이런 측면에서 보면 발전회사도 상응하는 할당의무를 부담해야 한다. 그럼에도 불구하고, 전반적으로 전력회사가 의무의 부담주체로 되는 것이 합당한데 그 이유로는 재생가능에너지 전력의 최종소비량은 전력회사가 구매, 수송, 공급하는 재생가능에너지의 전력량에 의해 결정된다는 점,[142] 전력 배급회사는 전력회사의 100% 투자 자회사로서 그 인사와 업무는 모두 전력회사의 통제를 받고 따라서 일단 전력회사가 할당의무를 부담하면 배급회사는 반드시 그에 상응해서 재생가능에너지 전력을 공급해야 한다는 점, 재생가능에너지 전력의 송전망 연결이 어려운 문제를 해결할 수 있다는 점 등을 들 수 있다(李艷芳·張牧君, 2011). 하지만 앞으로도 발전회사와 전력회사의 상술한 관계가 계속하여 지속된다는 보장은 없으며 발전회사의 다양화와 더불어 FIT에 기반한 RPS의 경우 전력회사에만 할당의무를 부담시키면 발전회사가 생산한 전부의 전력을 구매하여도 할당량을 충족시키지 못하는 상황이 발생할 가능성도 있는데 이러한 측면에서 보더라도 FIT에 기반한 RPS의 시행은 다시 고려해보아야 할 것이다.

「재생가능에너지법」 제14조는 전력회사의 전액구매에 대해 자세한 규정을 두고 있다. 즉, 전력회사는 재생가능에너지 개발, 이용계획에 따라 건설하고 법에 따라 행정허가를 취득했거나 등록 비치한 재생가능에너지 발전회사와 송전망 연결계약서를 체결하고 그 송전망이 연결하는 범위 내의 송전망 연결 기술표준에 부합되는 재생가능에너지 발전항목의 전력을 전액구매해야 한다. 발전회사도 전력회사에 협조하여 송전망의 안전을 보장하는 의무를 진다. 전력회사는 또한 송전망의 건설을 강화하여 재생가능에너지 전력의 수송범위를 확대하고 스마트 송전망, 에너지비축 등의 기술을 발전, 응용하고 송전망의 운행관리를 개선하며 재생가능에너지 전력 수용능력을 제고하여 재생가능에너지 발전에 송전 서비스를 제공해야 한다. 재생

---

142) 중국은 전력의 송전과 도소매(배급)가 분리되지 않아 모두 전력회사가 경영하고 있다. 중국의 전력 도소매업체는 각 지방의 배급회사인데 이들 배급회사의 절대다수는 국가전력망회사와 남방전력망회사 소속의 성급 전력망회사에 소속되어 있다. 비록 이들 배급회사는 독립된 법인이지만 필경은 전력회사의 전액투자 자회사이기에 그 영향과 통제를 받을 수밖에 없다.

가능에너지 발전의 FIT제도를 실시하기 위하여, 국무원 관련부문은 이미 「재생가능에너지발전관리규정」, 「전력회사재생가능에너지전기량전액구매감독관리방법」 등을 제정하여 재생가능에너지 발전에 대한 우선 배치와 전액구매에 대해 구체적으로 규정하였다.

「전력회사재생가능에너지전기량전액구매감독관리방법」에 의하면, 국가전력감독관리위원회 및 그 파출기관은 전력회사가 송전망 범위 내의 재생가능에너지 발전전량에 대한 전액구매 상황을 감독 관리하고(제3조) 전력회사는 불가항력 또는 송전망 안전과 안정을 위협하는 상황으로 인해 재생가능에너지 발전을 전액구매할 수 없는 경우, 전액구매가 불가능한 지속시간, 예측전량, 구체적 원인 등을 재생가능에너지 발전회사에 통지해야 하며, 전력회사는 재생가능에너지 발전에 대해 전액구매할 수 없는 상황, 원인, 개선조치 등을 전력감독관리기관에 보고해야 한다(제10조). 재생가능에너지 발전시설과 송전망 연결에 있어서, 연결양측이 합의를 달성할 수 없어 재생가능에너지 전력거래의 정상적인 진행에 영향을 미치는 경우, 전력감독관리기관은 조정을 진행해야 한다. 조정을 거쳐 여전히 합의를 달성할 수 없는 경우에는 전력감독관리기관이 관련규정에 따라 결정하며 전력회사와 재생가능에너지 발전회사가 계약의 이행으로 인해 분쟁이 발생한 경우, 전력감독관리기관에 조정을 신청할 수 있다(제17조).

3) 분야별 전력가격제도

재생가능에너지가 일반에너지에 비해 원가가 높은 점을 감안하면 재생가능에너지기업은 아직 시장경쟁에 참여할 수 있는 조건을 구비하지 못하였으며 따라서 재생가능에너지 발전항목의 송전전력가격에 대해 아직 경쟁가격을 실행할 수 없다. 또한 지리, 기후영향 및 기존 자원, 기술과 경제조건으로 인하여 상이한 재생가능에너지 종류별로 발전원가가 상당히 큰 차이를 보이며, 동일한 재생가능에너지라 하더라도 지역에 따라 발전원가에 있어 큰 차이를 보이고 있다. 이러한 점을 감안하여 「재생가능에너지법」 제19조는 분야별 전력가격제도를 도입하였다. 즉, 재생가능에너지 발전항목의 송전전력가격은 국무원 가격주관부문이 상이한 재생가능에너지 발전원의 특징과 서로 다른 지역 상황에 근거하여 재생가능에너지 개발이용의 촉진에 유리하면서 경제적 합리성의 원칙에 부합하며 재생가능에너지 개발이용기술의 발전에 근거하여 적시에 조정, 공표하도록 하였다. 현재 중국은 풍력발전에 대해서 입찰을 통해 가격을 확정하는 정부지도가격제를 실시하고 있는데 각 지방에서 풍력발전소의 도입을 위해 대량의 보조금을 지급함으로써 풍력발전소의 과도한 발전이 이루어질 가능성이 있음을 감안하여 입찰을 실행하는 재생가능에너지 발전항목의 송전전력가격은 낙찰 확정된 가격에 따라 정해지지만 동종 재생가능에너지 발전항목의 평균 송전전력가격수준보다 높아서는 아니 되도록 규정하였다.

「재생가능에너지발전가격·비용부담관리시행방법」에 의하면 재생가능에너지의 발전가격에 대해 정부정가와 정부지도가 두 가지 형식을 실행하는데 정부지도가가 바로 입찰을 통해 확정한 낙찰가격이다. 동 방법은 풍력발전, 태양에너지발전, 바이오에너지발전, 지열에너지와 해양에너지발전에 대해 상응하는 정가정책을 규정하고 있다. 풍력발전항목의 발전가격은 정부지도가를 실시하며, 전력가격

기준은 국무원 가격주관부문이 입찰을 통해 형성한 가격에 따라 확정한다(제6조). 바이오에너지 발전항목의 발전가격에 대해 정부정가제를 실행하는 경우, 국무원 가격주관부문이 지역에 따라 기준가격을 제정하며 전력가격 표준은 각 성(자치구, 직할시)의 2005년도 화석연료 전력가격에 보조금 전력가격을 더해 구성된다. 보조금 전력가격 기준은 0.25위안/천kWh이며 발전항목은 생산에 투입된 날로부터 15년 내에만 보조금 전력가격을 향수한다. 2010년부터 매년 새로 건설을 비준과 승인하는 발전항목의 보조금 전력가격은 전년도 새로 비준과 승인한 건설항목의 보조금 전력가격에 비해 2%씩 감소하며 발전소모열량 중 일상 에너지가 20%를 차지하는 혼합연료 발전항목의 경우 일상에너지 발전항목으로 간주하여 현지 석탄 발전소의 기준전력가격을 집행하고 보조금 전력가격을 향수하지 못한다(제7조). 입찰을 통해 투자자를 확정한 바이오에너지 발전항목에 대해 전력가격은 정부지도가를 실행하는데, 즉 입찰에서 확정한 가격에 따라 집행하며 단지 소재 지역의 기준 전력가격을 초과하지 못한다(제8조). 태양에너지발전, 해양에너지발전과 지열에너지 발전항목의 발전가격은 정부정가제를 실시하며 그 전력가격 표준은 국무원 가격 주관부문에서 합리적인 원가에 합리적인 이윤을 합산하는 원칙에 따라 제정한다(제9조).

4) 경제적 지원제도

(1) 재정보조

「재생가능에너지법」 제14조에 의하면 국가는 재생가능에너지 개발, 이용, 과학기술연구와 산업화 발전을 과학기술발전 및 하이테크 산업 발전의 우선분야로 정하고 국가 과학기술 발전계획과 하이테크 산업발전계획에 편입시키는 동시에 국가 재정을 통해 재생가능에너지 개발 이용 과학기술연구, 이용시범 및 산업화 발전을 지원하고 재생가능에너지 개발, 이용 기술진보를 촉진하며 재생가능에너지 제품의 생산원가를 줄이며 제품의 품질을 제고시킨다. 구체적인 재정보조에 대해서는 각 재생가능에너지 분야의 법령을 통해 자세히 규정하였다. 이 부분에 대해서는 4.5.5의 특수 지원제도에서 자세히 살펴보도록 한다.

(2) 발전기금

「재생가능에너지법」 제24조에 의해 국가 재정 중 일부로 재생가능에너지 발전기금을 설립하였는데, 그 자금출처에는 국가재정이 연간 조달한 전문자금과 법에 따라 징수한 재생가능에너지 전기요금 부가수입 등이 포함된다. 여기에서 전기요금 부가수입은 재생가능에너지의 발전을 지원하기 위하여 전국적으로 판매되는 전기량에 대해 균등하게 분담시키는 할증가격표준인데 보상제도의 핵심은 각 지역의 전력소비자들로 하여금 상대적으로 공평하게 재생가능에너지 발전의 추가비용을 부담하게 하는 것이다.

「재생가능에너지발전기금징수사용관리잠정방법」에 의하면, 재생가능에너지발전 전문자금과 전기요금 부가수입의 용도가 규정되어 있다. 전문자금은 ① 재생가능에너지 개발이용의 과학기술연구, 표준제정과 시범공정, ② 농촌, 목축지역 생활이용 에너지의 재생가능에너지 이용항목, ③ 외진지역과 해도의 재생가능에너지 독립전력시

스템 건설, ④ 재생가능에너지의 자원탐사, 평가와 관련정보시스템
건설, ⑤ 재생가능에너지 개발이용설비의 현지화생산 촉진, ⑥「재
생가능에너지법」에 규정한 기타 관련사항에 쓰인다. 부가수입은 ① 전
력회사가 재생가능에너지 전기량을 구매하여 발생한 비용이 일반적
인 에너지 발전의 평균 구매가격에 비해 높은 경우의 차액, ② 현지
의 분류판매 전력가격을 집행하고 국가의 투자 또는 보조금에 의해
건설한 공공 재생가능에너지 독립전력시스템에 있어 그 합리적인
운영과 관리비용이 판매 전력가격을 초과한 부분, ③ 전력회사가 재
생가능에너지 전기량을 구매하기 위해 지불한 합리적인 연결비용
및 기타 합리적인 관련비용 중 전력판매가격을 통해 회수할 수 없는
부분에 쓰인다(제14조).

　「재생가능에너지발전전문자금관리잠정방법」에 의하면, 발전전문
자금은 잠재력이 크고 전망이 좋은 석유대체(바이오에틸알코올연료
와 바이오디젤유 등), 건축물 열공급, 난방과 냉방(태양에너지, 지열
에너지 등이 건축물에 대한 보급이용) 및 발전(풍력에너지, 태양에너
지, 해양에너지 등 발전) 등 재생가능에너지의 개발이용을 중점 지
원한다(제5조). 국무원 재정부문이 전국의 재생가능에너지개발이용
계획에 근거하여 제정한 기타 지원 중점도 이에 포함된다(제9조). 발
전전문자금의 사용방식에는 무상지원과 우대대출이 포함된다. 무상
지원방식은 주로 영리성이 약하고 공익성이 강한 항목에 사용되는
데 표준제정 등 국가에서 전액 지원해야 하는 경우를 제외하고, 항
목담당단위 또는 개인은 무상지원자금 액수 이상의 자체부대자금을
제공해야 한다. 대출이자할인방식은 주로 국가의「재생가능에너지
산업발전지도목록」에 포함되고 신용대출조건에 부합되는 재생가능

에너지 개발이용항목에 이용되며 은행대출금이 도달하고 항목담당 단위 또는 개인이 이미 이자를 지불한 전제하에 비로소 이자할인자금을 배치할 수 있다. 이자할인자금은 실제 대출된 은행대출금, 계약에 약정된 이자율 및 실제 지불한 이자금액에 근거하여 확정하며 이자할인 연도는 1~3년으로 하고 연간 이자할인율은 3%를 초과하지 않는다(제17조). 무상지원을 취득한 단위와 개인은 인공비용, 설비비용, 에너지재료비용, 임대비용, 감정검수비용, 항목실시과정 중의 기타 필요한 비용지출 범위에서 발전전문자금을 지불한다(제19조).

「재생가능에너지발전기금징수사용관리잠정방법」에 의하면 재생가능에너지 전기요금 부가수입은 서장자치구를 제외한 전국범위 내의 각 성, 자치구, 직할시에서 농업생산전력(농업배수와 관개 포함)을 공제한 후의 판매 전기량에 대해 징수하는데(제5조), 징수기준은 0.008위안/천kWh이며 재생가능에너지 개발이용의 중장기 총량목표와 개발이용계획, 부가수입의 수지 상황에 근거하여 징수기준은 적시에 조정할 수 있다(제7조). 부가수입은 재정부가 각 성, 자치구, 직할시에 주둔시킨 재정감찰전문요원판공실에서 매달 전력회사에 징수하고 수입은 전액 중앙국고에 상납된다(제8조).

「재생가능에너지전기요금부가보조자금관리잠정방법」에 의하면, 재생가능에너지 발전항목의 송전망 연결 전기량에 대한 보조기준은 재생가능에너지의 송전망 연결가격, 탈황 급탄기기 모범전가 등 요소에 의해 결정한다(제6조). 재생가능에너지 발전항목의 송전망 연결을 위해 발생한 공정투자와 운영유지비용은 송전망 연결 전기량에 따라 적당히 보조한다. 보조기준은 50km 이내는 0.01위안/천kWh, 50~100km는 0.02위안/천kWh, 100km 이상은 0.03위안/천kWh이다

(제7조). 국가에서 투자 또는 보조금을 지급하여 건설한 공공 재생가
능에너지 독립전력시스템의 판매 전기요금은 동일 지역 분류판매
전기요금을 집행하고 그 합리적인 운영과 관리비용에 있어 판매 전
력요금을 초과한 부분은 재생가능에너지 전기요금 부가수입을 통해
적당히 보조하며 보조기준은 잠정적으로 천kW당 0.4만위안/년이다
(제8조).

(3) 우대대출

「재생가능에너지법」 제25조에 의하면 「재생가능에너지산업발전
지도목록」에 편입되고 신용대출 조건에 부합되는 재생가능에너지
개발 이용항목에 대해 금융기관은 재정이자할인의 우대대출을 제공
할 수 있다. 「재생가능에너지산업발전지도목록」에는 풍력에너지(풍
력발전, 설비와 장비제조), 태양에너지(태양에너지발전과 열 이용,
설비와 장비제조), 바이오에너지(바이오발전과 바이오연료 생산, 설
비 및 부품제조와 원료생산), 지열에너지(지열발전과 열 이용, 설비
와 장비제조), 해양에너지(해양에너지발전, 설비와 장비제조)와 수력
에너지(수력발전, 설비와 장비제조) 등 6개 분야 88개 항목의 재생가
능에너지 개발이용과 시스템설비장비제조항목을 포함하고 있다. 이
자할인 자금은 그 이자할인 연한이 1~3년이고 연간 이자할인율은
최고 3%를 초과하지 않는다.

또한 「재생가능에너지발전지지통지」에 의하면, 국가에서 심사 비
준한, 건설규모가 3,000kW 이상의 대·중형 재생가능에너지 발전
항목에 대해 2%의 재정 이자할인을 제공하며 중앙항목은 재정부에
서 이자할인을 제공한다. 이자할인은 일률적으로 "먼저 지불하고 후

에 이자할인을 받는" 방법을 실행한다. 즉, 먼저 은행에 이자를 지불한 후 재정 이자할인을 신청한다(제2항). 국산화 재생가능에너지 발전설비를 이용하는 건설항목에 대해 국가계획위원회와 관련은행은 우선 이자할인 대출금을 배치하며 대출금 상환기한은 은행의 동의를 거쳐 적당히 완화할 수 있다(제3항). 특히 여기에서 제3항은 국산설비를 우대하기에 내국민대우에 위배된다.

(4) 세수우대

「재생가능에너지법」 제26조에 의하면 국가는 「재생가능에너지산업발전지도목록」에 편입된 항목에 세수혜택을 부여하며 구체적인 방법은 국무원이 규정하도록 되어있는데 현재 국무원에서 규정을 내놓지 않은 상황이다. 하지만 그러함에도 불구하고 기존의 법령과 정책상 아래와 같은 다양한 세수우대가 존재하고 있다:

① 현급 이하의 소수력발전회사가 생산한 전력에 대해 6%의 낮은 부가가치세를 징수할 수 있다.

② 외상이 투자하여 풍력발전소를 건설함에 있어 구입하는 국산설비에 대해 「외상투자진일보장려의견(關于當前進一步鼓勵外商投資的意見)」[143)에 따라 부가가치세와 기업소득세 측면에서 우대정책을 향수할 수 있다.

③ 국내투자의 수력발전, 열전기공동생산, 태양에너지, 지열에너지, 해양에너지, 생물에너지 및 풍력발전 등 항목에 대해 투자

---

143) 국무원판공청 제정, 1999년 8월 20일 시행.

총액 내 수입하는 자체사용설비의 경우, 「국내투자항목비면세
수입상품목록(國內投資項目不予免稅的進口商品目錄)」[144]에 열
거된 상품 외 관세와 수입과정의 부가가치세를 면제한다.

④ 기업의 기술개조항목에 무릇 「국가발전고려환경보호산업설비
(제품)목록(當前國家考慮發展的環保産業設備(産品)目錄)」[145]에
규정된 기준을 만족시키는 국산 풍력발전기계, 태양광발전설
비, 풍력과 태양광 상호보완 전력공급시스템장치, 풍력과 태양
광 디젤유전력시스템장치, 광전지양수기시스템장치, 짚 등 바
이오매스플랜트, 태양에너지, 지열냉열수기계 등 국산설비를
사용하는 경우, 「기술개조국산설비투자감면기업소득세잠정방
법(技術改造國産設備投資抵免企業所得稅暫行辦法)」[146]의 규정
에 따라 기업소득세 면제혜택을 향수하며 기업이 상술한 설비
를 사용하는 경우 기업의 신청 및 주관 세무기관의 비준을 거
쳐 감가상각방법을 가속화할 수 있다. 상술한 설비(제품)를 전
문 생산하는 기업에 대해 독립채산, 손익 독립계산이 가능한
조건하에 연도 순수입이 30만 위안 이하이면 기업소득세를 잠
시 면제한다.

⑤ 2001년 1월 1일부터 도시생활쓰레기를 이용하여 생산한 전력
에 대해 부가가치세의 징수 즉시 환급정책을 실행하며, 선탄
후 부스러기, 토탄, 유모혈암과 풍력을 이용하여 생산한 전력
에 대해 부가가치세를 절반 감면해준다.

---

144) 재정부 제정, 2000년 9월 7일 시행.

145) 국가발전개혁위원회 제정, 2007년 4월 30일 시행.

146) 재정부, 국가세무총국 제정, 1999년 12월 8일 시행, 2011년 2월 21일 폐지.

⑥ 기업이 기존 설계에서 규정된 제품 외에 동 기업의 생산과정 중 생성된 주조, 주정, 제당, 제약, 화학조미료, 레몬산, 효모폐액을 주요 원료로 하여 생산한 메탄가스 소득, 공장과 광산폐수, 도시오수 및 흙탕과 가축, 가금양식오수를 이용하여 생산한 메탄가스, 전력, 열력 및 연료소득, 생활쓰레기지열, 농림폐기물을 이용하여 생산한 전력, 열력 소득, 폐동식물기름을 이용하여 생산한 생물디젤유 및 특종 유류 소득은 생산경영일로부터 5년간 소득세를 면제하며 기타 기업이 폐기한 상술한 폐기물을 처리, 이용하기 위해 새로 설립한 기업의 경우, 주관세무기관의 비준을 거쳐 1년간 소득세를 면제 또는 감소할 수 있다.

⑦ 차량용 연료인 에틸알코올 석유의 응용과 관련하여 길림, 하남, 안휘, 흑룡강 등 4개의 변성연료 에틸알코올 생산기업에 대해 차량용 에틸알코올 석유의 원료인 변성연료 에틸알코올에 부과하는 5%의 소비세를 면제한다.

⑧ 서부지구에 투자하여 새로 설립한 전력운영기업에 대해 항목업무수입이 기업 전체수입의 70% 이상인 경우, 기업소득세에 대해 내자기업은 생산경영을 시작한 날로부터 첫 두 해는 기업소득세를 면제하고 제3년부터 제5년까지는 절반 감면하며 외상투자기업은 경영기간이 10년 이상인 경우, 내자기업과 같은 면제와 감면혜택을 향수한다.

(5) **자원구매**

「재생가능에너지발전가격 · 비용부담관리시행방법」 제11조에 의하면 전력 이용자가 재생가능에너지 전기를 자발적으로 구매하는 것을 장려하고 있는데 다만 세칙이 없고 구체적인 지원방법도 결여되어 있다.

5) 특수 지원제도

「재생가능에너지법」 제10조에 의하면 국무원 에너지주관부문은 전국 재생가능에너지 개발, 이용계획에 근거하여 「재생가능에너지산업발전지도목록」을 제정, 공포하는데 「재생가능에너지산업발전지도목록」은 일정한 시기 내에 중국의 재생가능에너지 자원량과 분포, 재생가능에너지의 서로 다른 기술발전수준과 경제요건 및 국가의 재생가능에너지산업에 대한 발전요구에 근거하여 국무원에너지주관부문이 작성 및 발표하는 국가의 재생가능에너지기술 및 제품의 우선발전분야 또는 장려발전분야에 대한 지침이다. 동 목록에 포함되고 신용대출조건에 부합되는 재생가능에너지 개발이용항목에 대해 금융기관은 재정 이자제공의 우대대출을 제공할 수 있고 이들 항목에 대해 국가는 세수우대를 부여한다. 「지도목록」은 풍력에너지, 태양에너지, 바이오에너지, 지열에너지, 해양에너지, 수력에너지 등 6개 분야의 88개 재생가능에너지 개발이용과 설비/장비제조항목을 포함하고 있으며 동 목록에서 대규모 보급이용이 가능한 다음의 항목에 대해 국무원 관련부문은 기술개발, 항목시범, 재정세수, 제품가격, 시장판매와 수출입 등 측면에 있어서 우대정책을 제정 및 보완하게 된다. ① 풍력에너지: 풍력발전, 설비/장비제조. ② 태양에너지: 태양에너지 발전과 열이용, 설비/장비제조. ③ 바이오에너지: 바이오발전과 바이오연료생산, 설비/부품제조와 원료생산. ④ 지열에너지: 지열발전과 열이용, 설비/장비제조. ⑤ 해양에너지: 해양에너지발전, 설비/장비제조. ⑥ 수력에너지: 수력발전, 설비/장비제조.

중국의 농촌에너지 사용과 발전의 실제 상황에 근거하면, 메탄가스 등 바이오에너지자원의 전화, 가정용 태양에너지, 소형 풍력에너지, 소형 수력에너지 등 재생가능에너지기술은 현재 이용이 비교적 광범위하고 기술도 기본적으로 성숙되었으며 원가가 기타 재생가능에너지에 비해 비교적 저렴하여 중국 농촌에서 대폭 보급 및 발전시켜야 할 재생가능에너지로 떠올랐다. 우선 바이오에너지는 농촌에서 사용하기 적합한 중요한 재생가능에너지로서 메탄가스는 바이오에너지 이용의 중요한 경로이고 가축과 가금 양식장의 유기폐물과 기타 유기폐물도 이론적으로 메탄가스 800억m^3를 생성할 수 있어 5,700만 톤의 석탄에 해당한다. 다음으로 태양에너지 역시 농촌에서 비교적 광범위하게 이용되고 있는데, 주로 태양에너지 온수기와 발전이다. 발전은 주로 아직 전기가 개통되지 않은 비교적 편벽한 지역에 이용되며 농촌에서 태양에너지 이용과 관련하여 가장 보편적인 형식은 태양에너지 온수기이다. 태양에너지 온수기는 원가가 비교적 저렴하고 동시에 농촌의 건축형식상 설치하기가 비교적 적합하며, 중국의 대부분 농촌지역은 일조조건 역시 태양에너지 온수기의 이용조건을 충족시키므로 농촌지역에서 보급시키는 데 적합하다. 일반적인 농촌가정에서 태양에너지 온수기를 설치하면 동시에 땔나무, 석탄, 전기 등 온수에 이용되는 에너지소비를 줄일 수 있어 농민의 부담을 경감시킨다. 셋째로, 풍력발전은 현재 기술이 비교적 성숙되고 발전이 가장 빠른 재생가능에너지 발전기술이다. 풍력에너지

자원을 갖고 있는 농촌지구, 특히 편벽하고 송전망이 미치지 못하는 농촌의 경우 적용 가능한 소형 풍력에너지의 발전을 추진하는 것은 가능하다. 넷째로 중국의 소형 수력발전 자원은 풍부하고 개발이용의 잠재력이 크다. 통계에 의하면, 중국경제가 개발 가능한 5만kW 이하의 소형수력발전자원은 1.25억kW에 이르고 분포가 매우 광범위하며 전국 30개 성(자치구, 직할시)의 1,600여 개 현(시)에 분포되어 있다. 이러한 현실에 입각하여 중국은 일련의 농촌 재생가능에너지 지원과 관련되는 법령을 제정하였다.

아래에서는 이들 지원제도에 대해 간단히 살펴보도록 하며 구체적인 지원제도는 부록에 첨부한다.

(1) 바이오에너지 지원제도

「재생가능에너지법」 제16조에 의하면 청정, 효율적인 바이오매스 연료의 개발, 이용을 장려하고 에너지작물의 발전을 장려하며 바이오매스 자원을 이용하여 생산한 가스와 열에너지가 도시 가스수송망, 열에너지수송망의 연결 기술표준에 부합되는 경우 가스수송망, 열에너지수송망 경영기업은 그 연결을 허용해야 한다. 또한 바이오 액체연료의 생산과 이용을 장려하며 석유판매기업은 국무원 에너지 주관부문 또는 성급정부의 규정에 따라 국가표준에 부합되는 바이오 액체연료를 그 연료판매체계에 포함시켜야 한다.

가스수송망, 열에너지수송망 경영기업이 연결 기술표준에 부합되는 가스, 열에너지의 연결을 허용하지 않아 가스, 열에너지 생산기업의 경제손실을 야기한 경우에는 배상책임을 져야 하고, 성급정부 에너지업무 관리부문은 기한부 시정을 명하며 시정을 거부할 경우

에는 가스, 열에너지 생산기업이 입은 경제손실 1배 이하의 벌금을
과한다. 또한 석유 판매기업이 국가표준에 부합되는 바이오 액체연
료를 그 연료 판매체계에 포함시키지 아니하여 바이오 액체연료 생
산기업의 경제손실을 초래한 경우에는 배상책임을 져야 하고, 국무
원 에너지주관부문 또는 성급정부 에너지업무 관리부문은 기한부
시정을 명하며 시정을 거부하는 경우 바이오 액체연료 생산기업이
입은 경제손실 1배 이하의 벌금을 과한다.[147] 그 배상책임은 가스,
열에너지 생산기업, 바이오 액체연료 생산기업에 발생한 실제 경제
손실을 한도로 한다.

　상술한 규정 외에도 국가발전개혁위원회는 바이오액체연료와 에
너지작물의 재배, 육종을 「재생가능에너지산업발전지도목록」에 포함
시켰고, 국가임업국은 「전국에너지림건설계획(全國能源林建設規劃)」,[148]
「임업생물디젤유원료림기지'11.5'건설방안(林業生物柴油原料林基地
"十一五"建設方案)」,[149] 「11.5에너지림육성이용시범항목실시방안(十
一五能源林培育利用示範項目實施方案)」[150] 등을 작성하였으며, 재정
부 등 부문은 「바이오에너지·바이오화공발전재정세수지원정책실시
의견(關于發展生物能源和生物化工財稅扶持政策的實施意見)」,[151] 「바
이오에너지바이오화공비곡식유도장려자금관리잠정방법」, 「바이오에
너지·바이오화공원료기지보조자금관리잠정방법」, 「바이오연료에틸
알코올탄력보조금재정재무관리방법」, 「줄기에너지화이용보조자금관

---

147) 「재생가능에너지법」 제30조, 제31조.

148) 국가임업국 제정.

149) 국가임업국 제정.

150) 국가임업국 제정.

151) 재정부, 국가발전개혁위원회, 농업부, 국가세무총국, 국가임업국 제정, 2006년 9월 30일 시행.

리잠정방법」, 「바이오연료에틸알코올항목건설관리강화, 산업건전발전촉진통지」를 공포하였다.

이밖에도 일찍이 2000년에 중국은 「변성연료에틸알코올·차량용에틸알코올석유10.5발전전문계획(變性燃料乙醇及車用乙醇汽油十五發展專項規劃)」152)을 작성하여 중국의 변성연료 에틸알코올의 발전방향, 총량목표와 분포원칙을 확정하였고 2002년에 「차량용에틸알코올석유사용시범방안(車用乙醇汽油使用試点方案)」153)과 「차량용에틸알코올석유사용시범업무실시세칙(車用乙醇汽油使用試点工作實施細則)」154)이 공포되었다. 일부 지방에서 1년간의 차량용 에틸알코올 석유사용 시범을 진행하였으며 동시에 3개의 30만 톤/년의 변성연료 에틸알코올 생산 시범항목을 전면적으로 시작하였다. 2004년에 「차량용에틸알코올석유확대시범방안(車用乙醇汽油擴大試点方案)」155)과 「차량용에틸알코올석유확대시범방안실시세칙(車用乙醇汽油擴大試点方案實施細則)」156)이 공포되었으며 현재 9개 성의 차량용 에틸알코올 확대시범업무가 이미 전면적으로 개시되었고 길림성은 먼저 전 성에서 차량용 에틸알코올석유 사용을 보급시키고 있다.

---

152) 국가발전개혁위원회 제정.

153) 국가경제무역위원회, 국가계획위원회, 재정부, 국가세무총국, 상무부, 국가공상행정관리총국, 국가질량감독검사검역총국, 국가환경보호총국 제정, 2002년 3월 22일 시행.

154) 국가경제무역위원회, 국가계획위원회, 재정부, 국가세무총국, 상무부, 국가공상행정관리총국, 국가질량감독검사검역총국, 국가환경보호총국 제정, 2002년 3월 22일 시행.

155) 국가발전개혁위원회, 공안부, 재정부, 상무부, 국가세무총국, 국가환경보호총국, 국가공상행정관리총국, 국가질량감독검사검역총국 제정, 2004년 2월 10일 시행.

156) 국가발전개혁위원회, 공안부, 재정부, 상무부, 국가세무총국, 국가환경보호총국, 국가공상행정관리총국, 국가질량감독검사검역총국 제정, 2004년 2월 10일 시행.

(2) 태양에너지 지원제도

「재생가능에너지법」 제17조에 의하면 중국은 단위와 개인이 태양에너지 온수시스템, 태양에너지 난방 및 냉각시스템, 태양에너지 발전시스템 등 태양에너지 이용시스템을 설치, 사용하는 것을 장려한다. 부동산개발기업은 기술규범에 따라 건축물의 설계와 시공에서 태양에너지의 이용에 필요한 조건을 제공해야 하고 이미 완공된 건축물의 경우 입주자는 그 품질과 안전에 영향을 주지 않는 것을 전제로 하여 기술규범과 제품표준에 부합되는 태양에너지 이용시스템을 설치할 수 있으며, 다만 당사자가 별도의 약정이 있는 경우는 예외로 한다. 「재생가능에너지법」의 실시 이후, 주택도시농촌건설부는 관련 부문과 함께 일련의 태양에너지 이용시스템과 건축이 결부된 기술경제정책, 기술규범을 출범하였다. 이들로는 「재생가능에너지건축이용추진실시의견」, 「재생가능에너지건축이용시범항목평가심사방법(可再生能源建築應用示範項目評審辦法)」,[157] 「재생가능에너지건축이용전문자금관리잠정방법」, 「재생가능에너지건축이용시범관리강화통지」, 「태양광전지건축이용추진실시의견」, 「태양광전지건축이용재정보조자금관리잠정방법」, 「재생가능에너지건축이용도시시범실시방안」, 「농촌지역재생가능에너지건축이용추진실시방안」, 「재생가능에너지건축이용도시시범·농촌지구현급시범관리강화통지」, 「재생가능에너지건축이용시범후속업무·예산집행관리강화통지」 등이 있으며, 이러한 정책조치의 제정은 중국의 태양에너지이용시스템의 발전을 촉구하는 데 있어 추진역할을 하였다. 이미 완공된 건축물의 경우,

---

157) 재정부, 건설부 제정, 2006년 9월 4일 시행.

입주자는 자신의 수요에 근거하여 태양에너지 이용시스템을 설치할 수 있으며 이는 간섭을 받지 않는다. 다만 입주자는 다음과 같은 세 가지 요구를 준수해야 한다. 첫째는 태양에너지 이용시스템의 설치는 건축물의 품질과 안전에 영향을 미치지 않는 것을 전제로 한다. 둘째는 설치한 태양에너지 이용시스템은 관련 기술표준과 제품표준에 부합되어야 한다. 셋째는 입주자가 동 건축물의 소유권자 또는 관리자 등과 태양에너지 이용시스템의 설치사항과 관련하여 별도의 약정이 있는 경우에는 그 약정의 내용에 따라 설치 여부와 설치방법 등을 결정해야 한다.

(3) 풍력에너지 지원제도

중국은 「풍력발전설비산업화전문자금관리잠정방법」을 제정하여 풍력발전설비산업에 대해 집중 지원하였다. 동 방법에 의하면, 산업화자금의 지원대상은 중국 경내에서 풍력발전설비(조립 완성품과 날개, 기어 박스, 발전기, 변환기 및 베어링 등 부품 포함)의 생산제조에 종사하는 중국인 투자 및 중국인 지배기업이다(제4조). 산업화자금은 주로 기업이 신규 개발 및 산업화를 실현한 처음 50대의 메가와트급 풍력발전기 조립 완성품과 부대 부품에 대해 보조금을 제공하며 보조금액은 설비용량과 규정된 표준에 따라 확정한다(제5조). 산업화자금을 신청하고자 하는 풍력발전설비 제조기업의 조건 중 하나는 풍력발전설비의 부대 날개, 기어 박스, 발전기가 중국인 투자 또는 중국인 지배기업에 의해 제조되는 것이고 또한 중국인투자 또는 중국인 지배기업이 제조한 변환기와 베어링을 이용할 것을 장려한다(제6조). 지원조건을 만족시키는 기업의 첫 50대 풍력발전설

비에 대해 600위안/kW의 표준에 따라 보조하고 그 중에서 전체설
비제조기업과 핵심부품제조기업이 각각 50%를 차지하며 각 핵심부
품제조기업의 보조금액은 원칙적으로 원가비중에 따라 확정하며 변
환기와 베어링 기업의 비중이 높다(제7조). 동 방법은 외국인투자기
업을 차별했다고 미국에 의해 WTO에 제소되면서 폐지되었다.[158]

(4) 해양에너지 지원제도

중국은 「해양재생가능에너지전문자금관리잠정방법」을 제정하여 해
양에너지에 대해 집중 지원하고 있다. 동 방법의 제11조에 의하면,
전문자금을 신청하는 단위는 중국대륙에 등록하고 독립법인자격을
갖고 있는 중국인투자 또는 중국인 지배기업 및 사업단위여야 한다.
이러한 규정은 위의 풍력발전설비산업에 대한 지원과 유사하게 외
국인투자기업을 차별하여 WTO 내국민대우원칙 위배의 소지가 있다.

(5) 신에너지자동차산업 지원제도

중국은 「전략신흥산업육성·발전가속화결정」, 「신에너지자동차생
산진입관리규칙(新能源汽車生産准入管理規則)」,[159] 「신에너지자동차
생산기업·제품 진입관리규칙(新能源汽車生産企業及産品准入管理規
則)」,[160] 「개인신에너지자동차구매보조금시범전개통지(財政部、科學
技術部、工業和信息化部、國家發展和改革委員會關于開展私人購買
新能源汽車補貼試點的通知)」[161] 등을 통해 신에너지자동차산업에 대

---

158) 미국은 2010년 12월 22일 WTO에 중국을 제소하였으며, 그 후 중국은 2011년 2월 21일 미
　　　국과의 양자협상을 통해 동 방법을 폐지하였다.

159) 국가발전개혁위원회 제정, 2007년 11월 시행.

160) 공업정보화부 제정, 2009년 7월 시행.

한 집중 지원을 하고 있는데 이들은 신에너지자동차라는 특정산업에 대한 조치 가능 보조금을 구성하여 국제무역규범에 저촉될 가능성이 존재한다.

(6) 중국농촌 에너지산업정책

「재생가능에너지법」 제18조에 의하면 중국은 농촌지역의 재생가능에너지 개발, 이용을 장려하고 지원한다. 현급 이상 지방정부의 에너지업무 관리부문은 관련부문과 함께 현지 경제사회의 발전, 생태보호 및 위생의 종합적 정비 요구 등 실제 상황에 근거하여 농촌지역의 재생가능에너지 발전계획을 수립하고 그 지역의 구체적 상황에 비추어 메탄가스 등 바이오자원의 전화, 가정용 태양에너지, 소형 풍력에너지, 소형 수력에너지 등 기술을 보급시키며 현급 이상 정부는 농촌지역의 재생가능에너지 이용항목에 재정지원을 제공한다. 「재생가능에너지법」의 실시 이후, 중국은 일부 농촌의 재생가능에너지 발전에 대한 정책조치를 출범시켰는데, 이들로는 「전국농촌메탄가스건설공정계획(全國農村沼氣建設工程規劃)」,[162] 「농업바이오에너지산업발전계획(2007~2015)(農業生物質能産業發展規劃)」,[163] 「농촌지역재생가능에너지건축이용추진실시방안」 등이 있으며, 호남성, 호북성, 산동성, 흑룡강성 등 농업이 발전한 일부 성에서도 농촌 재생가능에너지의 개발이용에 관한 조례를 제정하였다. 동시에 중국은 매년 대량의 자금을 투입하여 농촌의 재생가능에너지항목 건설에

---

161) 재정부, 과학기술부, 공업과정보화부, 국가발전개혁위원회 제정, 2010년 5월 시행.

162) 농업부 제정, 2007년 3월 21일 시행.

163) 농업부 제정, 2007년 7월 2일 시행.

사용하고 있는데 2008년 말 현재, 전국적으로 이미 완성된 농촌 가정용 메탄가스 못은 2,800여만 개에 달하고 가축과 가금 양식장, 공업폐수 메탄가스 못은 8,000여 개에 달해 연간 생성 메탄가스가 120억m^3에 달했으며 풍력과 태양에너지 발전장치의 용량이 각각 40만kW, 8만kW에 달했다.

6. 소결

중국정부는 2000년 이후 경제성장을 위한 에너지확보, 사회적 형평성의 실현, 온실가스저감을 통한 기후변화의 완화와 더불어 이를 통한 환경보호를 목적으로 재생가능에너지 보급 확대에 나섰다. 이러한 각각의 목적은 중국의 재생가능에너지 보급 확대에 있어 다르게 작용하였는데 그 양상은 다음과 같다.

우선, 중국의 「재생가능에너지법」의 제정 목적을 살펴보면 재생가능에너지 보급 확대의 최종 목적은 경제성장이다. 물론 에너지확보와 사회적 형평성의 실현, 온실가스 저감을 통한 환경보호 목적도 주요 목적으로 열거하고 있지만 이들은 역시 최종적으로는 경제성장을 이룩하기 위한 것에 있다. 에너지 확보의 경우, 중국은 이미 최대의 에너지 소비국가로 되었고 또한 국내에서 생산되는 에너지를 통해 이를 충족시킬 수 없는 상황에서 해외로부터의 수입에 많이 의존하고 있는 상황이다. 석유가격의 파동이나 중동지역에서의 불안정 등으로 인해 중국의 에너지안보에 영향을 주게 되었으며 최종적으로는 중국의 경제성장에 부정적인 영향을 미치게 되었다. 이런 상황에서 중국은 에너지안보 강화를 위해 다양한 에너지정책을 펴고 있다. 그중에서 매우 중요한 부분이 바로 재생가능에너지 발전을 통한 에너지 다양화인 것이다.

다음으로, 중국은 현재 풍력발전과 태양광전지의 발전을 대폭 발전시키고 있고 이미 세계적으로 주요한 설비수출국가로 성장하였다. 따라서 재생가능에너지라는 새로운 산업에 있어서 세계 기타 국가들과의 경쟁을 통해 이들 산업을 중국의 대외수출에 있어서의 효자산업으로 발전시켰다. 따라서 태양광전지와 풍력발전설비의 경우 국내에서의 판매를 통한 내수보다 국외에로의 수출에 많이 의지하고 있는데 이는 다른 한 측면에서 중국 재생가능에너지산업의 발전목적이 더욱 중요하게는 특정산업의 발전을 통한 전체 경제성장의 도모에 있음을 보여준다.

셋째, 중국은 아직 「교토의정서」에 의한 온실가스저감의 강제의무를 부담하고 있지 않으며 기후변화와 관련된 각종 회의에서도 선진국에 대해서는 강제의무를, 자국에 대해서는 개도국으로서의 자발의무를 주장하고 있다. 개도국의 경제성장을 위해서 강제의무를 부담하는 것은 부당하다는 입장이다. 이러한 입장은 중국이 재생가능에너지 발전을 통해 기후변화에 적극적으로 대응하기보다 무엇보다 경제를 성장시키는 데 관심이 있음을 보여준다.

넷째, 중국에서 현재 재생가능에너지를 포함한 에너지 주관부문은 국가에너지국이다. 이는 경제발전을 주요 목표로 하는 국가발전개혁위원회의 산하 에너지국을 모태로 구성되어 국가발전개혁위원회의 관리를 받는 기관으로서 이 역시 에너지 전반에 대해 아직은 국가발전개혁위원회의 영향력이 가장 큼을 보여준다. 실제로「재생가능에너지법」의 제정이나 개정논의에서도 가장 큰 영향력을 행사한 기관이 바로 국가발전개혁위원회이며 이는 중국이 재생가능에너지의 보급 확대에 있어서 경제성장을 주요 목표로 했음을 보여주는 다른 하나의 근거가 된다.

중국에서는 지금 단계에서 환경보호, 에너지확보 및 사회적 형평성이 모두 경제발전이라는 목표를 위한 수단으로 기능을 하고 있는 상황이다. 물론 이러한 상황은 향후 점차 변화될 것이지만 현재로서는 경제성장이 재생가능에너지 개발 확대의 가장 주요한 목적으로 작용하고 있다.

재생가능에너지 분야의 비약적인 발전에도 불구하고 2009년 전후에 이르러 재생가능에너지를 이용한 발전의 송전망 연결이 어려운 문제 등으로 인하여 보급 확대에 빨간 불이 켜지게 되는데 이는 법률의 개정으로 이어지게 되었다. 2009년 법률이 개정된 후 재생가능에너지 이용이 보다 확대되었다. 그러함에도 불구하고 2009년의 법률개정은 미미한 것으로 향후 그간 법률의 제정 및 개정을 통해 나타났던 논쟁점들을 어떻게 최종적으로 해결할 것인지가 여전히 과제로 남아 있다. 이러한 문제점들은 결국 2013년 새로운 지도부의 출범과 더불어 국무원의 기관개혁 및 이를 전제로 진행되게 될 재생가능에너지 법제도에 대한 다양하고 깊이 있는 논의를 통해 해결할 수 있을 것이다.

중국의 2009년「재생가능에너지법」개정은 여전히 해소되지 않은 한계점을 갖고 있다. 우선, 개정된 법조문이 상당히 한정적이다. 주로 FIT에 기반한 RPS의 도입, 재생가능에너지발전기금의 설립, 전력회사의 송전망 건설의무 부과 등과 관련된 몇 개의 조항에 대해서만 개정이 이루어졌을 뿐이다. 2005년의 법 제정 이후 줄곧 해결되지 못한 문제, 즉 수력발전의 법 적용 여부, 재생가능에너지산업을 둘러싼 서로 다른 부문의 이해관계 조정 등 문제들에 대해서는 제대로 다루지 않았다. FIT에 기반한 RPS의 도입문제의 경우에는 논란이 지속된 결과 두루뭉술하게 표현하였다. 관련 부문들이 함께 시행세칙을 제정하도록 하였는데 아직도 시행세칙은 출범하지도 못하고 있는 상황이다.

그중에서도 가장 핵심적인 문제는 송전망의 건설을 포함하여 전력회사가 어떻게 기존의 FIT제도를 이행하도록 보장하는가 하는 것이다. 즉, 전력회사가 송전망 건설이 어렵다는 이유로 재생가능에너지를 전액구매하지 않는 문제가 발생하고 있다. 이는 전력회사와 발전회사 및 전력사용업체 사이의 이해관계로 귀결된다.

현재 중국에서 재생가능에너지를 통한 발전은 많은 한계점을 갖고 있는데 그 중에서 가장 문제되는 것이 바로 재생가능에너지의 구매의무에 대한 이행이다. 전력회사의 경우, 국가의 지원이 있음에도 불구하고 이러한 차액지원금의 배분 및 추가 송전망 건설 투입에 대한 우려 등을 이유로 구매의무의 이행에 난색을 보이고 있는 실정이다. 이런 문제를 해결하기 위해 2009년 개정을 통해 재생가능에너지 발전기금을 별도로 마련하였고 그 적용범위를 송전망 건설, 발전차액 등 다양한 분야에 지원할 수 있도록 하였다. 그러함에도 불구하고 이러한 개정의 실제 효과가 나타나는 데는 시간이 걸리기에 아직은 이 문제를 해결했다고 보기에는 이르다. 더 나아가 각 정부부문의 관계정립과 수력발전의 「재생가능에너지법」 적용문제, 구체적인 재정세수정책의 출범 등 해결해야 할 문제들이 여전히 많이 남아 있다.

V

재생가능에너지법
주요쟁점

이 장에서는 중국에서 「재생가능에너지법」의 제정과 개정에서 제기되었던 주요 쟁점에 대해 살펴보도록 한다. 주요 쟁점들은 크게 「재생가능에너지법」과 기타 관련 입법의 조화, 「재생가능에너지법」의 적용범위, 재생가능에너지 관리부문의 확정, 재생가능에너지 강제이행수단의 선택, 전력회사, 발전회사 및 전력이용자의 이익조정, 「재생가능에너지법」 개정의 주요내용, 재생가능에너지 지원제도와 국제분쟁 등이다. 쟁점에 따라 다소 다르겠지만 대체적으로 왜 각 쟁점이 쟁점으로 부상했는지, 어떤 내용들에 대해 관련 이해당사자들이 다른 의견을 가지는지, 어떤 다른 주장들이 제기되고 있는지, 현재 쟁점들이 어떤 상태에 놓여 있는지, 적절한 해결방안은 무엇인지에 대해 검토하도록 한다.

1. 재생가능에너지법과 기타 관련 입법의 관계

1) 재생가능에너지법과 기타 에너지 관련 입법의 관계

중국은 직접 에너지관계를 규율하는 4개의 입법을 하였는데, 「석탄법」, 「전력법」, 「에너지절약법」과 「재생가능에너지법」이 포함된다. 이 중에서 「전력법」과 「에너지절약법」이 「재생가능에너지법」과 직접적인 밀접한 관계를 갖고 있는데 그 이유는 이들이 모두 일정 정도의 재생가능에너지 개발과 이용에 대한 내용을 담고 있기 때문이다.

(1) 재생가능에너지법과 전력법

풍력에너지, 태양에너지, 수력에너지, 지열, 조석에너지나 바이오연료 등의 재생가능에너지가 전력으로 전환될 경우 국가의 송전망에 들어가게 되기에 「전력법」과 「재생가능에너지법」의 관계는 매우 밀접하다. 「전력법」은 전력건설, 생산, 공급, 사용과 관리과정에서 발생하는 사회경제관계를 조정하는 법률규범인데 입법시대 및 제정부서 등 원인으로 인하여 아직도 일부 재생가능에너지의 발전에 불리한 요소를 갖고 있다.

「전력법」은 당시의 전력공업부가 초안을 제공하고 전국인민대표대회 상무위원회의 수정을 거쳐 통과된 것이기 때문에 부문의 관리편리 만족을 기준으로 하고 있어 에너지와 환경보호의 관계를 구현할 수 없고 에너지의 변화가 전력자원에 대한 영향을 감안하지 못하였다. 예를 들어, 동 법의 제48조에서 "국가는 농촌의 수력에너지자원 개발을 제창하고 중소형 수력발전소를 건설하며 농촌의 전기가스화를 촉진한다", "국가는 농촌에서 태양에너지, 풍력에너지, 지열에너지, 바이오에너지와 기타 에너지를 이용하여 농촌전력건설을 진행하는 것을 장려, 지원하고 농촌전력공급을 증가시킨다"고 규정함으로써 재생가능에너지의 범위를 농촌의 전기이용과 개발의 범위에 한정시켜 재생가능에너지 발전의 공간을 제한하였다. 그 결과 중국 전력의 다양화 건설에 불리하게 작용한다. 화석에너지의 고갈과 더불어 중국은 반드시 에너지의 변화를 고려해야 하며 재생가능에너지가 전력 중에서의 범위도 점차 커지게 될 것임에도 불구하고 「전력법」은 재생가능에너지 관련 입법을 위해 필요한 공간을 남겨두지 않았다(褚君浩, 2012).

　「전력법」의 연결발전에 대한 규정은 「재생가능에너지법」의 규정과 충돌한다는 점도 문제다. 「전력법」 제22조는 "국가는 발전회사와 송전망, 송전망과 송전망 사이의 연결발전을 제창한다. 독립법인자격을 가진 발전회사의 연결운영요구에 대해 전력회사는 수락해야 하며 연결운영은 반드시 국가기준 또는 전력산업기준에 부합되어야 한다"고 규정하고 있는데 동 규정은 「재생가능에너지법」의 규정과 3가지 측면에서 차이를 보인다. 첫째, 「재생가능에너지법」은 전력회사가 재생가능에너지 발전에 대해 연결서비스를 제공할 것을 요구하고 있으나 「전력법」은 이에 대한 언급이 없다. 둘째, 「전력법」은 독립법인자격을 가진 전력생산기업만이 연결요구를 할 수 있도록 규정하고 있는데, 「재생가능에너지법」 제14조는 재생가능에너지 발전에 대해 강제연결과 FIT제도를 규정하여 재생가능에너지 연결발전항목의 건설에 대해 행정허가의 취득만 요구하고 있지 독립법인자격이 있는지 여부에 대해서는 요구하고 있지 않다. 셋째, 「전력법」은 재생가능에너지발전의 연결에 있어 제창의 태도를 취할 뿐이나 「재생가능에너지법」 제13조에서는 "국가는 재생가능에너지의 연결발전을 장려하고 지원한다"고 규정하고 있다. 분명히 「재생가능에너지법」은 제창을 넘어서 국가에서 관련 정책과 조치를 취하여 지원할 것을 요구하는 것이다. 상술한 규정은 「전력법」에 시대에 뒤떨어진 내용과 규정이 명확하지 않은 문제점이 존재함을 보여준다. 때문에 개정작업 중인 「전력법」은 재생가능에너지 개발과 이용의 요구를 충분히 구현하고 재생가능에너지발전 및 관련문제에 대해 더욱 자세하고 명확한 규정을 두어 재생가능에너지 발전의 경쟁력을 강화하여 재생가능에너지 사용을 촉진해야 한다.

(2) 재생가능에너지법과 에너지절약법

「에너지절약법」은 인간의 에너지개발이용과정 중 에너지절약, 에너지효율제고로 인하여 발생되는 사회관계를 조정하는 에너지 단행입법이다.

「에너지절약법」 제2조는 "이 법에서 말하는 에너지는 석탄, 석유, 천연가스, 바이오에너지와 전력, 열력 및 기타 직접 또는 가공, 전환을 거쳐 이용 가능한 에너지를 취득하는 각종 자원을 가리킨다"고 규정하고 있다. 이러한 규정은 석탄, 석유, 천연가스, 바이오에너지 등 1차 에너지를 절약할 뿐만 아니라 전력, 열 등 2차 에너지에 대해서도 절약할 것을 의미한다. 절약해야 하는 1차 에너지에 있어 바이오에너지만이 재생가능에너지에 속하는데 이는 태양에너지자원과 풍력자원, 해양에너지자원은 모두 진정하게 "무진장한" 재생가능에너지이기 때문이며 이들 자원에 대해서는 절약이 아니라 사용을 장려해야 한다. 「에너지절약법」은 제7조에 "국가는 신재생에너지의 개발과 이용을 장려, 지원한다"고 규정하였는데 이로 인하여 다른 뜻으로 해석할 소지가 있다. 그 이유는 문장을 액면 그대로 보면 에너지절약에는 재생가능에너지에 대한 절약이 포함되지 않는 것으로 보일 소지가 있다(王明遠, 2007b). 동일한 입법에서 한 측면에서는 에너지절약을 규정하고 다른 한 측면에서는 개발이용을 장려, 지원하도록 규정한 것은 적어도 문장을 액면 그대로 보면 모순이 존재하는데 이러한 문제가 야기된 원인은 다음과 같다.

입법과 습관의 측면에서 재생가능에너지자원과 재생가능에너지에 대해 혼동하여 사용하고 있다. 「재생가능에너지법」 제2조에서 재생가능에너지의 입법정의는 "이 법에서 말하는 재생가능에너지는 풍력에너지, 태양에너지, 수력에너지, 바이오에너지, 지열에너지, 해양에너지 등 비 화석에너지를 가리킨다"고 규정하여 동 정의는 실제로 재생가능에너지의 내포를 규명하지 않았으며 다만 재생가능에너지의 표현형식과 외연만 제시하였다. 국가에서 재생가능에너지에 대한 개발이용의 장려는 풍력자원, 수력자원, 태양자원, 바이오매스, 지열, 해양 등 자원의 이용, 즉 이들을 에너지로 변화시키는 것을 장려하는 것이다. 재생가능에너지자원의 재생 가능성으로 인하여 국가는 개발이용을 장려한다. 하지만 일단 이들 자원이 에너지로 변화되면 절약하여 사용해야 한다. 때문에 현재 「에너지절약법」과 「재생가능에너지법」의 이러한 뚜렷하지 않은 설명은 문제가 있으며 「에너지절약법」은 에너지와 에너지자원의 구분이 「에너지절약법」에서의 의미를 고려하지 않았고 「재생가능에너지법」은 「에너지절약법」과의 관계를 고려하지 않았다. 때문에 상술한 두 개의 입법 내용을 과학적이고 엄밀하게 수정해야 한다.

2) 재생가능에너지법과 환경자원입법의 관계

일반적으로 재생가능에너지는 대체로 청정에너지에 속하며 재생가능에너지의 보급은 에너지구조를 최적화하여 비재생가능에너지의 개발이용으로 인한 환경압력을 경감시킨다. 하지만 재생가능에너지의 개발이용 자체 역시 환경오염과 생태파괴로부터 자유롭지는 않다. 예를 들어, 수력발전개발이 야기하는 생태환경문제, 풍력에너지개발이 야기하는 소음오염 및 경관과 조류생존환경에 대한 파괴, 다결정규소를 생산하는 태양에너지기업이 야기한 폐기물오염, 에너지

식물의 종식이 야기할 수 있는 생물다양성의 상실, 쓰레기발전이 환경에 대한 오염, 지열의 채취로 야기된 지면교란과 지면침강, 소음, 열오염 및 화학물질의 배출 등이 그러하다. 때문에 재생가능에너지의 개발이용에 있어서도 환경보호의 규정을 준수해야 한다.

(1) 재생가능에너지법과 환경보호법

수력발전소의 건설, 운영은 주변의 생태환경, 예를 들어 수문, 환류, 식피에 대한 영향이 아주 큰데 이러한 파괴는 또한 매우 큰 불확정성이 존재하며 토지의 알칼리화, 심지어 지진 등 재해를 야기할 가능성이 있다. 예를 들어, 나일 강 아스완 댐은 나일 강 연안의 토지 알칼리화와 여러 차례의 경미한 지진을 야기하였고, 중국의 삼문협 수력발전소 역시 몇십 년의 운영을 거쳐 현재 그다지 큰 경제효과를 발휘하지 못하고 있을 뿐만 아니라 위하유역 토지의 부동한 알칼리화를 야기하고 있다.

일반적으로 풍력에너지자원이 비교적 풍부하고 풍력발전소를 건설할 수 있는 지방은 모두 도시에서 멀리 떨어져 있다. 만약 민둥산 또는 모래톱을 점용하는 경우, 국가소유권의 토지를 점용하여 국가와의 관계문제가 존재하고, 만약 농민의 경지, 임지 또는 양어장을 점용하는 경우, 반드시 집체소유제의 토지를 징용해야 한다. 하나의 풍력발전기가 400m^{2}의 토지를 점용하는 것으로 계산하면 하나의 풍력발전소는 더욱 큰 토지면적을 점용하게 되며 발전기 사이의 대량 토지는 농작물의 재배나 양식업을 제외한 기타 건설에 사용할 수 없고 그렇지 아니한 경우 풍력발전기의 정상적인 운행에 영향을 미치게 된다. 이는 일정한 정도에서 토지계획과 집체경제구성원의 수입에 영향을 미치게 된다(蒋懿, 2010).

수력발전개발 중의 이러한 생태환경문제에 대응하기 위해 2005년 「수력발전건설환경보호업무강화통지(關于加强水電建設環境保護工作的通知)」[164]를 공포하였고 2006년 「소수력발전개발질서수립·생태환경보호통지」를 공포하여 수력발전개발 중의 환경보호에 대해 전문 요구를 제기하였다. 동시에 풍력개발이용 중에 농지점용 및 자연경관, 생물자원에 대한 영향 등에 대응하기 위해 2005년 「풍력발전소공정건설용지·환경보호관리잠정방법」을 제정하여 풍력발전 개발건설용지의 취득, 환경보호 등에 대해 전문 규정하였다.

그러함에도 불구하고 법률 자체로 보면 재생가능에너지 개발이용 중의 생태환경문제에 대한 규정이 부족한데 「재생가능에너지법」은 재생가능에너지 개발이용으로 발생되는 환경문제에 대해 어떠한 규정도 두고 있지 않으며 기타 법률, 법규에도 대응하는 규정이 없으며 따라서 재생가능에너지 개발이용으로 야기될 가능성이 있는 환경문제에 대해 더욱 많은 중시를 돌려야 한다. 우선, 관련 환경입법, 예를 들어 「환경보호법」에 규정을 두어야 하고 재생가능에너지의 사용을 장려하여 전통에너지가 환경에 대한 오염경감에 대해 규정하는 동시에 재생가능에너지 개발이용항목에 대한 환경관리도 강화하도록 규정하며 환경영향평가제도를 엄격히 집행하여 부정적 영향을 최소화해야 한다. 다음으로, 「재생가능에너지법」을 수정하여 "재생가능에너지의 개발이용 중 발생되는 오염과 파괴의 방제"에 관한 내용을 별도로 규정하며 재생가능에너지 개발이용과정의 생태파괴

---

164) 국가환경보호총국, 국가발전개혁위원회 제정, 2005년 1월 26일 시행.

와 환경오염행위를 전면적으로 규범화해야 한다.

(2) 재생가능에너지법과 고체폐물환경오염방지법

고체폐물은 생산, 생활과 기타 활동 중에 생성된, 고유의 이용가치를 상실했거나 또는 비록 이용가치를 상실하지 않았지만 폐기 또는 포기된 고체형태, 반 고체형태와 용기 중의 기체형태 물품, 물질 및 법률, 행정법규에서 고체폐물관리에 포함시킨 물품, 물질이다. 고체폐물 중에는 대량의 재생가능자원이 포함되어 회수처리 후 재이용하면 오염을 감소하고 환경을 보호할 뿐만 아니라 자원이용의 효율도 높일 수 있다. 이 중에서, 농업폐기물 및 농림제품가공업 폐기물, 땔감, 인간과 가축의 분변 및 도시생활쓰레기 등은 중국 바이오에너지의 중요한 내원이다.

중국의 「고체폐물환경오염방지법(固体廢物汚染環境防治法)」165)은 기본적으로 "고체폐물환경오염방제, 인체건강보장"을 입법목적으로 하고 이러한 기초에서 "생태안전보호, 경제사회의 지속가능 발전 촉진"할 것을 강조하였다. 동 법의 제3조는 고체폐물의 충분합리이용을 확립하고 청정생산과 순환경제발전을 촉진하며 "국가에서 고체폐기물의 종합이용활동에 유리한 경제, 기술정책과 조치를 취해 고체폐물에 대해 충분한 회수와 합리적인 이용을 시행한다"고 규정하고 있다. 또한 제4조, 제8조, 제33조, 제38조, 제42조와 제43조 등은 공업고체폐물과 생활쓰레기의 회수이용 및 장려제도에 대해서도 규정하였다. 하지만 이 법률의 명칭에서 알 수 있듯이 「고체폐물환경

---

165) 1995년 10월 30일 주석령 제58호 제정, 1996년 4월 1일 시행, 2004년 12월 29일 주석령 제31호 개정.

오염방지법」은 주로 각종 고체폐물로 야기된 환경오염을 방제하는데 착안점을 두고 있으며 고체폐물의 회수이용과 자원화에 대해서는 상술한 몇 개 조항만 있을 뿐이다. 또한 이 법률의 부대법률문건 중, 상무부 등 부문이 제정한 「재생자원회수관리방법(再生资源回收管理辦法)」166)과 건설부가 제정한 「도시생활쓰레기관리방법(城市生活垃圾管理辦法)」167) 역시 각각 재생자원회수의 경영규칙, 감독관리와 도시생활쓰레기의 처리계획과 시설건설, 청소, 수집, 운송, 처치 등에 대해 규정하였고 농업과 농촌고체폐물에 대해서는 규정하지 않고 도시 생활쓰레기의 자원화 이용에 대해서도 별다른 규정을 하지 않았다(李艶芳・劉向寧, 2008).

경제와 사회의 발전과 더불어, 고체폐물의 종류와 수량은 끊임없이 증가되며 만약 회수이용을 중시하지 않으면 환경이 감당하기 어려운 오염을 야기할 뿐만 아니라 동시에 자원낭비를 야기한다. 때문에 「고체폐물환경오염방지법」을 수정하여 입법수단으로 고체폐물의 자원화이용을 촉진하고 고체폐물 중 바이오에너지로 이용 가능한 부분에 대해 전문적이고 전면적으로 규정해야 한다. 또한 「재생가능에너지법」은 비록 바이오매스를 조정범위에 포함시켰지만 바이오매스의 이용으로 인해 발생 가능한 환경오염 등에 대해 규정하고 있지 않아, 상응하는 수정을 통해 태양에너지 등 재생가능에너지 기업이 생성한 환경을 위해하는 고체폐기물에 대해서도 규제해야 한다.

---

166) 2007년 3월 27일 상무부, 국가발전개혁위원회, 공안부, 건설부, 공상행정관리총국, 환경보호총국령 제8호 제정, 2007년 5월 1일 시행.
167) 2007년 4월 28일 건설부령 제157호 제정, 2007년 7월 1일 시행.

(3) 재생가능에너지법과 토지관리법

재생가능에너지의 개발이용, 특히 수력발전과 풍력발전의 개발이용, 에너지작물의 재배 등은 대량의 토지를 점용하게 된다. 토지점용면적이 크기에 인구가 밀집된 도시에서는 풍력발전소를 건설하기 어려워, 일반적으로 풍력자원과 토지자원이 상대적으로 풍부한 농촌지역에 건설하게 된다. 이는 필연코 농촌집단토지[168]의 사용문제를 야기하게 된다. 중국과 같이 인구가 많고 토지가 적은 국가의 경우, 토지징수는 점점 어려워지며 이는 풍력발전소의 건설에 있어 심각한 제약조건이다. 동시에, 일부 토지이용에 대해 절약하지 않고 낭비하며 심지어 토지를 점거하여 풍력자원을 차지하는 문제가 발생할 수 있다(李艶芳·劉向寧, 2008).

대·중형 수력발전건설공정의 토지징수에 대해 국무원은 2006년 새로운 「대·중형수리수력발전공정건설토지징수보상이민안치조례(大中型水利水電工程建設徵地補償和移民安置條例)」[169]를 출범하여 토지징수의 원칙, 보상, 이민안치와 법률책임 등을 구체적으로 규정하였다. 풍력발전소의 용지를 규범화하기 위해, 국가발전개혁위원회 등 부문은 2005년 「풍력발전소공정건설용지·환경보호관리잠정방법」을 공포하여 토지의 절약과 집약이용의 원칙을 확립하고 용지의 면적제한, 예비심사 등에 대해 규정하였다. 하지만 전반적으로 보면

---

168) 중국의 토지소유제는 공유제인데 이는 전 국민 소유제와 농민 집단 소유제로 구분된다. 일반적으로 도시의 토지는 전 국민 소유제의 형태를 취하는데 국가에서 전 국민을 대신하여 소유권을 행사하며 농촌의 토지는 농민 집단 소유제로서 해당 지역의 농민들이 공동으로 소유권을 행사한다. 따라서 농촌의 토지에 풍력발전소를 설립하는 등 농업 이외의 용도로 이용하고자 할 때에는 정부에서 동 토지를 수용하여 전 국민 소유제의 형태로 변화시키는 절차가 필요하다.

169) 2006년 7월 7일 국무원령 제471호 제정, 2006년 9월 1일 시행.

기존 입법은 재생가능에너지의 개발이용에 관련되는 토지사용문제
에 대해 규정이 아직 너무 간단하다. 따라서 「재생가능에너지법」에
대해 수정하여 풍력발전소공정건설이 최대한 미개간 토지를 사용하
고 경지를 최대한 적게 점용하거나 점용하지 않도록 해야 하며 반드
시 농업용지 또는 경지를 점용해야 하는 경우에는 농업용지를 건설
용지로 변경하는 심사비준제도를 엄격히 준수해야 한다.

이 밖에, 토지수용에 있어 분쟁을 야기할 가능성이 큰 점을 감안
하여, 풍력발전 개발원가의 감소를 위해 농민개체 또는 협력 모금하
여 풍력발전기를 구매한 후 발전하도록 허가할 수 있다. 이는 관련
법률에 이러한 규정을 둘 것이 필요하며 송전 연결망의 구체조치에
대해 요구를 제출해야 한다. 만약 이렇게 된다면 농민 자신이 천연
적인 용지절약의 잠재력을 발휘할 수 있고 또한 전 사회적으로 재생
가능에너지 개발열정을 불러일으킬 수 있다. 토지사용을 절약하는
각도에서 보면, 관련법률의 수정을 통해 에너지작물의 재배에 대해
규정을 하여 에너지작물의 재배로 인하여 농지를 침범하는 문제가
발생하지 않도록 해야 한다.

3) 재생가능에너지법과 관련 경제입법의 관계

경제법은 중국이 국민경제에 대해 거시적이고 전반적이며 종합적
으로 조정하는 법률부문으로서 국가의 경제생활에 있어 역할을 발
휘하며 이 중에는 재생가능에너지 분야에 대한 적극적인 조정역할
도 포함된다. 사실상, 재정, 세수, 금융 등 거시조정수단이 발휘하는
역할은 거대한데 이러한 원인으로 인하여 「재생가능에너지법」은 재

생가능에너지분야의 산업정책법률로서 국가가 재정, 세수, 금융 등 우대조치를 통해 재생가능에너지의 발전을 장려한다고 명확히 규정한 것이다.

(1) 재생가능에너지법과 재정입법

「재생가능에너지법」의 시행 이후, 재정부 등은 이미 「재생가능에너지발전전문자금관리잠정방법」과 「재생가능에너지건축이용전문자금관리잠정방법」 등 세칙을 출범시켜 재생가능에너지 발전을 지원하는 자금정책체계를 초보적으로 구축하였다. 하지만 「재생가능에너지법」에서 계획한 12개의 부대세칙 중 「재생가능에너지발전세수정책」은 아직 출범하지 않았고 기존의 정책에도 많은 결함이 존재한다. 예를 들어, 많은 재정이자할인과 세수에 관한 법규의 시행세칙이 자세하지 못하고 우대정책에 실리가 없는 등 문제가 존재한다. 때문에 재생가능에너지 개발이용의 재정세수 법률정책에 있어 개선이 필요하다(朱軍, 2006).

우선, 「정부구매법(政府采購法)」170)을 수정해야 한다. 정부구매에는 재정자금이 사용되며 국가산업정책을 실시하는 기능을 갖고 있다. 중국의 현행 「정부구매법」은 비록 입법취지에서 정부구매에 국가이익수호와 사회공공이익수호의 목표가 있음을 명확히 하였지만 그 내용에서 보면 어떻게 구매행위를 규제하는지에 대한 절차법이다. 실제상, 정부구매는 정부의 산업의도를 실현하는 기능을 가져야한다. 때문에 「정부구매법」을 수정하여 정부구매에 있어 지원해야

---

170) 2002년 6월 29일 주석령 제68호 제정, 2003년 1월 1일 시행.

하는 공공분야, 예를 들어 환경친화적 제품, 녹색에너지와 건축 등을 지원하도록 명확히 규정해야 한다.

둘째, 재생가능에너지 세수정책을 빨리 제정하고 재생가능에너지 설비, 발전, 제품에 대해 부가가치세와 소비세의 감면우대를 시행해야 한다. 재생가능에너지의 개발이용에 종사하는 소득세에 대해 면제하며 각종 세수 우대정책을 합리적으로 조합하여 최대의 인도와 촉진역할을 발휘해야 한다.

셋째, 빠른 시일 내 화석연료소비세를 징수하여야 한다. 재생가능에너지의 개발이용원가가 높고 리스크가 크기에 존재하는 명백한 문제는 바로 전통적인 화석에너지에 비해 가격이 비싼 것이다. 화석에너지세금을 인상하여 재생가능에너지와 화석연료 사이의 가격차이를 축소하는 것은 재생가능에너지의 개발이용을 촉진하는 중복효과를 볼 수 있다.

(2) 재생가능에너지법과 금융입법

「재생가능에너지법」에 의하면, "국가의 재생가능에너지 산업발전 지도목록에 포함되고 신용대출조건에 부합되는 재생가능에너지 개발이용항목에 대해 금융기관은 재정이자할인의 우대대출금을 제공할 수 있다." 하지만 「재생가능에너지법」의 시행 후, 아직 재생가능에너지의 개발이용항목에 대한 재정이자할인의 우대대출 구체방법을 출범하지 않아 재생가능에너지기업이 자금문제에 있어 중대한 어려움에 봉착해 있다(曾东红, 2005). 이를 위해, 국가는 관련방법의 제정을 촉구하여 대형 국산풍력발전기의 연구개발, 생산, 사용에 이자할인의 우대대출금을 제공하도록 규정하고 재생가능에너지기업에

대해 대출금기한을 연장해주어야 한다. 또한 관련 정책적 및 상업은
행법 중 재생가능에너지에 대한 융자임대제도와 저당대출제도 등에
대해 규정하여야 한다.

(3) 재생가능에너지법과 농업입법

바이오연료는 식량 또는 기타 농작물을 원료로 생산을 진행하기
에 농업정책과 충돌이 발생할 가능성이 있다. 비록「재생가능에너지
법」제16조에 "국가는 청정, 고효율의 바이오연료 개발이용을 장려
하며 에너지작물의 발전을 장려한다"고 규정하고 있고 바이오연료
를 생산하는 에너지작물에 대해서도 "전문재배를 통해 에너지원료
의 제공에 이용되는 초본과 목본식물"로 규정하여 옥수수, 콩 등 식
량작물로 바이오연료를 생산할 가능성은 배제하였지만, 초본과 목본
식물의 재배 역시 토지를 이용해야 하고 식량과 토지를 다투어 농업
생산과 식량안전에 위협을 줄 가능성이 있다. 중국의「농업법」제3
조에 의하면, "국가는 농업을 국민경제발전의 우선순위에 놓는다",
「농업법」은 전문 장을 만들어 "식량안전"을 규정하고 있고, 제32조
에서 "국가는 조치를 취해 식량의 종합생산능력을 보호 및 제고하고
식량생산수준을 점진적으로 제고시키며 식량안전을 보장한다"고 규
정하였다(刘小冰・张治宇, 2007). 때문에「재생가능에너지법」에서
상술한 규정만 둔 것은 충분하지 않으며 보다 자세하게 규정할 필요
가 있다. 예를 들어, "에너지작물의 재배에 알칼리성토지, 농한기토
지, 황산과 황지 등 개발과 이용하지 않은 토지를 이용하여 식량생
산에 대한 영향을 피하도록" 규정하여 에너지작물의 재배로 인하여
식량생산에 야기할 수 있는 위험, 즉 동일한 토지를 두고 경쟁하는

상황을 제한해야 한다. 동시에 「농업법」에도 식량안전에 영향을 줄 수 있는 요소에 대해 제한규정을 두어 바이오연료의 생산으로 인해 식량 결핍 현상이 나타나는 것을 방지할 수 있다.

4) 재생가능에너지법과 행정입법의 관계

「재생가능에너지법」은 국가책임과 사회지원이 결부되고 정부의 조절통제와 시장운영이 결부되는 등 입법원칙을 확립하여 정부가 재생가능에너지의 개발이용을 촉진시킴에 있어 대량의 행정행위를 하도록 규정하고 있으며 또한 정부부서의 법률책임을 규정하고 있다. 때문에 「재생가능에너지법」의 시행은 행정법과의 관계가 밀접하다.

(1) 재생가능에너지법과 건축법

재생가능에너지 특히 태양에너지를 건축에서 이용하는 것은 재생가능에너지를 개발이용하는 중요한 분야이다. 「재생가능에너지법」 제17조에 의하면, "국가는 단체와 개인이 태양에너지 온수시스템, 태양에너지 난방과 냉방시스템, 태양광발전시스템 등 태양에너지 이용시스템의 장치와 사용을 장려하고 국무원 건설행정 주관부문은 국무원 관련부문과 함께 태양에너지 이용시스템과 건축결부 기술경제정책 및 기술규범을 제정하며 부동산개발기업은 상술한 기술규범에 근거하여 건축물의 설계와 시공에 있어 태양에너지의 이용을 위해 필요한 조건을 제공해야 한다." 이 밖에, 재생가능에너지의 건축에서의 이용을 추진하기 위해, 건설부 등은 2006년과 2007년에 「재생가능에너지건축이용추진실시의견」, 「재생가능에너지건축이용시범항목자금관리방법」, 「재생가능에너지건축이용시범관리강화통지」 등을 공포하였고 각 성, 시에서도 건축물에 태양에너지 온수기를 장치하는 규정을 출범하여 재생가능에너지의 건축이용을 크게 촉진시켰다(宋彪, 2009).

하지만 기존 규정에는 아직도 많은 결함이 존재하는데, 주로 지도적, 정책적, 장려적, 기술적인 규정이 다수이고 중점은 여전히 시범탐색과 홍보단계에 있으며 건축이용의 가능성에 대한 연구와 이용의 우선 고려만을 요구하고 있어 시행력과 강제력이 비교적 약하며 책임규정이 미흡하다. 특히 건축산업을 규제하는 종합적 입법인 「건축법(建筑法)」[171]은 건축에서의 재생가능에너지 이용에 대해 언급하고 있지 않다. 때문에 「건축법」을 수정하여 건축의 설계, 시공과 사용이 재생가능에너지의 이용에 유리하도록 명확히 규정하고 태양에너지, 얕은 층의 지열에너지, 오수여열, 풍력에너지, 바이오에너지가 건축물의 난방과 냉방, 온수공급, 전력공급과 조명, 취사 등에 있어서의 이용을 촉진하여 건축 에너지효율을 제고하고 생태환경을 보호하며 전통적인 화석에너지의 소비를 감소시켜야 한다. 이 밖에 전문적인 「민간건축재생가능에너지이용조례」를 출범하여 행정법규로 민간건축 중의 재생가능에너지 이용을 추진해야 한다.

(2) 재생가능에너지법과 교육입법

중국의 경제사회 발전수준이 비교적 낮고 사람들의 생태환경 보호의식이 전체적으로 그다지 강하지 않으며 일반대중 심지어는 많

---

171) 1997년 11월 1일 주석령 제91호 제정, 1998년 3월 1일 시행, 2011년 4월 22일 주석령 제46호 개정.

은 정부관원도 재생가능에너지 발전의 중요성과 절박성에 대해 충분히 인식하고 있지 않다(林承鐸, 2010a).

「재생가능에너지법」 제12조제2항에 의하면, "국무원 교육행정부문은 재생가능에너지지식과 기술을 일반교육, 직업교육 교과과정에 포함시켜야 한다." 동 규정에서 보면 우선, 재생가능에너지의 개발이용과 관련한 학과의 교육을 발전시키고 인재를 육성하며 재생가능에너지의 과학연구개발과 기술진보를 촉진해야 하는데 이는 산업정책의 범위로서 정부, 사회와 기업에서 중요하게 받아들여질 수 있다. 이와 관련하여 2007년 7월 15일 화북전력대학교에서 중국의 첫 재생가능에너지대학을 설립한 것이 좋은 예이다. 다음으로 사회대중을 상대로 재생가능에너지 보급의 상식을 홍보하여 에너지부족, 자원절약과 환경보호에 대한 보편적 인식을 제고시키고 재생가능에너지의 발전에 유리한 대중의식과 사회문화를 발전시켜야 하는데 이는 경제효과를 직접 가져오거나 경제적 효과로 바로 전화될 수 없기에 필요한 관심과 투입이 부족한 상황이며 중앙과 지방 모두 관련 제도와 정책을 출범시키지 않고 있다.

재생가능에너지 상식의 보급교육은 환경교육의 한 부분으로서 이는 국가에서 환경교육에 관한 법률 또는 행정법규를 제정하여 환경교육의 법제화를 실현할 것을 요구한다. 또한 정부가 환경교육에 대한 예산투입을 규정하고 각 지방의 환경과 자원의 특점에 결부하여 학교, 가정, 사회 3개 경로를 통해 전민에게 홍보교육을 진행하며 환경과 생태보호에 대한 인간의 의식을 증가시키고 가치관념과 행위습관을 변화시켜 전 사회의 재생가능에너지 이용의 자각성을 제고하여야 한다.

(3) 재생가능에너지법과 과학기술입법

재생가능에너지 입법의 핵심적인 문제들로는 기술과 자금을 들수 있다. 많은 재생가능에너지의 생산은 모두 기술혁신에 대한 의존도가 높은데 태양에너지, 풍력에너지, 지열에너지의 설비는 모두 대량의 기술지원을 필요로 한다. 따라서 관련기술을 잘 해결하는지 여부, 기술진보의 적용 가능성과 시장화, 규모화 정도는 모두 재생가능에너지 발전에 핵심적이다. 때문에 재생가능에너지 입법은 에너지기술의 관련규정에 있어 「과학기술진보법(科學技術進步法)」[172]과 맞물려야 한다(李艶芳·劉向寧, 2008). 「재생가능에너지법」 제12조에 의하면 국가는 재생가능에너지 개발이용의 과학기술연구와 산업화발전을 과학기술발전과 하이테크산업발전의 우선 분야에 포함시키고 국가과학기술발전계획과 하이테크산업발전계획에 포함시키며 자금을 배치하여 재생가능에너지 개발이용의 과학기술연구, 이용시범과 산업화발전을 지원하며 재생가능에너지 개발이용의 기술진보를 촉진하고 재생가능에너지 제품의 생산원가를 하락시키며 제품 품질을 향상시킨다. 하지만 「과학기술진보법」은 제9조에서 국가자금지원 대상 산업을 열거하면서 재생가능에너지산업을 포함시키지 않았다. 또한 「과학기술진보법」에 규정한 지원자금은 주로 재정출자이고 사회자금의 투입에 대해서는 상세한 제도를 규정하고 있지 않은데 이는 민간자금이 재생가능에너지산업에 투입되는 데 있어 불리하며 동 산업의 발전을 저해한다.

---

172) 1993년 7월 2일 주석령 제4호, 1993년 10월 1일 시행, 2007년 12월 29일 주석령 제82호 개정.

5) 재생가능에너지법과 관련 민사입법의 관계

「물권법(物權法)」[173]은 "업주의 건축물 구분소유권"이라는 장에서 "업주는 건축물 내의 주택, 오피스텔 등 전유부분에 대해 소유권을 가지며 전유부분 이외의 공유부분에 대해 공유와 공동관리의 권리를 가진다"고 규정하였다. 하지만 지붕 테라스의 소유권에 대해서는 규정하지 않고 있다. 학자들은 지붕 테라스에 대해 다음과 같이 주장한다. 우선, 개발상이 건물판매 시 업주에게 부대로 증여하였고 특정의 업주만 사용할 수 있도록 설계된 지붕 테라스에 대해 타인은 진입할 수 없는데 이러한 상황에서 업주 전용부분 소유권에 포함되는 것으로 보아야 한다(王利明, 2007). 다음으로, 업주가 공동으로 사용하는 공공장소로서, 예를 들어 계획에 근거하여 지붕 테라스에 대해 전체 업주가 모두 이용 가능한 경우인데 이러한 상황에서 「물권법」 제73조에 규정한 공공장소로 보아 전체 업주의 공유로 간주하여야 한다(李艶芳, 2005). 2003년 출범한 「주택관리조례(物業管理條例)」[174]는 업주의 선거로 설립된 업주대회는 "주택관리구역 내 주택공용부위와 공용시설의 사용, 공공질서와 환경위생의 보호 등 측면에서 규정제도를 제정, 수정할 수 있다"고 규정하였다.

상술한 법률, 법규의 규정에 따르면, 지붕 테라스는 전체 업주의 소유이기에 전체 업주가 지붕 테라스에 태양에너지 온수기를 장치, 사용할 수 있는지 여부에 대해 결정해야 한다. 새로 완공된 건축물

---

173) 2007년 3월 16일 주석령 제62호 제정, 2007년 10월 1일 시행.

174) 2003년 6월 8일 국무원령 제379호 제정, 2003년 9월 1일 시행, 2007년 8월 26일 국무원령 제504호 개정.

에 입주 시 전체업주와 이에 대해 상의할 가능성은 거의 없으나 현실 상황에서 일반적으로 사전에 준비된 "주택서비스관리계약"에서 그 장치와 사용을 금지하고 있다. 심지어 일부 건축물의 "주택서비스관리계약"에는 동 거주구역 전체에 장치와 사용을 할 수 없게 금지하고 있는데 이는 「재생가능에너지법」 제17조제1항에 규정된 "국가는 단위와 개인이 태양에너지 온수시스템, 태양에너지 난방과 냉방시스템, 태양광발전시스템 등 태양에너지 이용시스템의 장치와 사용을 장려"하는 규정과 일치하지 않는다.

기존의 업주와 주택관리업체 사이의 태양에너지 장치로 인해 발생된 사례를 살펴보면, 주택관리업체가 이를 허가하지 않는 원인은 주로 다음의 두 가지이다. 첫째는 건축물의 품질에 영향을 주어 지붕의 누수 등을 야기할까 두려워하는 것이고, 둘째는 태양에너지 온수기가 거주구역의 경관에 영향을 미친다는 것이다. 또한 법원의 판례도 크게 차이가 나는데 일부 법원은 온수기의 장치를 지지하고 일부는 반대하고 있다. 단, 법원의 판결에 하나의 공통점이 발견되는데, 즉 법원은 완전히 당사자 간의 약정 또는 당사자 간에 체결한 "주택관리계약"에 따라 판결을 진행한다는 것이다. 문제는 당사자 간의 계약은 「재생가능에너지법」에 의해 확인되는데, 제17조제4항에 의하면, "이미 완공된 건축물에 대해 입주자는 그 품질과 안전에 영향을 미치지 않는다는 전제하에 기술규범과 제품기준에 부합되는 태양에너지 이용시스템을 장치할 수 있으나, 단, 당사자 간에 별도의 약정이 있는 경우는 제외한다." 이는 「재생가능에너지법」의 동 규정에 결함이 존재함을 보여주는데 일정한 정도에서 재생가능에너지 특히 태양에너지 온수기의 사용을 제한하는 결과를 야기하며 주택관리계약을 통해 태양에너지의 사용을 제한한 것으로서 「재생가능에너지법」의 입법목적에 부합되지 않는다(李艶芳, 2008).

이러한 상황을 개선하기 위해서는 반드시 「물권법」과 「재생가능에너지법」을 수정해야 한다. 「물권법」의 건축구분소유권에 "건축물 구분소유권의 공유인은 건축물의 공유부분을 이용하여 재생가능에너지를 합리적으로 사용할 권리를 가지며 기타 공유인은 주택관리계약 등을 통해 제한을 가할 수 없다"는 내용을 도입해야 하고 「물권법」의 인접관계 부분에 "부동산의 권리자가 재생가능에너지를 사용하여 난방, 조명하기 위해 도관배설이 발생하고 이로 인해 인접 건축물을 반드시 사용해야 하는 상황이 발생한 경우 동 건축물의 권리자는 편리를 제공해야 한다"고 규정할 것이 요구된다. 「재생가능에너지법」 제17조도 "이미 완공된 건축물에 대해 건축물의 품질과 안전에 영향을 미치지 않는다는 전제하에 입주자는 기술규범과 제품기준에 부합되는 태양에너지 이용시스템을 설치할 권리가 있으며 주택관리부문은 경관영향을 이유로 저지할 수 없다. 주택관리부문이 건축품질에 영향을 미친다는 이유로 장치를 저지하는 경우, 태양에너지 이용시스템이 건축물 품질과 안전에 영향을 준다는 부분에 대한 입증책임을 진다"로 수정이 필요하다.

「재생가능에너지법」과 기타 관련 입법을 어떻게 수정하여 조화를 이루어야 하는지에 대해 <표 5>에 요약적으로 정리하였다.

<표 5> 「재생가능에너지법」과 기타 관련 입법의 관계

기타 에너지관련 입법	전력법: (1) 재생가능에너지 범위를 농촌의 전기이용과 개발에 한정시키고 있음, (2) 독립법인자격을 가진 전력생산기업만이 송전망 연결 요구를 할 수 있도록 규정함.
	에너지절약법: 재생가능에너지자원과 재생가능에너지에 대해 혼동하여 사용함.
환경자원입법	환경보호법: 재생가능에너지 개발이용 중의 생태환경문제에 대한 규정이 부족함.
	고체폐물환경오염방지법: (1) 고체폐물의 자원화이용을 촉진하고 고체폐물 중 바이오에너지로 이용 가능한 부분에 대해 전문적이고 전면적으로 규정할 필요 있음, (2) 재생가능에너지 기업이 생성한 환경을 위해 고체폐기물에 대해 규범할 필요 있음.
	토지관리법: (1) 풍력발전소건설에 최대한 미개간 토지를 사용하고 경지를 최대한 적게 점용하거나 점용하지 않으며 반드시 농업용지 또는 경지를 점용해야 하는 경우 농업용지를 건설용지로 변경하는 심사비준제도를 엄격히 준수하도록 규정할 필요 있음, (2) 농민개체 또는 협력 모금하여 풍력발전기를 구매한 후 발전할 수 있도록 허가해야 함, (3) 에너지작물의 재배로 인하여 농지를 침점하는 문제가 발생하지 않도록 해야 함.
관련 경제입법	재정입법: (1)「재생가능에너지발전세수정책」을 조기 출범해야 함, (2)「정부구매법」을 수정하여 정부구매의 지원범위에 환경친화적 제품, 녹색에너지와 건축 등을 포함시켜야 함, (3) 화석연료소비세를 징수하여야 함.
	금융입법: (1) 재생가능에너지외 개발이용항목에 대한 재정이지할인의 우대대출 구체방법을 조기 출범해야 함, (2) 재생가능에너지에 대한 융자임대제도와 저당대출제도 등에 대해 규정해야 함.
	농업입법: 에너지작물의 재배에 알칼리성토지, 농한기토지, 황산과 황지 등 개발과 이용하지 않는 토지를 이용하여 식량생산에 대한 영향을 피하도록 해야 함.
행정입법	건축법: (1) 건축의 설계, 시공과 사용이 재생가능에너지의 이용에 유리하도록 규정해야 함, (2) 민간건축 중의 재생가능에너지 이용을 추진해야 함.
	교육입법: 환경교육의 법제화를 실현하여야 함
	과학기술입법: (1) 국가자금지원의 산업에 재생가능에너지산업을 포함시키지 않고 있음, (2) 사회자금의 투입에 대해 상세한 제도를 규정하고 있지 않음.
관련 민사입법	(1) 건축물구분소유권의 공유인은 건축물의 공유부분을 이용하여 재생가능에너지를 합리적으로 사용할 권리를 가지며 기타 공유인은 주택관리계약 등을 통해 제한을 가할 수 없도록 규정해야 함, (2) 이미 완공된 건축물에 대해 건축물의 품질과 안전에 영향을 미치지 않는 전제하에 기술규범과 제품기준에 부합되는 태양에너지 이용시스템을 설치할 권리가 있도록 규정해야 함

6) 평가 및 문제점

위에서 언급한 바와 같이 「재생가능에너지법」과 일치하지 않거나 법 규정이 미비하여 조정이 필요한 법률은 적지 않게 존재하는데 단기간에 이들 법률을 개정하는 것은 현실적으로 어렵다. 이런 상황에서, 새로 제정하는 시행세칙을 통해 재생가능에너지의 발전에 있어서 기타 법률과의 조화로운 적용을 시도해볼 수 있으며 또한 장기적인 관점에서는 모든 관련 입법에 에너지자원문제에 대한 기본원칙을 관철시켜 법률규정의 체계화를 구축하며 내재적으로 통일적인 제도체계를 구축해야 한다. 상술한 문제들이 존재하는 이유는 각 법령의 주관부문이 서로 상이하고 제정연대가 서로 상이한 데서 비롯된다. 현재, 중국은 입법에 있어 전반적인 입법관이 결여되어 있으며 향후 입법과정에서 새로운 입법이나 개정입법을 함에 있어 기존 법령과의 관계를 면밀히 살펴보고 기존 법령의 동시 개정이 필요한 상황에서는 해당 입법들을 일괄 개정하는 방식을 고려해볼 수 있다.

7) 소결

중국의 「재생가능에너지법」은 기타 에너지관련 입법, 환경자원입법, 경제입법, 행정입법, 민사입법과 다양한 관계를 가지며 따라서 이들 법령과의 관계문제에서 일부 문제점이 존재하고 있는 것이다. 「재생가능에너지법」의 순조로운 시행을 보장하기 위해서는 반드시 이들 법령과의 조화를 실현하고 관련 법제도의 정비를 실현하여야 한다. 또한 「에너지법」[175]을 빠른 시일 내에 출범시키고, 「재생가능에너지법」 관련 부대조치를 촉구하여 출범시켜야 한다.

2. 재생가능에너지법의 적용범위

1) 수력발전의 포함 여부

중국에서 재생가능에너지의 범위와 관련하여 가장 주요한 쟁점은 수력발전을 「재생가능에너지법」의 적용범위에 포함시키는가 하는 것이다. 이는 「재생가능에너지법」의 제정 초기부터 줄곧 논란이 되어 왔다. 「재생가능에너지법」(초안)의 제2조에 의하면, 발전소의 설비용량이 5만kW를 초과하는 수력발전은 「재생가능에너지법」의 적용을 받지 않도록 규정하였다. 그 이유는 이론과 실제에서 보면, 모든 수력에너지는 재생가능에너지에 속하지만 대·중형 수력발전기술은 이미 성숙되어 완전히 상업화를 실현하였을 뿐 아니라 환경에 미치는 영향이 크기에 국제경험을 참조하여 5만kW 이하의 수력발전을 소수력발전으로 확정하여 풍력에너지, 태양에너지 등 재생가능에너지와 유사한 정책을 취하고자 한 것이다. 이와 관련하여 많은 의견이 제시되었다.

---

175) 중국은 「에너지법」의 제정을 추진하고 있지만 전통에너지와 신재생에너지의 관계문제(신재생에너지를 우선 발전의 지위에 놓을지의 문제), 국가에너지국과 국가발전개혁위원회의 권력배분문제 등 문제에 부딪쳐 어려움을 겪고 있다.

(1) 전국인민대표대회 상무위원회 내부의 의견

일부 전국인민대표대회 상무위원회 위원과 상무위원회 회의에 참석한 인원들은 소수력발전을 「재생가능에너지법」의 적용범위에 포함시킨 데 대해 다시 신중하게 연구를 진행할 것을 건의하였다. 이들의 주장은 만약 소수력발전이 「재생가능에너지법」의 적용범위에 포함되어 우대정책을 향수받게 되면 과도하게 소수력발전을 건설하여 수자원 유실, 생태환경과 자연경관의 파괴 등 문제를 야기하게 될 것이라고 지적하였다.[176]

(2) 지방정부, 기업·협회의 의견

요녕성, 전력기업연합회, 중국과학협회, 중국전력투자집단회사,[177] 大唐집단회사,[178] 水利水電건설집단회사,[179] 華電집단회사,[180] 광동 粵電집단회사[181] 등 일부 지방정부, 기업·협회는 「재생가능에너지

---

176) 「10기 전국인민대표대회 상무위원회 제13차회의 재생가능에너지법(초안) 소조심의 의견(十屆 全國人大常委會第十三次會議分組審議可再生能源法(草案)的意見)」 제2항을 참고하여 재정리하였다.

177) 중국전력투자집단회사는 중국 5대 발전집단 중 하나이고 종합적인 에너지집단으로서 전국에서 유일하게 동시에 수력발전, 화력발전, 원자력발전, 신에너지자산을 갖고 있으며 국가 3대 원자력발전개발건설의 운영업체 중 하나이다. 2011년 말 현재, 전력용량 7,680만kW를 보유하고 있고 그 중에서 수력용량이 1,795만kW를 차지하며(5대 발전집단 중 1위), 전체 전력용량 중 청정에너지의 비중이 3 0 %에 가깝다(5대 발전집단 중 1위).

178) 중국大唐집단회사는 초대형 발전기업집단이고 중앙에서 직접 관리하는 국유독자회사이며 2010년 말 현재, 발전규모는 10,589.59만kW에 달한다.

179) 중국水利水電건설주식유한회사는 중국전력건설집단회사의 주요 자회사이며 중국 최대 규모의 수리수력발전건설기업이다.

180) 중국華電집단회사는 5대 전국성적인 국유독자발전기업집단 중 하나로서 2011년 말 현재 발전규모가 9,410만kW에 달하는데 이 중에서 화력발전은 7,491만kW, 수력발전은 1,595만kW, 풍력발전 등 기타에너지는 324만kW이며 청정에너지가 전체 발전규모에서 차지하는 비중이 25.4%에 달한다.

181) 광동粵電집단회사는 광동성정부와 華能집단이 공동 투자하여 설립하였으며 광동성 최대규모의 발전회사로서 2011년 말 현재, 발전규모가 2,480.97만kW에 달한다.

법」의 적용범위가 소수력발전에 한정되지 않고 대·중형 수력발전
도 포함시켜야 한다고 주장하였다. 모든 수력발전을 재생가능에너지
범위에 포함시키는 것은 중국의 실제와 에너지전략에 부합되며, 수
력발전항목에 대한 경제지원조치에 있어서 기타 재생가능에너지와
구분하여 대우하면 된다는 것이다. 운남성은 수력에너지의 개발이용
과 발전소의 설비용량 규모와는 무관하며 초안에서 소수력발전만
재생가능에너지에 포함시켜 지원하게 되면 수력발전의 개발건설에
있어서 인위적으로 대·중형 수력발전항목을 분산시키는 효과를 야
기하게 될 것이라고 주장하였다. 운남성은 소수력발전 설비용량이
271만kW인데 절대다수가 홍수기 때 발전하고 갈수기 때는 발전할
수 없는데, 이렇게 되면 소수력발전의 송전망 연결을 충족시키기 위
해 실제로는 대수력발전의 생존공간을 위협하게 되므로 소수력발전
을 단독으로 재생가능에너지에 열거하는 데 대해 신중하게 고려해
야 한다고 주장하였다.

광동성 경제무역위원회는 소수력발전이 농촌에 주로 분포되어 있
고, 농촌의 생산생활조건을 개선하는 데 있어 매우 큰 역할을 하는
데, 만약 이를 법의 적용범위에서 배제하면 재생가능에너지가 전체
에너지에서 차지하는 비중이 크게 줄어들어 재생가능에너지의 개발
이용 촉진에 불리할 것이라고 주장하였다.

광동성 재정청은 소수력발전을 법의 적용범위에 포함시키면 주로
그 연결이 어려운 문제를 해결해야 하며 그 우대정책에 있어서는 풍
력발전 등 재생가능에너지와 차별화해야 한다고 주장하였다. 즉, 소
수력발전은 원가 등 측면에서 이미 상용화 되었기에 다른 재생가능
에너지가 향수받는 우대정책을 모두 소수력발전에도 등등하게 부여

할 필요는 없다는 것이다.

복건성과 중국무역촉진회는 소수력발전의 과도한 개발이 많은 환경문제를 야기하게 될 것이므로 소수력발전 개발은 유역계획에 부합되고 환경영향평가에 통과되도록 명확히 해야 한다고 주장하였다. 광동성 발전개혁위원회는 소수력발전이 하류에 대한 영향이 비교적 크고 그 연결원가도 비교적 높으며 소수력발전의 기술이 성숙되고 가격이 전통에너지와 비교하여도 우위에 있는 점을 고려하면 「재생가능에너지법」에서 장려, 지원하지 않더라도 소수력발전은 發展이 가능할 것이기에 발전을 장려하는 재생가능에너지 중에 명확히 소수력발전을 포함시키지 말자고 제안하였다. 광동성 기상국은 소수력발전을 「재생가능에너지법」에 포함시킴에 있어 신중해야 한다고 제안하였다. 즉, 미국, 유럽의 경우 소수력발전의 개발에 대해 엄격한 환경평가와 환경보상제도를 마련하고 있지만 중국은 아직 이런 측면에서 잘 규정되어 있지 않다. 광동의 정황을 보면, 소수력발전의 개발 초기에는 경제효과가 비교적 좋으나 시간이 지나면서 생태환경에 영향을 미치는 문제점을 드러낸다. 일부 소수력발전은 품질이 떨어지고 하도의 침적이 심각하여 홍수방지에 부정적인 영향을 미치기도 한다.[182]

(3) 국무원 내부의 의견

수리부는 초안의 소수력발전을 「재생가능에너지법」의 적용범위에

---

[182] 「재생가능에너지법(초안)에 대한 지방과 중앙 관련부문, 기업의 의견(地方和中央有關部門、企業對可再生能源法(草案)的意見)」 제1항, 「재생가능에너지법(초안)에 대한 광동성 관련부문, 기업의 의견(廣東省有關部門、企業對可再生能源法(草案)的意見)」 제2.1항을 참고하여 재정리하였다.

포함시키는 방법에 찬성하였다. 그 이유는 소수력발전은 국제적으로 공인하는 청정 재생가능에너지로서 오염을 감소시키고 광대한 농촌의 전기사용문제를 해결하며 농촌경제발전을 촉진하는 데 있어서 대체할 수 없는 역할을 하기에 소수력의 발전은 중국의 지속가능한 발전전략과 장기적 이익에 부합된다는 것이다.

국가발전개혁위원회, 환경보호총국은 "발전소의 설비용량이 5만kW를 초과하는 수력발전"이라는 내용을 삭제할 것을 건의하였는데 그 이유는 모든 수력발전이 재생가능에너지라는 것이다. 비슷한 관점을 갖고 있는 국가자산관리위원회는 "발전소의 설비용량이 5만kW를 초과하는 수력발전"에 대해서 법률의 적용범위에 포함시키지 않는 데 대해 보다 깊이 있는 연구를 진행해야 한다고 주장하였다.

건설부는 "수력에너지"를 "수력에너지(오수에너지 포함)"로 수정할 것을 건의하였는데,[183] 즉 오수에너지도 재생가능에너지에 포함됨을 명백히 하자는 입장이었다.

(4) 최종결정

전국인민대표대회 상무위원회는 상술한 의견들에 대해 다음과 같이 정리하였다. 전국인민대표대회 상무위원회의 구성인원과 지방, 부문, 전문가들은 동 규정에 대해 서로 다른 의견을 제시하였는데 일부는 초안의 규정에 찬성하였고, 일부는 수력에너지가 원래 재생가능에너지에 포함되어, 「재생가능에너지법」을 설비용량이 5만kW를 초과하지 않는 소수력발전에만 적용하여서는 안 된다고 하였으

---

183) 「재생가능에너지법(초안) 관련문제에 대한 국무원법제판공실의 의견(國務院法制辦公室對可再生能源法(草案)有關問題的意見)」 제1.1항을 참고하여 재정리하였다.

며 일부는 수력발전을 발전시킴에 있어 과학을 존중하고 총괄적인 고려가 있어야 하며 과도하게 발전시키면 생태환경에 불리한 영향을 야기할 것이라고 하였다.

결국 전국인민대표대회 법률위원회는 환경자원보호위원회, 국무원법제판공실과의 연구를 거쳐, 수력발전이 「재생가능에너지법」의 적용을 받는지 여부에 대한 문제는 국무원 에너지주관부문이 더 깊이 있는 연구, 논증을 거친 후 규정하며 이를 국무원에 보고하여 비준 받도록 초안에 대해 개정하였으며 이러한 내용이 최종적으로 법률에 규정되었다.[184] 초안과 결론에 이르기까지 각 기관별 입장을 정리하면 <표 6>과 같다.

<표 6> 수력발전의 「재생가능에너지법」 적용 여부

초안	소수력발전만 적용
입법위원 복건성, 광동성 발전개혁위원회, 광동성 기상국 중국무역촉진회	소수력발전도 비적용
광동성 재정청	소수력발전 조건부 적용
수리부	소수력발전만 적용
국가발전개혁위원회, 환경보호총국, 국가자산관리위원회, 중국공정원 요녕성, 운남성 전력기업연합회, 중국과학협회, 중국전력투자집단회사, 大唐집단회사, 수리수력발전건설집단회사, 華電집단회사, 광동粵電집단회사	모든 수력발전 적용
결론	수력발전의 적용 여부에 대해 국무원 에너지주관부문이 연구, 논증을 거친 후 규정, 국무원에 보고하여 비준

---

184) 「재생가능에너지법(초안)의 심의결과에 대한 전국인민대표대회 법률위원회 보고(全國人民代表大會法律委員會關于≪中華人民共和國可再生能源法修正案(草案)≫審議結果的報告)」 제1항을 참고하여 재정리하였다.

2) 지열에너지의 포함 여부

  일부 전국인민대표대회 상무위원회 위원들은 지열에너지 등 지하
에너지의 개발을 통제할 것을 건의하면서 그렇지 않을 경우 지각구
조의 변경을 야기하여 지질재난을 야기할 것이라고 경고하였다.[185]
하지만 이는 결코 지열에너지 등 지하에너지의 개발을 통제하자는
것이지 지열에너지의 포함 여부에 대해 이견이 있는 것은 아니었으
며 그 후로 더 이상 논의되지 않았다. 따라서 현행의 「재생가능에너
지법」에는 지열 개발에 대한 아무런 규제도 하지 않게 된 것이다.

3) 폐기물 연소 및 공업여열 에너지의 포함 여부

  환경보호총국은 "공업과 생활폐기물의 연소를 통한 열에너지 및
공업여열의 이용"에 관한 내용을 추가하자고 주장하였는데 그 이유
는 쓰레기 연소를 통한 발전은 이미 고체폐기물 종합이용의 유효방식
으로서 오염을 방제하고 에너지를 절약하는 데 유리하기 때문이다.[186]

4) 평가 및 문제점

  「재생가능에너지법」의 제정 후 7년이라는 시간이 흐른 지금에도
수력발전이 「재생가능에너지법」의 적용을 받는지 여부에 대해 국무

---

185) 「10기 전국인민대표대회 상무위원회 제13차회의 재생가능에너지법(초안) 소조심의 의견」 제2
   항을 참고하여 재정리하였다.
186) 「재생가능에너지법(초안) 관련문제에 대한 국무원법제판공실의 의견」 제1.1항을 참고하여 재
   정리하였다.

원 에너지주관부문은 결코 규정을 하고 있지 않다. 상술한 논의과정에서 볼 수 있듯이 이에 대해 기업·협회의 입장은 일치하는데 모든 수력발전을 법의 적용범위에 포함시켜 지원을 받아야 한다는 입장이었다. 지방정부의 경우 요녕성, 운남성과 광동성, 복건성이 매우 다른 의견 차이를 보였으며 광동성 내부의 정부기관 사이에도 의견 차이가 있었다. 지방정부 간 차이가 발생한 원인은 주로 환경보호에 대한 각 지방정부의 서로 다른 태도에서 기인된 것으로 보인다. 경제발전이 빠르게 이루어진 동남 연해의 광동성과 복건성에서는 주로 소수력이 재생가능에너지에 포함되어 그 발전으로 인한 환경피해를 우려하였으나 경제가 상대적으로 낙후된 요녕성과 운남성에서는 소수력뿐만 아니라 전체 수력발전을 모두 재생가능에너지에 포함시키자고 주장한 것이다. 중앙정부 부문의 경우에는 대체로 소수력발전에 적용하는 것에는 의견 일치를 보이지만 모든 수력발전에 적용하는지 여부에 대해서 의견 차이가 존재한다. 전반적으로 소수력발전의 적용에 대해서는 다수가 동의하고 있다. 앞으로도 이러한 의견 차이가 좁혀지지 않는다면, 수력발전의 「재생가능에너지법」 적용 여부에 대한 논란은 계속될 것이며 일단 다수의 의견일치를 본 소수력발전의 적용에 대해서는 명확히 규정할 필요가 있다.

비록 폐기물 연소나 공업여열 에너지를 포함하자는 이러한 주장이 받아들여지지는 않았지만 현존하는 기타 법령을 살펴보면 공업과 생활폐기물의 연소나 매각을 통해 발생하는 에너지를 재생가능에너지로 포함시키는 경우를 다수 볼 수 있다. 하지만 이러한 폐기물의 연소는 환경에 대해 피해를 야기할 소지가 있으므로 이를 재생가능에너지에 포함시킴에 있어 특별한 주의가 필요하다.

5) 소결

　위에서 언급하였듯이 중국은 「재생가능에너지법」의 제정 시 수력발전을 「재생가능에너지법」의 적용범위에 포함시키는지 여부에 대해 많은 논의가 있었다. 이는 결코 수력발전의 재생가능에너지 속성을 부정하는 것이 아니라 다만 그 특성 때문에 법의 적용범위에서 배제할지 여부에 대해 논의를 한 것으로 사료된다. 소수력발전을 법의 적용범위에 포함시키는 데 대해서는 이견이 없어 보인다. 다만 소수력발전만 포함시킬지 아니면 대수력발전도 포함시킬지가 문제되는 것이다.

　결과적으로 통과된 법률에서는 이에 대해 결론을 내리지 못하고 추후 국무원이 최종결정을 내리도록 권한을 위임하였다. 문제는 이러한 논쟁이 결론을 보지 못한 상태에서는 국무원도 최종결정을 내리기가 어렵다는 점이다. 따라서 2012년 10월 말 현재까지도 수력발전의 포함 여부에 대해 국무원에서는 결론을 내리지 못하고 있는데 이 부분은 사실 법률의 공백으로서 수력발전의 규범에 있어 불리하다.

3. 재생가능에너지 관리부문의 확정

1) 초안 및 법령의 규정

　「재생가능에너지법」(초안) 제5조에 의하면, 국무원 에너지주관부

문은 전국 재생가능에너지의 개발이용에 대해 통일적인 관리를 실
시하며 국무원 관련부문은 각자의 업무범위 내에서 재생가능에너지
의 개발이용에 대한 관리업무를 책임진다. 현급 이상 정부의 에너지
주관부문이 재생가능에너지의 개발이용에 대해 통일적인 관리를 실
시하며 현급 이상 정부의 관련부문은 각자의 업무범위 내에서 재생
가능에너지 개발이용에 대한 관리업무를 책임진다.

동 조항과 관련하여 전국인민대표대회 상무위원회의 일부 위원은
"관련부문"이 구체적으로 어떠한 부문을 가리키는지 명확히 하여
집행에 편리하도록 해야 한다고 주장하였다. 일부 위원들은 재생가
능에너지의 관리가 여러 개의 부문과 관련되기에 입법에서 에너지
종합부문과 각 관련부문과의 관계를 타당하게 처리하여 통일적인
지도와 관리를 강화하는 동시에 각 관련 기능부문의 책임감과 권위
성을 손상하지 말아야 한다고 주장하였다.

국가전력감독관리위원회는 자신이 국무원 관련부문에 속하지 않
으나 재생가능에너지의 개발이용에 있어 감독관리 업무를 담당하기
에 국가전력감독관리기관이 관련 재생가능에너지 개발이용의 감독
관리업무를 담당한다는 내용을 추가할 것을 주장하였다.

중앙농촌업무지도소조판공실, 중국법학회는 "관련부서"가 구체적
으로 어떤 부서를 가리키는지 및 재생가능에너지 관리부서의 업무
분업을 명확히 할 것을 주장하였다.[187]

상술한 의견이 제시되었으나 결국 통과된 법령에는 초안의 내용
이 그대로 유지되었다. 아래 <표 7>에서 「재생가능에너지법」에서

---

187) 「재생가능에너지법(초안)에 대한 지방과 중앙 관련부문, 기업의 의견」 제3항, 「재생가능에너
지법(초안)에 대한 지방과 중앙 관련부문, 기업의 의견」 제2항을 참고하여 재정리하였다.

언급한 재생가능에너지 주관부문과 관련부문에 대해 요약적으로 정리하였다.

<표 7> 재생가능에너지 관리부문

초안	국무원 에너지주관부문은 통일적인 관리를 실시하며 국무원 관련부문은 각자의 업무범위 내에서 관리업무를 책임짐
입법위원 중앙농촌업무지도소조판공실 중국법학회 국가전력감독관리위원회	관련부문과 업무 명확화
결론	초안 그대로 유지

2) 국가발전개혁위원회

국가에너지국의 설립 전, 중국의 에너지주관부문은 국가발전개혁위원회였고 구체적인 업무는 그 산하의 에너지국이 담당하였다. 그러나 국가에너지국의 설립 후, 국가에너지국이 재생가능에너지 주관기관이 되었다. 그러함에도 불구하고 국가발전개혁위원회는 '지속가능발전전략의 추진'과 '기후변화대응'에 있어서 담당기관으로서 에너지절약과 이산화탄소 배출감소의 종합조정, 순환경제의 발전, 전사회적 에너지자원의 절약과 종합이용계획 및 정책조치의 입안 및 실시, 생태건설과 환경보호계획의 작성에 참여, 생태건설, 에너지자원의 절약과 종합이용의 중대 문제 조정, 환경보호산업과 청정산업 촉진에 관한 업무 종합조정 등 '지속가능발전전략의 추진'과 관련된 업무 및 '기후변화대응'과 관련된 업무를 담당한다는 측면에서 재생가능에너지와도 밀접한 연관을 갖는다. 더욱이 국가발전개혁위원회는 국가 발전계획의 입안 및 가격정책 제정 주도기관으로서 재생가능에너지발전계획 및 가격에 대해 막대한 영향을 미치게 된다. 국가에너지국의 설립 후에도 국가발전개혁위원회가 「재생가능에너지발전12.5계획」을 수립하였다.[188]

또한 국가에너지국은 비록 일정 정도 독립성을 갖지만 아직도 국가발전개혁위원회가 관리하는 국가국(國家局)으로서, 지위가 부·위원회에 비해 낮으며, 실제로 국가발전개혁위원회의 부주임이 국가에너지국의 국장을 겸임하는 등 국가발전개혁위원회가 국가에너지국에 미치는 영향은 막대하다. 특히 「재생가능에너지법」의 규정상으로도 재생가능에너지 발전항목의 송전망 연결가격을 확정하고, 국무원재정부문, 에너지주관부문과 함께 재생가능에너지발전기금 징수사용관리의 구체방법을 제정하는 권리를 가진다.

3) 국가에너지국

국가에너지국은 하나의 산업관리기관으로 설정되었는데 국가발전개혁위원회의 전 에너지국, 전 국가에너지지도소조판공실, 전 국방과학기술공업위원회 산하의 원자력발전공업시스템 관리사(국) 및 국가발전개혁위원회의 에너지산업 관련 사(국)로 공동 구성된 새로운 기관이다. 국가에너지국은 에너지산업계획, 산업정책과 표준을 수립하고 국가에너지위원회 판공실 업무를 담당한다. 재생가능에너지 및 석탄, 전력, 석유, 천연가스, 원자력발전 등 모든 에너지와 관련되는

---

188) 이는 「풍력발전12.5계획」, 「태양에너지발전12.5계획」, 「바이오에너지발전12.5계획」, 「수력발전12.5계획」 등은 국가에너지국에 의해 수립된 것과 대비된다.

거시적 관리는 이로서 국가에너지국으로 통일되었다.

「재생가능에너지법」 규정에 따라 국가에너지주관부문의 주요업무는 전국의 재생가능에너지 개발이용 중장기 총량목표를 제정하고 전국 재생가능에너지 개발이용계획을 작성하며 「재생가능에너지산업발전지도목록」을 제정, 공포하는 것 등이다.

4) 국가에너지위원회

국가에너지위원회는 국가의 에너지발전전략을 연구, 입안하고, 에너지안전과 에너지발전의 중대한 문제를 심의하며, 국내의 에너지개발과 에너지 국제협력에 있어서 중대한 사항에 대해 총괄, 조정한다. 동 위원회는 중국 국무원 총리가 주임을 담당하고, 부총리가 부주임을 담당하고 있으며, 외교부, 국가발전개혁위원회, 과학기술부, 공업정보화부, 안전부, 재정부, 국토자원부, 환경보호부, 교통운수부, 수리부, 상무부, 중국인민은행, 국유자산감독관리위원회, 국가세무총국, 안전감독관리총국, 은행업감독관리위원회, 전력감독관리위원회, 국가에너지국 등 부서의 장관이 위원으로 되어 있다. 국가에너지위원회의 판공실주임은 국가발전개혁위원회 주임이 겸임하고, 부주임은 국가에너지국 국장이 겸임하며, 판공실의 구체업무는 국가에너지국에서 담당한다. 국가에너지위원회의 산하에 에너지전문가 자문위원회(能源專家諮詢委員會)를 둔다. 즉, 에너지와 관련되는 부처가 산재하여 있고 부처 간에 서로 주도권쟁탈과 이익쟁탈이 존재하는 상황에서 이러한 위원회의 설립을 통해 국무원 차원에서 각 부처의 이익을 조정하고 문제를 해결하고자 한 것이다.

5) 국가전력감독관리위원회

  국가전력감독관리위원회는 국무원의 구성부문[189]에 속하지는 않지만 직속사업단위[190]로, 「재생가능에너지법」의 제정과정에서 많은 제안을 하였다. 특히 이러한 제안을 통하여 재생가능에너지 발전과 관련하여 자신의 관리기능을 확대하고자 하였는데 「재생가능에너지법」에서 동 위원회에 부여한 권리는 다음과 같은 네 가지이다.

  (1) 성, 자치구, 직할시에서 작성한 동 행정구역의 재생가능에너지 개발이용계획은 동급 정부의 비준을 거쳐 국무원 에너지주관부문과 국가전력감독관리기관에 등록해야 한다.

  (2) 국무원 에너지주관부문, 재정부문과 함께 전국 재생가능에너지 개발이용계획에 따라 계획기간 내 도달해야 하는 재생가능에너지 발전량이 전체 발전량에서 차지하는 비중을 확정하고 전력회사가 재생가능에너지발전을 우선 배치 및 전액구매하는 구체방법을 제정하며 국무원 에너지주관부문과 함께 연도 내에 실시를 독촉한다.

  (3) 발전회사가 기재 및 보존한 재생가능에너지 발전의 관련자료

---

189) 현재, 중국 국무원의 구성부문에는 외교부, 국방부, 국가발전개혁위원회, 국가에너지위원회, 교육부, 과학기술부, 공업정보화부, 국가민족사무위원회, 공안부, 국가안전부, 감찰부, 민정부, 사법부, 재정부, 인력자원사회보장부, 국토자원보, 환경보호부, 주택도시농촌건설부, 교통운수부, 철도부, 수리부, 농업부, 상무부, 문화부, 위생부, 국가인구계획생육위원회, 중국인민은행, 심계서 등 28개의 부문이 포함된다.

190) 국무원 직속사업단위는 사회복지를 증진시키고 사회문화, 교육, 과학, 위생 등 측면의 수요를 만족시키며 각종 사회서비스를 제공하는 것을 직접 목적으로 하고, 국무원이 직접 영도하는 사회조직이다. 국무원 직속사업단위는 영리(또는 자본축적)를 직접목적으로 하지 않고 그 업무성과와 가치는 계량 가능한 물질형태 또는 화폐형태로 표현되지 않으며 국가기관의 부문에 속한다. 현재 국무원 직속사업단위에는 신화통신사, 중국과학원, 중국사회과학원, 중국공정원, 국무원발전연구센터, 국가행정학원, 중국지진국, 중국기상국, 중국은행업감독관리위원회, 중국증권감독관리위원회, 중국보험감독관리위원회, 국가전력감독관리위원회, 전국사회보장기금이사회, 국가자연사회과학기금위원회 등 14개가 있다.

에 대해 검사와 감독하며 검사를 진행함에 있어 규정된 절차
에 따라야 하고 검사단위에 대해 상업비밀과 기타비밀을 보호
해주어야 한다.

(4) 전력회사가 규정에 따라 재생가능에너지 전기량의 구매를 완
성하지 않아 재생가능에너지발전회사의 경제손실을 야기한 경
우 기한 내 시정을 명하며 시정을 거부하는 경우 경제손실 1배
이하의 벌금을 부과한다.

이 밖에도, 국가전력감독관리위원회는 「전력법」에서 규정한 국무
원 전력관리부문으로서 전국의 전력사업에 대한 감독과 관리를 책
임진다. 현재 재생가능에너지의 상당 부분이 전력으로 전환되는 점
을 감안하면 국가전력감독관리위원회도 재생가능에너지와 매우 밀
접한 관련을 갖는 기관이다.

6) 기타 부문

상술한 부문 외에도 부문관리를 실시하는 국무원의 관련부문에는
과학기술, 농업, 수리, 국토자원, 건설, 환경보호, 임업, 해양, 기상 등
부문이 포함되며 이들 부문은 관련 법률의 규정에 따라 재생가능에
너지의 개발이용에 대한 관리를 진행하고 있다. 예를 들어, 과학기술
부문은 「과학기술진보법」과 「재생가능에너지법」에 의해 전국범위
내에서 과학기술역량을 조직하여 관련 재생가능에너지의 개발이용
에 대한 중대한 과학기술항목 입안과 시범연구 및 보급의 업무를 지
며 농업부문은 「농업법」과 「재생가능에너지법」에 근거하여 메탄가
스 등 농촌에너지에 대해 관리업무를 부담한다. 수리부문(농촌수력

발전 및 전기화발전국)은 중앙에서 보조하여 투자하는 농촌수력발전 항목의 심의를 책임지고 대·중형 수력자원의 개발이용항목에 대한 확인과 심사비준에 참여하며 지방 농촌의 수력발전항목에 대한 심사, 심사비준과 검수업무의 지도를 책임지고, 농촌 수력발전설비의 시장접근제도와 농촌 수력발전 및 전력공급 영업구역의 안전문명생산관리방법을 입안하고 실시하는 동시에 농촌 수력발전 설계시장, 설비시장, 건설시장과 전력제품시장에 대한 관리업무를 부담한다. 국토자원부문은 「광산자원법」과 「재생가능에너지법」에 근거하여 지열자원의 개발이용에 대해 관리업무를 부담한다. 건설부문은 「건축법」과 「재생가능에너지법」에 근거하여 태양에너지, 저층지열 등 재생가능에너지가 건축분야에서의 규모적인 이용에 대해 관리업무를 지며 국무원 관련부문과 함께 태양에너지 이용시스템과 건축결부의 기술경제정책과 기술규범을 제정한다. 환경보호부문은 「환경보호법」과 「재생가능에너지법」에 근거하여 수력발전, 풍력발전, 지열 등 재생가능에너지의 개발이용이 환경자원에 야기할 가능성이 있는 영향에 대해 관리업무를 부담하며 임업부문은 「삼림법」과 「재생가능에너지법」에 근거하여 임업바이오에너지의 개발이용에 대해 관리업무를 부담한다. 해양관리부문은 「해양환경보호법」과 「재생가능에너지법」에 근거하여 조석발전 등 해양에너지 발전 및 미래해상풍력발전 등에 대해 관리업무를 지며 기상부문은 「기상법」과 「재생가능에너지법」에 근거하여 태양에너지, 풍력에너지 등 기후자원의 평가에 대해 일정한 업무를 부담한다. 실제로 이들과 같은 전문 또는 산업관리부문을 제외하고도 국무원의 재정, 세무, 가격, 금융, 표준화, 품질검사, 교육 등 부문은 비록 재생가능에너지의 개발이용에 대해 직접적인 관리업무를 부담하고 있지는 않지만 재생가능에너지와 관련되는 재정세수우대, 가격, 대출우대, 기술과 산업표준, 품질표준, 과정교육 등에 대해 상응하는 관리업무를 부담한다. 예를 들어, 국무원 재정부문은 에너지주관부문, 가격주관부문과 함께 재생가능에너지발전기금 징수사용관리의 구체방법을 제정하고 국무원 표준화행정주관부문은 국가 재생가능에너지 전력의 연결기술기준과 기타 전국범위 내 기술요구를 통일해야 하는 관련 재생가능에너지기술과 제품의 국가기준을 제정해야 하며 국무원 교육행정부문은 재생가능에너지지식과 기술을 일반교육, 직업교육 교과과정에 편입시켜야 한다.

7) 평가 및 문제점

위에서 살펴본 바와 같이, 중국의 재생가능에너지와 관련되는 부문은 매우 많은데, 「재생가능에너지법」에서 말하는 '국무원 에너지주관부문'은 새로 설립된 국가에너지국으로 보아야 할 것이다. 그 이유는 국가에너지국을 설립한 목적과 그 주요업무가 바로 에너지와 관련된 업무들을 주관하는 것이기 때문이다. 하지만 국가에너지국은 그 법적 지위가 비교적 낮은 국무원 부, 위원회의 관리를 받는 국가국으로서 국가발전개혁위원회의 관리를 받으며 실제 그 국장은 국가발전개혁위원회의 부주임이 겸직을 하고 있고 기타 공무원들도 기존의 국가발전개혁위원회 산하 에너지국 인사들이 다수 포함되어 있다. 따라서 법적으로나 실제적으로 국가발전개혁위원회의 관여를 많이 받을 수밖에 없다. 국가발전개혁위원회의 기능이 국가의 거시적인 조정을 하는 것이기에 국가에너지국을 지도하는 것은 적절치 않다. 따라서 국가에너지국을 지금의 차관급 기관에서 장관급 기관으로 격상시키거나 환경보호부에 편입시킴이 적절할 것이다. 물론 장관급 기관으로 직접 격상시키는 것이 에너지의 종합관리나 발전에 더 유리할 수는 있지만 이렇게 될 경우 하나의 부문이 새로 출범하여 정부의 규모를 줄이고자 하는 노력과 배치될 수 있어 어려움이 있다. 그러하다면 지금의 형태로 차관급으로 유지하는 것이 유력한데 에너지의 환경적인 측면을 고려하면 국가발전개혁위원회보다 환경보호부에 편입시키는 것이 지속가능한 개발을 실현하는데 있어 더 유리할 것으로 판단된다.

2013년 3월 전국인민대표대회의 개최와 더불어 시진핑 국가주석, 리커창 국무원총리를 대표로 하는 새로운 중앙정부가 출범하게 되면 국무원에 대한 개편이 이루어질 것이고 국가에너지국에 대해서도 분명히 조정이 있을 것인데 현재 논의 중에 있는 방안은 환경보호부에 편입시키는 것이다.[191] 만약 이러한 편입이 이루어질 경우, 이는 매우 중요한 시사점을 주게 되는데, 즉 경제발전을 위주로 하던 국가발전개혁위원회에서 환경보호를 위주로 하는 환경보호부로 에너지에 대한 관리가 이관이 되면 이는 환경보호의 측면에서 조금 더 재생가능에너지를 포함한 에너지 문제를 다루겠다는 정부의 의지를 엿볼 수 있게 된다. 물론 이러한 변화는 각 부처 간의 첨예한 대립으로 이어질 가능성이 높아서 꼭 이루어지리란 보장은 없다.

「재생가능에너지법」의 제정 과정에서 일부 입법위원, 중앙농촌업

---

191) 이러한 방안은 인터넷에서 광범위하게 전파되고 있는데 과연 정부의 의도인지 아니면 단지 루머인지는 확실치 않고 다만 정부에서 부정을 하지 않는 것을 감안하면 일정한 정부의도를 담은 것으로 판단된다. 다만 중국은 기관개혁에 있어 투명성이 보장되지 않고 이에 대해 사회적인 논의가 거의 이루어지지 않는 상황이다.

무지도소조판공실, 중국법학회, 국가전력감독관리위원회 등이 법률 내부에 재생가능에너지와 관련되는 관련부문을 명확히 열거하고 그 직권을 명백히 해두자고 주장하였으나 결국 법률에 포함이 되지 못하였다.[192] 지금과 같이 재생가능에너지와 관련되는 부문이 매우 산재하는 상황에서 이를 전부 법률에 규정하는 것은 무리가 존재할 수 있겠지만 그러함에도 불구하고 위에서와 같이 명확히 지정할 수 있는 부문에 대해서는 지정을 했어야 한다. 그리고 근본적인 문제점은 중국 정부기능의 과도한 파편화에 있다고 보이는데 부문이 너무 방대하고 거의 모든 부문이 다량의 부문규정을 남발하고 있어 법령과 법령 사이의 충돌이 존재하는 한편, 공동으로 제정하는 상당수의 법 이행에 있어서도 그 담당관계가 명확하지 못하거나 중복되어 상당한 어려움을 겪게 되는 상황이다. 이러한 문제점을 해결하기 위한 근본적인 방법은 기관 개편에 있으나, 이러한 이익, 기능의 파편화 현실 때문에 기관의 통폐합이 잘 이루어지지 않고 있다.

8) 소결

중국의 재생가능에너지 주관부문은 국가에너지국이지만 국가에너지국이 국가발전개혁위원회의 관리를 받는 특별한 구조를 갖고 있기에 실제로는 국가발전개혁위원회의 입김이 굉장히 큰 상황이다. 이는 국가에너지국의 독립성에 영향을 주며 독립적으로 에너지와 관련되는 정책을 제정하고 시행하는 데 있어서도 영향을 미친다. 특

---

192) 「재생가능에너지법(초안)에 대한 지방과 중앙 관련부문, 기업의 의견」 제3항, 「재생가능에너지법(초안)에 대한 지방과 중앙 관련부문, 기업의 의견」 제2항을 참고하여 재정리하였다.

히 국가발전개혁위원회의 특성상 환경보호보다는 경제발전에 더 관심을 갖고 있는데 이는 국가에너지국이 지속가능한 에너지정책을 입안 및 시행하는 데 불리한 영향을 미친다. 또한 국가전력감독관리위원회는 비록 국무원의 직속사업단위이지만 국가기관으로서 전력과 관련하여 많은 권한을 행사하고 있다. 재정부, 국가세무총국 등은 재정지원과 세수우대의 측면에서 많이 관여하며, 이 밖에도 많은 부문이 연관을 갖고 있는 등 중국의 재생가능에너지 주관부문 및 관리부문은 상당히 복잡한 양상을 띠고 있어 이해관계 측면에서만 아니라 실제 이행 측면에 있어서도 상당히 파악하기 어려운 것이 실정이다.

4. 재생가능에너지 강제이행수단의 선택

재생가능에너지의 강제이행수단과 관련하여 현재 세계적으로 시행되고 있는 제도에는 주로 FIT제도와 RPS제도가 존재하며, 각국은 모두 자국의 재생가능에너지 법제의 제정과정에 그 선택을 놓고 많은 논쟁을 벌이고 있는데 중국 역시 마찬가지이다.

1) FIT제도의 도입

「재생가능에너지법」 초안 제15조에 의하면, 전력회사는 그 송전망 범위 내의 승인받은 또는 등록한 재생가능에너지 연결발전항목의 연결전기량을 전액구매해야 한다. 이러한 FIT의 시행에 있어서 전액구매를 의무화할 것인지, 구매 금액을 어떻게 책정할 것인지, 재생가능에너지 발전 전력의 송전망 연계에 대해서는 누가 비용을 부담할 것인지를 놓고 이견이 제시되었다.

(1) 지방정부, 기업의 의견

전력기업연합회는 전력회사가 국가의 관련규정에 따라 허가받은 재생가능에너지 발전회사와 연결배치계약을 체결하여 그 범위 내의 허가받은 재생가능에너지 발전회사의 연결전기량을 전액구매하도록 규정하자고 제안했다.

강소성, 국가전력망회사는 송전망 범위 내의 재생가능에너지 전력은 국가 재생가능에너지 전력의 연결기술표준에 부합되어야 하고 재생가능에너지 관리업체는 상응하는 송전망 배치기관과 연결배치 계약을 체결하며 국가의 송전망 배치에 관한 법률, 법규를 준수해야 하는 동시에 전력회사가 재생가능에너지 전기량을 전액구매함으로써 송전망의 안전운행에 영향을 줄 수 있다. 전력회사는 상응하는 설비용량을 증가시켜야 하는데 이는 원가 상승으로 이어지고 사고 및 긴급 상황이 발생하면 재생가능에너지 발전장치의 정지를 야기하여 전기량을 전액 연결할 수 없게 된다.

국가전력망회사는 재생가능에너지전력이 풍부한 지역의 경우, 국가전력주관부서가 송전망이 받아들일 수 있는 재생가능에너지 전기량의 할당량에 대해 확인하며 사고나 긴급 상황이 발생한 경우, 안전조치로 야기된 연결전기량 할당량의 변화는 전력감독관리기관이 사정에 따라 감소시키도록 규정하자고 제안했다.

광동성 발전개혁위원회는 "전액구매"에 조건이 있어야 하는데 하나는 연결조건과 표준에 부합되어야 하는 것이고 다른 하나는 연결원가를 고려해야 하는 것이다. 광동성의 기존 규정에 따르면 풍력발전의 경우 가까운 곳에서 연결해야 한다. 따라서 재생가능에너지 발전의 연결조건, 표준과 가까운 곳에서 연결하는 원칙을 명확히 하자고 제언하였다. 남방전력망회사는 소수력발전의 자원이 풍부한 지역에서 소수력발전을 대량 개발하여 만약 대·중형 수력발전, 화력발전과 정합이 잘되지 않으면 전체 전력시스템의 경제성의 하락을 가져오게 될 것이다. 소수력발전의 전기량을 전부 연결시키면 대형 설비의 운행을 정지시켜야 하기에 전력시스템 운행의 불안전을 가져올 가능성이 있다. 때문에 전력회사는 전력시스템의 안전, 경제운행을 보장하는 전제하에 그 송전망 범위 내의 승인 또는 등록을 거친 재생가능에너지 발전항목의 연결 전기량을 우선 구매하도록 규정하자고 제안하였다. 광동粵電집단회사는 일부 재생가능에너지 발전회사는 재생가능에너지로 발전한 전력을 연결 판매하고자 하지 않고 독립적으로 전력을 공급하는 경제적 효과가 연결발전의 경제적 효과보다 클 수 있기에 전력회사의 전액구매의무만을 규정하는 것이 아니라 전력회사의 재생가능에너지 구매권리도 규정해야 한다고 제안하였다. 광동集華풍력에너지회사[193)]는 소수력발전을 제외한 기타 재생가능에너지 전력은 가격경쟁을 거친 연결에 참여하지 않도록 하자고 제안하였다. 광동廣電집단회사[194)]는 전력회사와 재생가능에너지 발전회사가 연결계약을 체결해야 한다는 내용을 도입하자고

---

193) 광동集華풍력에너지회사는 광동성에 위치한 대형 풍력발전회사로서 발전용량이 20.4MW에 달한다.

194) 광동廣電집단회사는 송전망의 경영을 주요업무로 하는 국유기업이다.

제안하였고, 광동集華풍력에너지회사는 자사는 이미 이러한 계약을
체결한 적 있다고 설명하였다.[195]

(2) 국무원 내부의 의견

전력감독관리위원회는 전력회사가 국가의 관련규정에 따라 허가
받은 재생가능에너지 발전회사와 연결배치계약을 체결하여 그 범위
내의 허가받은 재생가능에너지 발전회사의 연결전기량을 전액구매
하도록 규정하자고 제안했으며 또한 전력항목의 심사비준과 연결관
리를 분리시켜야 하며 발전업무허가제도를 증가시켜야 한다고 제안
하였다. 그 이유로 세 가지를 들었다. 첫째, 새로운 전력관리제도에
따르면, 전력항목의 준공 후 전력감독관리기관이 발급한 발전업무허
가증을 취득해야 발전을 경영할 수 있다. 둘째, 발전항목심사비준과
업무허가는 두 가지 서로 다른 감독관리조치인데 전자는 주로 항목
이 계획, 토지, 환경보호 등 정책에 부합되는지를 심사하며 후자는
주로 발전소가 전력업무경영에 종사하는 능력을 가졌는지를 심사한
다. 셋째, 전력업무허가는 항목심사비준의 기초 위에 진행하는 것으
로서 지속적인 감독관리조치이며 중복허가가 아니다.

국가자산관리위원회는 송전망의 안전을 보장하기 위해 재생가능
에너지전력이 풍부한 지역의 경우, 국가전력주관부문이 송전망이 받
아들일 수 있는 재생가능에너지전력의 할당에 대해 확정하고 사고
또는 긴급 상황에서 안전조치로 인하여 연결 전기량 할당량의 변화
가 발생하면 전력감독관리기관이 정황에 따라서 감소할 수 있도록

---

195) 「재생가능에너지법(초안)에 대한 지방과 중앙 관련부문, 기업의 의견」 제3항, 「재생가능에너
지법(초안)에 대한 광동성 관련부문, 기업의 의견」 제2.2항을 참고하여 재정리하였다.

규정하자고 제안했다.

수리부는 "국가에서 재생가능에너지를 현지에서 개발하고 가까운 곳에서 전력을 공급하며 소비하도록 한다. 자체발전 및 자체공급 이외의 연결전기량에 대해 전력회사는 반드시 전액구매해야 한다"는 내용을 추가하자고 제안했다. 그 이유는 재생가능에너지의 현지개발, 가까운 곳에서 공급하면 전력공급원가를 대폭 감소할 수 있고 송전망 안전을 제고하며 전력공업 분산, 분포식 공급의 발전전략에도 부합된다는 것이다.[196]

(3) 최종결정

결국 통과된 법령에는 "전력회사는 법에 의해 행정허가를 취득하였거나 또는 상부에 보고하여 등록한 재생가능에너지 발전회사와 연결계약을 체결하여 그 송전망 범위 내의 재생가능에너지 발전항목의 연결전기량을 전액구매하며 재생가능에너지 발전을 위해 연결서비스를 제공해야 한다"고 규정하였다.[197] 결국 국가전력감독관리위원회와 발전회사의 주장이 반영된 것이다. "연결계약 체결"과 "연결서비스 제공" 의무는 전액구매의 도입을 위해 필수적인 것으로서 도입에 큰 어려움이 없었고 발전허가제의 규정요구는 국가전력감독관리위원회의 주장이 반영된 것인데 이 역시 현재 시행되고 있는 전력관련 법령에서 발전에 대해 허가제를 시행하고 있기에 역시 크게 어려움은 없었다.

---

196) 「재생가능에너지법(초안) 관련문제에 대한 국무원법제판공실의 의견」 제1.2항을 참고하여 재정리하였다.
197) 「재생가능에너지법」 제14조.

<표 8> 전액구매의 도입 여부

초안	전액구매
국가전력감독관리위원회 전력기업연합회	전액구매, 연결계약 체결, 발전허가제
수리부	전액구매, 현지개발과 현지연결
강소성 국가전력망회사	전액구매, 연결계약 체결, 예외 인정 또는 재생가능에너지 풍부 지역의 할당제 도입
국가자산관리위원회 광동성 발전개혁위원회 남방전력망회사	전액구매 조건 도입 또는 재생가능에너지 풍부 지역의 할당제 도입
광동粵電집단회사	전액구매, 구매권리도 인정
광동集華풍력에너지회사	소수력발전만 경쟁가격제 시행
광동廣電집단회사, 광동集華풍력에너지회사	전액구매, 연결계약 체결
결론	전액구매, 연결계약 체결, 발전허가, 연결서비스 제공

2) 분류 전기요금

「재생가능에너지법」 초안 제23조에 의하면, 국가는 재생가능에너지 발전에 대해 분류 전기요금제도를 실시한다. 분류 전기요금은 국무원 가격주관부문이 서로 다른 유형의 재생가능에너지 발전의 특징에 근거하여 재생가능에너지 發展에 유리한 원칙에 따라 추산, 책정하며 정기적으로 사회에 공고한다. 그런데 재생가능에너지원별로 어떻게 요금을 책정할 것인지를 두고 다양한 이해당사자들 간에 서로 다른 의견이 제시되었다. 여기에서의 핵심 논점은 에너지의 지역별 차이가 전기요금에 반영되어야 하는 것이다.

(1) 지방정부, 기업, 학계의 의견

절강성, 흑룡강성, 광동성 발전개혁위원회, 광동성 기상국은 서로 다른 지역의 재생가능에너지 차이가 매우 크고 개발원가도 서로 다르기에 재생가능에너지의 분류 전기요금을 책정함에 있어 서로 다른 유형의 재생가능에너지를 고려하는 외에도 서로 다른 지역의 차이도 고려해야 한다고 주장하였다. 華能집단회사,[198] 항공공업제2집단회사, 광동集華풍력에너지회사, 광동원자력발전집단회사[199]도 서로 다른 지역의 차이를 고려할 것을 제안하였다. 이 밖에 중산대학교 공과대학도 동 문제에 대해 상술한 의견과 동일한 제안을 하였다.[200]

(2) 국무원 내부의 의견

국무원 내부에서는 분류 전기요금과 가격책정의 원칙에 대해 논의되었다.

우선, 분류 전기요금의 책정과 관련하여, 국가발전개혁위원회, 국무원연구실, 수리부는 재생가능에너지 발전의 원가에 있어서 비교적 큰 차이가 존재하며 동부와 서부의 대중들의 전기요금에 대한 접수 수준 역시 서로 다른 점을 고려해야 한다고 주장하였다.

다음으로, 가격책정의 원칙에 대해, 국가발전개혁위원회, 국유자산감독관리위원회는 "항목의 원금과 이자 상환 및 합리적인 이윤을 보장하는 원칙에 따라서 연결가격을 책정하자"고 제안하였고 수리부는 가격책정 시 환경보호가격을 고려하여야 한다고 주장하였는데 그 이유는 이를 통해 재생가능에너지발전을 촉진하고 생태환경을

---

198) 중국華能집단회사는 국무원의 비준을 거쳐 설립된 핵심 국유기업이며 2012년 5월 말 현재, 1.28억kW의 발전규모를 보유하고 있다.

199) 광동원자력발전집단유한회사는 초대형 청정에너지기업으로서 원자력 발전규모 612만kW, 풍력 발전규모 423만kW, 태양광 발전규모 21만kW, 수력 발전규모 161만kW를 보유하고 있다.

200) 「재생가능에너지법(초안)에 대한 지방과 중앙 관련부문, 기업의 의견」 제4항, 「재생가능에너지법(초안)에 대한 광동성 관련부문, 기업의 의견」 제2.4항을 참고하여 재정리하였다.

보호할 수 있다는 것이었다.

또한 전력감독관리위원회는 전기요금의 책정주체가 국무원 가격 주관부문과 전력감독관리기관으로 되어야 한다고 주장하였는데 그 이유는 재생가능에너지의 가격책정은 거시정책을 고려해야 하는 동시에 시장발전도 고려해야 하므로 양자의 공동 책정이 더욱 적절하다는 것이었다.[201]

(3) **최종결정**

결국 「재생가능에너지법」에서는 국무원 가격주관부문이 서로 다른 유형의 재생가능에너지 발전특징과 서로 다른 지역의 상황에 근거하고 재생가능에너지 개발이용의 촉진에 유리하고 경제 합리적인 원칙에 따라 책정하며 재생가능에너지 개발이용기술의 발전에 근거하여 적시에 조정하고 전기요금을 공포하도록 규정하였다. 즉, 수리부와 전력감독관리위원회를 제외하고 기타 의견은 전부 반영되어 에너지원별, 지역별 차이를 반영하도록 하였다.

<표 9> 분류 전기요금의 책정

초안	국무원 가격주관부문이 분류 전기요금 책정
국가발전개혁위원회, 국무원연구실, 수리부 절강성, 흑룡강성, 광동성 발전개혁위원회, 광동성 기상국	분류 전기요금 책정 시 지역차이 고려
華能집단회사, 항공공업제2집단회사, 광동集華풍력에너지회사, 광동원자력발전집단회사 중산대학교 공과대학	
국가발전개혁위원회, 국유자산감독관리위원회	원금과 이자 상환 및 합리적인 이윤을 보장하는 원칙에 따라 전기요금 책정

---

201) 「재생가능에너지법(초안) 관련문제에 대한 국무원법제판공실의 의견」 제1.5항을 참고하여 재정리하였다.

수리부	가격책정 시 환경보호가격 고려
전력감독관리위원회	국무원 가격주관부문과 전력감독관리기관이 공동으로 전기요금 책정
결론	국무원 가격주관부문이 서로 다른 유형의 재생가능에너지 발전특점과 서로 다른 지역의 상황에 근거하고, 재생가능에너지 개발 이용의 촉진에 유리하고 경제 합리적인 원칙에 따라 책정

3) **특정기업의** RPS

「재생가능에너지법」 초안 제18조에는 국무원 에너지주관부문이 석탄발전 설비용량에 근거하여 대형 발전회사의 재생가능에너지 전기량 지표를 규정할 수 있고 대형발전회사는 이를 반드시 집행해야 한다는 규정이 있었고 제35조에는 이를 집행하지 못할 시 대형발전회사에 상응하는 법적 책임이 규정되어 있었다. 이는 전반적으로 FIT제도를 시행하는 동시에 특정기업을 상대로 RPS제도를 제한적으로 도입하고자 한 시도였으며 이를 통해 대형 석탄발전회사의 석탄 사용 비중을 감소시키고자 한 것이었다. 이에 대해 특정 기업에 대해서만 RPS를 도입하는 것이 적절하다는 입장과 적절하지 않다는 입장이 개진되었다.

(1) **전국인민대표대회 상무위원회 내부의 의견**

전국인민대표대회 상무위원회 내부에서는 두 가지 의견이 제기되었는데 한 가지는 상술한 규정이 집행에 어려움을 가져올 것이기에 삭제하자는 것이었고, 다른 한 가지는 국가에서 거래 가능한 녹색증서제도의 시행을 추가하면 된다는 것이었다.[202]

(2) **지방정부, 기업·협회의 의견**

광동성 재정청은 강제할당의 규정이 여러 가지 소유제의 경제주체가 재생가능에너지의 개발이용에 참가하는 것을 장려하는 내용과 충돌되며 시장 평등경쟁의 원칙에도 부합되지 않는다고 하였다. 또한 대형 발전회사의 소재지역이 반드시 재생가능에너지 개발조건을 갖고 있는 것은 아니며 따라서 법률은 실제로부터 출발하고 그 지역에 알맞도록 규정하며 대형발전회사의 재생가능에너지 전기량 지표를 강제적으로 규정하지 말아야 한다고 주장하였다. 大唐집단회사, 華電집단회사, 절강華睿투자집단회사[203]는 초안에 이미 재생가능에너지의 개발이용에 대한 지원조치가 규정되어 있어 재생가능에너지의 개발에 충분한 경제이익이 보장되므로 이러한 강제적 규정을 별도로 둘 필요가 없으며 이러한 규정이 대형 석탄발전회사에만 적용되기에 공평하지 않고 시장주체의 평등원칙에도 위배된다고 주장하면서 동 조항과 관련 법적 책임 규정을 삭제할 것을 건의하였다.

요녕성, 상해시는 상술한 재생가능에너지 발전할당의 시행을 위해서는 부대조치의 도입이 필요한데 국외의 경험을 도입하여 녹색증서거래제도를 도입할 수 있다고 주장하였다. 전력기업연합회는 국무원 에너지주관부문은 전력기업 발전의 설비용량에 근거하여 재생가능에너지 전기량의 지표를 규정할 수 있고 재생가능에너지의 개발조건을 구비하지 못한 기업은 할당거래 등 방식을 통해 개발목표를 실현할 수 있도록 하자고 주장하였다.

---

202) 「10기 전국인민대표대회 상무위원회 제13차회의 재생가능에너지법(초안) 소조심의 의견」 제6항을 참고하여 재정리하였다.

203) 절강華睿투자집단회사는 창업투자에 종사하는 민간자본관리기관이다.

광동성 기상국, 광동粵電집단회사, 심천能聯전자회사,[204] 華能집단회사는 만약 할당지표를 규정하면 대형 석탄발전회사만을 대상으로 하지 말고 모든 발전회사가 할당지표를 부담해야 하며 할당지표를 거래할 수 있도록 명확히 규정해야 한다고 제안했다.

광동원자력발전집단회사는 대형발전회사의 범위에 대해 명확히 규정하여야 하며 원자력 또는 대·중형 수력발전 설비용량을 갖고 있는 기업에 대해 재생가능에너지 할당지표를 강제적으로 집행하지 말아야 한다고 주장했다.[205]

(3) 국무원 내부의 의견

외교부는 만약 재생가능에너지 지표를 대형발전회사가 반드시 집행해야 하는 의무로 규정하게 되면 중국의 관련기업들이 「교토의정서」에 규정된 '청정개발체제' 프로젝트(한 나라의 법률에서 강제적으로 요구하는 이외의 배출감소량만이 '청정개발체제'에 편입 가능)의 국제협력에 참여할 수 없게 되어 자금과 선진기술의 유치에 불리하며 관련기업에 경제손실을 야기할 가능성이 있다고 주장하였다. 국가자산관리위원회는 대형 발전회사의 재생가능에너지 할당지표문제를 신중하게 처리해야 하는데 그 이유로 대형 발전회사의 할당지표를 규정하면 재생가능에너지 개발의 시장화에 불리하고 발전회사에 대해서만 할당지표를 규정하고 전력이용자의 재생가능에너지 사용할당에 대해서는 규정하지 않으면 권리의무 평형의 각도에서 문

---

204) 심천能聯전자유한회사는 태양에너지 과학기술제품과 기술의 개발을 주요업무로 한다.

205) 「재생가능에너지법(초안)에 대한 지방과 중앙 관련부문, 기업의 의견」 제3항, 「재생가능에너지법(초안)에 대한 광동성 관련부문, 기업의 의견」 제2.3항을 참고하여 재정리하였다.

제될 수 있다는 것이었다.

국무원발전연구센터는 재생가능에너지 발전할당의 시행을 위해서는 부대조치의 도입이 필요한데 국외의 경험을 도입하여 녹색증서 거래제도를 도입할 수 있다고 주장하였다. 전력감독관리위원회는 대형 발전회사가 국가에서 확정한 전량지표에 따라 재생가능에너지를 개발해야 하고 재생가능에너지의 전기량 지표는 국무원 에너지주관부문이 국무원 전력감독관리기관과 함께 석탄발전 설비용량에 따라 확정할 것을 주장하였다. 비슷한 맥락에서 환경보호총국은 국무원 에너지주관부문이 환경보호주관부문과 함께 석탄발전 설비용량과 대기오염물질 배출량에 근거하여 대형 발전회사의 재생가능에너지 전기량지표를 규정할 수 있고, 지표가 확정된 후에는 대형 발전회사가 반드시 집행하도록 할 것을 주장하였다. 수리부는 국가에서 재생가능에너지 할당제와 녹색전력증서 거래제도를 시행하고 국무원 경제종합관리부문은 각 전력회사의 전력공급수량에 근거하여 일정한 재생가능에너지 전력공급 전기량 지표를 규정하며 지표의 확정 후 전력회사는 반드시 집행하도록 규정할 것을 주장하였는데 그 이유로 국제적으로 할당제의 시행주체는 전력회사이지 발전회사가 아니라는 것이다.[206]

(4) 최종결정

결국 전국인민대표대회 상무위원회 법률위원회는 환경자원보호위원회, 국무원법제판공실과의 연구를 거쳐, 동 사안에 대한 견해가

---

[206] 「재생가능에너지법(초안) 관련문제에 대한 국무원법제판공실의 의견」 제1.3항을 참고하여 재정리하였다.

크게 달라 아직 실천에서 좀 더 시험, 연구해야 하며 현 단계에서 입
법에 포함시키는 것은 무리이고 국무원이 필요하다고 판단하는 시
기에 규정을 할 수가 있다고 판단하여 동 조항을 삭제하였다.[207]

<표 10> 특정기업의 RPS

초안	대형 석탄발전회사의 RPS 도입
입법위원 외교부, 국가자산관리위원회 광동성 재정청 大唐집단회사, 華電집단회사, 華睿투자집단회사	조항 삭제
입법위원 국무원발전연구센터 요녕성, 상해시 전력기업연합회	녹색증서거래제 도입
수리부	녹색증거거래제 도입, 전력회사가 의무주체
광동성 기상국 광동粤電집단회사, 심천能聯전자회사, 華能집단회사	모든 기업의 RPS 도입, 녹색증서거래제 도입
광동원자력발전집단회사	원자력과 대·중형 수력발전은 RPS 배제
전력감독관리위원회, 환경보호총국	할당량 확정주체에 자체부문 포함 주장
결론	조항 삭제

4) FIT의 보완을 위한 RPS의 도입

개정 전의 「재생가능에너지법」은 비록 FIT제도를 규정하였지만
주로 송전망 포함범위 내 발전회사와 전력회사 간에 연결계약의 이
행을 통해 해결하며 시행에 있어 쌍방기업의 이익관계와 책임관계
가 명확하지 않아 전력회사에 대한 효과적인 행정통제수단과 보장

---

207) 「재생가능에너지법(초안)의 심의결과에 대한 전국인민대표대회 법률위원회 보고」 제4항을 참
　　고하여 재정리하였다.

구매지표요구가 결여되어 관련 전액구매의 규정을 실현하기 어려운 문제점이 존재하였다.

따라서 2009년의 「재생가능에너지법」 수정초안 제3조에서는 다음과 같은 규정을 두었다. "국무원 에너지주관부문은 국가전력감독관리기관, 국무원 재정부문과 함께 전국 재생가능에너지 발전량의 연도구매지표와 실시계획을 수립하고 전력회사가 달성해야 하는 재생가능에너지 FIT 발전량의 최저한도지표를 확정 및 공포한다. 전력회사는 최저한도지표에 의해 재생가능에너지 발전회사와 연결계약을 체결해야 하며 그 최저한도지표보다 적지 않은 연결 전량을 구매한다." 즉, 이는 FIT제도를 계속 시행하는 전제하에 새롭게 RPS제도를 결부시키고자 한 것으로서 RPS제도의 도입을 통해 FIT의 실현을 이룩하고자 한 것이다. 결국 RPS제도의 도입을 두고 중국에서 재차 논의가 전개되었다.

(1) 전국인민대표대회 상무위원회 내부의 의견

전국인민대표대회 상무위원회 내부에서는 FIT의 실현을 위한 RPS의 도입을 놓고 심각한 의견대립이 형성되었다.

찬성하는 입장에서는 다음의 의견이 제출되었다. ① 송전망의 구조상 화력발전이 반드시 일정한 비중을 차지할 것을 요구하고 남방의 소수력발전소는 수력 풍부시기 전액구매가 불가능하며 전액구매의 규정을 각 지방 송전망의 구조에 근거하여 각 송전망이 최대 구매 가능한 재생가능에너지 발전량의 지표를 제정하여야 한다. ② 기술조건, 송전망의 지원능력이 구비된 조건에서 최대한 재생가능에너지 발전의 전액구매를 실시하며 최저한도지표는 다만 과도적인 규정으로 하여야 한다. ③ FIT제도의 이행에는 너무 막대한 재정부담이 뒤따른다. ④ RPS를 도입하려면 국외의 녹색증서거래제도를 참조하여야 한다.

반면, 반대하는 입장에서는 다음의 의견이 있었다. ① 재생가능에너지 발전의 "FIT제도"와 재생가능에너지 발전량의 "연도구매지표", 전력회사가 재생가능에너지 발전량을 구매하는 "최저한도지표"의 규정은 상호 모순되며, "FIT"는 얼마를 발전하면 얼마를 구매해야 하는 것이나 전력회사는 "최저한도지표"의 구매의무를 완성하였다는 이유로 더 이상 구매하지 않을 수 있어 결코 "FIT"를 실현할 수 없게 된다. ② 전력회사가 재생가능에너지 발전량을 구매하는 "최저한도지표"를 도입하면 갓 발전하기 시작한 풍력발전에 대한 타격이 되고 실제로도 실행이 불가능한데 그 이유는 겨울이 풍력발전에 있어 가장 적합한 계절인데, 만약 11월에 이르러 전력회사의 구매지표가 완성되었다면, 전력회사는 지표를 초과한 발전부분에 대해 가격을 낮추어 풍력발전을 구매할 가능성이 있다. ③ 송전망 건설이 재생가능에너지의 연결수요에 적응되지 못하는 상황은 스마트 송전망을 건설하는 경제수단을 통해 해결해야 하며 지표의 확정과 계획의 수립 등은 모두 계획의 내용으로서 법률 자체에 규정할 내용이 아니다. ④ 국무원 에너지주관부문이 국가전력감독관리기관, 국무원 재정부문과 함께 전국 재생가능에너지 발전량의 전액구매방법을 제정하여 재생가능에너지 개발항목의 발전량에 대한 전액연결을 확보하며 국가전력감독관리기관과 지방정부의 에너지관리부문이 재생가능에너지 발전량의 전액연결 이용에 대한 감독관리를 책임지도록 하는 것을 통해 재생가능에너지 발전량의 전액연결을 보장해야 한다.[208]

(2) 지방정부와 기업의 의견

2009년의 법 개정에 앞서 전국인민대표대회 법률위원회와 전국인민대표대회 상무위원회의 법률업무위원회는 감숙성에 대한 조사연구를 진행하였으며 감숙성은 「재생가능에너지법」의 시행과 더불어 특히 풍력에너지와 태양에너지자원의 개발과 이용에 있어 비교적 빠른 발전을 가져왔다.

RPS의 도입에 대한 감숙성 정부의 의견은 전반적으로 부정적이었는데 감숙성 인민대표대회 재정경제위원회, 국가전력감독관리위원회 란주 전력감독관리판공실, 주천시[209]정부, 주천시 발전개혁위원회, 주천시 과학기술국의 의견은 다음과 같다. ① "전액구매"와 "최저한도지표"에 따라 구매하는 규정은 서로 모순되는데 "전액"과 "최저한도지표"가 일치하지 않으면 도대체 "전액"에 따라 구매해야 하는지 아니면 "최저한도지표"에 따라 구매해야 하는지의 문제가 발생한다. ② 「재생가능에너지법」의 시행과정에서 나타난 문제는 주로 재생가능에너지 발전항목건설과 송전망 건설이 맞물리지 못하여 재생가능에너지 발전을 제때에 송전망에 연결할 수 없게 된 것이다. 그 원인에는 일부 지방에서 송전망 건설의 진도를 고려하지 않고 소형풍력발전항목을 다투어 건설하는 등 계획 수립이 과학적이지 못

---

208) 「11기 전국인민대표대회 상무위원회 제10차회의 재생가능에너지법수정안(초안) 심의의견(十一屆全國人大常委會第十次會議審議可再生能源法修正案草案的意見)」 제3항을 참고하여 재정리하였다.

209) 주천(酒泉)시는 중국 서북부의 감숙성에 위치하여 있는데 재생가능에너지자원이 풍부하다. 우선 일조가 충족하고 광에너지자원이 풍부하며 연간 일조시수가 3033.4~3316.5시간에 달한다. 열량자원, 수력자원이 풍부하고 태양에너지와 풍력에너지의 개발잠재력이 크며 태양에너지의 연간 복사총량은 145.6~153.8킬로칼로리/제곱센티미터에 달한다. 또한 풍력에너지자원이 충족한데 풍력에너지자원의 전체 저장량은 1.5억kW에 달하고 개발 가능한 수량은 4000만kW 이상에 달해 전 성 저장량의 85% 이상을 차지한다. 중국에서 처음으로 허가한 천만kW급 풍력발전기지이기도 하다.

한 것과 송전망 기업의 송전망 건설 적극성이 높지 않은 점 등이 있다. 이들은 주로 법률시행과정에서 나타났고 점차 해결되고 있는 발전과정의 구체적인 문제이지 법률제도 자체의 문제는 아니다. 현 단계에 송전망 건설이 따라가지 못한다 하여 바로 법률의 "전액구매" 제도를 수정하는 것은 법률규정의 퇴보이다. ③ 정부부문은 기업에 대해 정확하고 합리적인 지령성적인 계획을 규정하기가 매우 어렵다. 만약 최저한도지표에 따라 구매하는 제도를 시행하면, 2대 전력회사는 각종 이유를 들어 정부부문에 최대한 최저한도지표를 낮게 책정해줄 것을 요구하게 될 것이고 정부부문은 기업이 제출한 이들 이유가 합리적인지 정확하게 판단할 수 없으며 정부부문과 전력회사가 흥정한 결과 전력회사의 요구를 더 많이 받아들일 가능성이 매우 크다. 이는 오히려 전력회사가 송전망 건설을 촉구하고 더욱 많은 재생가능에너지 발전량을 구매하는 데 불리하며 정부부문이 전력회사에 대해 최저한도지표를 하달하는 방법은 예상된 목적을 달성하기 어렵다. ④ 현행 법률에 규정된 "전액구매"제도에 대해 기계적이고 절대적인 이해를 하지 말아야 하는데 동 규정은 전액구매조건을 구비하였으나 전액구매하지 않는 행위를 대상으로 하며 감독관리기관도 실제집행에서 전액구매조건을 구비하지 못하여 전액구매하지 못하는 경우는 전액구매의무를 위반한 것으로 간주하지 않고 있다.

다만 감숙성 발전개혁위원회가 현재 송전망 건설이 낙후되고 재생가능에너지의 발전량에 대한 전액구매의 규정이 시행하기 어려운 상황에서 최저한도지표에 따라 구매하는 방법을 시행하여 FIT제도의 과도조치로 할 수 있다고 주장하였으며 돈황시정부는 태양에너지 열발전과 광발전에 대해 FIT제도를 시행하고 풍력발전에 대해 "최저한도지표" 구매제도를 시행하자고 주장하였다.[210]

기업체의 경우 RPS제도의 도입과 관련하여 다수가 반대의견을 내놓았다. 華能집단회사, 大唐집단회사, 國電집단회사,[211] 국가전력망회사,[212] 남방전력망회사,[213] 감숙성 전력투자집단회사,[214] 中材과학기술회사[215]는 FIT제도가 최저한도지표와 서로 모순되고 정부부문이 전국 재생가능에너지 발전량의 "연도구매지표", "최저한도지표"를 제정하는 것은 실현이 어려우며 현재 존재하는 송전망 건설의 문제는 경제기술발전, 통일계획, 심사비준관리, 부대제도의 문제로서 업무 중 경험을 총괄하여 해결해야 한다고 주장하였다. 다만 FIT제도 시행과정의 송전망 안전과 관련하여 국가전력망회사, 남방전력망회사는 발전회사가 전력회사와 협조하여 송전망의 안전을 보장해야 하고 안전과 기술조건규정에 부합되는 재생가능에너지 발전항목의 전기량만 구매할 수 있다는 입장인 반면 大唐집단회사, 國電집단회사는 발전회사의 안전협조의무는 연결계약의 내용으로서 단독으로 규정할 필요가 없고 전력회사가 송전망 안전이유를 악용할 가능성이 있다고 주장하여 약간의 차이를 보였다.

---

210) 「재생가능에너지법수정안(초안) 감숙성 조사연구상황 브리핑(可再生能源法修正案草案甘肅省調研情況簡報)」 제2.1항을 참고하여 재정리하였다.

211) 중국國電집단회사는 국무원의 비준을 거쳐 설립된 발전 위주의 전력집단으로서 2012년 8월 현재, 발전규모는 11,121만kW에 이르고 신에너지발전에 특색이 있으며 풍력 발전규모가 아시아 1위, 세계 2위를 자랑한다.

212) 국가전력망회사는 세계 최대의 공용사업기업이고 경영지역은 전국 26개 성, 자치구, 직할시를 포함하고 국토면적의 88%를 포함한다.

213) 남방전력망회사의 경영범위는 광동, 광서, 운남, 귀주와 해남을 포함한다.

214) 감숙성 전력투자집단회사는 감숙성 정부에서 출자하여 설립한 정책성 국유대형투자회사이다.

215) 中材과학기술주식유한회사는 주로 풍력발전설비 날개 등 제품을 연구개발, 설계, 제조한다.

RPS의 도입에 찬성을 표한 기업은 감숙성전력회사,[216] 주천초고압출력변압회사,[217] 돈황광발전유한회사[218]뿐이었다.[219]

(3) 국무원 내부의 의견

국무원 내부에서는 국가발전계획위원회만이 RPS의 도입에 찬성하였는데 다만 초안에 규정된 전국 재생가능에너지 발전량의 "연도구매지표", "최저한도지표"의 제정부서에 국가발전개혁위원회를 추가하고 "최저한도지표" 이행의 감독관리 부문을 "국가전력감독관리기관"에서 "국가발전개혁위원회"로 수정할 것을 주장하였다.

국무원법제판공실, 공업정보화부, 국가에너지국, 국가전력감독관리위원회 등 국무원의 다른 부서들은 모두 RPS의 도입에 반대하였는데 그 이유는 다음과 같다. ① 재생가능에너지 발전의 "전액구매"는 전력회사가 부담하는 재생가능에너지 발전량의 "최저한도지표"와 서로 모순되는데 만약 재생가능에너지 발전량의 "전액"과 규정된 "최저한도지표"가 일치하지 않은 경우, "전액"에 따라 구매할 것인지 아니면 "최저한도지표"에 따라 구매할 것인지의 문제가 발생하며 "최저한도지표"의 구매를 완성한 후 더는 잉여의 재생가능에너지 발전량을 구매하지 않아도 되기에 재생가능에너지 발전을 촉진하는 원칙에 부합되지 않는다. ② 풍력에너지, 태양에너지 등 재

---

216) 감숙성 전력회사는 국가전력망회사의 전액투자 자회사이다.

217) 주천초고압출력변압회사는 감숙성전력회사가 국가전력망회사의 초고압 출력 변압공정을 실현하기 위하여 설립한 지사이다.

218) 돈황광발전유한회사는 광발전회사이다.

219) 「재생가능에너지법수정안(초안)에 대한 중앙 관련부문과 일부 기업의 의견(中央有關部门和部分企業對可再生能源法修正案草案的意见)」 제2.1항, 「11기 전국인민대표대회 상무위원회 제10차회의 재생가능에너지법수정안(초안) 심의의견」 제3항을 참고하여 재정리하였다.

생가능에너지의 발전량은 자연요소의 영향을 크게 받는데 1년 내 풍력의 크기와 태양광의 다름에 따라 발전량도 다르며 사전에 실제에 부합되는 연도 "지표"를 규정하기도 어려우며 따라서 전국 재생가능에너지 발전량의 "연도구매지표", "최저한도지표"를 제정하는 것은 현실성이 없다. ③ 현재 송전망 건설은 중국의 재생가능에너지 전력발전을 제약하는 주요 요소이고 일부 지방정부가 객관조건을 무시하고 과도하게 5만kW 이하의 풍력발전항목을 비준하며(국무원의 관련규정에 따르면 풍력발전 설비용량이 5만kW 이상인 항목은 국무원 투자주관부문이 비준), 풍력발전항목과 그 부대 연결의 송전망 건설이 따르지 못해 재생가능에너지 발전의 연결에 영향을 미치는데 이러한 문제는 주로 경제기술발전, 통일계획, 심사비준관리, 부대제도의 문제로서 업무 중 경험을 총괄하여 해결해야지 결코 법률제도의 문제는 아니다.[220]

(4) **사회대중의 의견**

「재생가능에너지법」의 개정에서는 개정초안을 인터넷에 공개하여 사회대중으로부터 의견을 받았으며[221] 그 결과 역시 RPS도입에 대한 반대입장이 다수를 차지하는 것으로 나타났다.

소수의 찬성의견은 각종 재생가능에너지의 상황이 크게 다르기에 서로 다른 유형의 재생가능에너지에 입각해 전국 재생가능에너지 발전량의 "연도구매지표와 실시계획", "최저한도지표"를 작성할 것

---

220) 「재생가능에너지법수정안(초안)에 대한 중앙 관련부문과 일부 기업의 의견」 제2.1항을 참고하여 재정리하였다.
221) 2009년 8월 28일에서 9월 30일까지 79인이 254건의 의견을 제출하였다.

을 주장하였다.

반면에 다수 반대의견의 이유는 다음과 같다. ① "전액보장구매"와 "최저한도지표"에 따라 구매하는 제도는 모순되는데, 예를 들어 전력회사의 연도 재생가능에너지 전기량 구매에 대해 "최저한도지표"를 규정하였다면 그 송전망 범위 내 재생가능에너지 발전회사의 실제 생산능력이 "최저한도지표"를 초과하게 되면 지표를 초과한 부분에 대해서는 "전액보장구매"를 실현할 수 없다. ②재생가능에너지 발전은 임의성과 간헐성이라는 특징을 갖고 있는데 실천에서 정부의 관련부문은 과학적이고 실행 가능한 "연도구매지표와 실시계획", "최저한도지표"를 작성하기 어렵다. ③「재생가능에너지법」의 시행 중 존재하는 재생가능에너지 발전항목 부대 송전망의 건설이 따르지 못하고 중복건설이 존재하는 등 문제는 경제발전 중의 문제이지 법률제도 자체의 문제는 아니며 점차 계획지도와 심사관리의 강화, 정부지원과 시장제도의 개선, 관련 부대규정의 제정 등을 통해 해결할 수 있다. ④「재생가능에너지법」에 규정된 FIT제도는 기본적으로 실행 가능하고, FIT제도는 결코 "발전하는 대로 구매하는" 것이 아니라 "송전망의 범위 내에 있고 연결 기술표준에 부합되어야 하는" 보장조건이 있다. ⑤ 재생가능에너지 송전망 연결의 투자가 비교적 커 전력회사의 적극성이 크지 않고 재생가능에너지 발전의 연결에 영향을 미치기에 전력회사의 송전망 건설과 연결책임을 명확히 해야 한다.222)

---

222) 「재생가능에너지법수정안(초안)에 대한 사회대중의 의견(社會公眾對可再生能源法修正案草案的意見)」 제2.1항을 참고하여 재정리하였다.

(5) **최종결정**

　전국인민대표대회 법률위원회는 전국인민대표대회 환경자원보호
위원회, 국무원법제판공실, 국가에너지국, 국가전력감독관리위원회
와 공동으로 연구를 거쳐 재생가능에너지 발전을 촉진하기 위해 국
무원 에너지주관부문이 국가전력감독관리기관, 국무원 재정부문과
함께 전국의 재생가능에너지 개발이용계획에 따라 계획기간 내 달
성해야 하는 재생가능에너지 발전이 전체 발전량에서 차지하는 비
중을 확정하고 전력회사가 우선 배치 및 전액구매해야 하는 재생가
능에너지 발전의 구체방법을 제정하며 국무원 에너지주관부문이 국
가전력감독관리기관과 함께 해당 연도에 독촉, 실현하도록 규정하였
다. 또한 전력회사의 송전망 건설의무와 발전회사의 송전망 안전협
조 의무를 규정하고 송전망 연결 기술표준에 부합되는 재생가능에
너지 발전량은 전액구매하도록 규정하였다.[223]

<표 11> FIT의 보완을 위한 RPS의 도입

개정안 초안	연도구매지표와 실시계획을 작성, 전력회사의 최저한도지표 확정 및 공포
입법위원 국무원법제판공실, 공업정보화부, 국가에너지국, 국가전력감독관리위원회	반대
감숙성 인민대표대회 재정경제위원회, 국가전력감독관리위원회 란주 전력감독관리판공실, 주천시정부, 주천시 발전개혁위원회, 주천시 과학기술국華能집단회사, 大唐집단회사, 國電집단회사, 국자전력망회사, 남방전력망회사, 감숙성전력투자집단회사, 中材과학기술회사 다수의 사회대중	반대

---

223) 「재생가능에너지법」 제14조.

입법위원 국가발전계획위원회 감숙성 발전개혁위원회 감숙성전력회사, 주천초고압출력변압회사, 돈황광발 전유한회사 소수의 사회대중	찬성
결론	재생가능에너지 발전비중을 확정, 전 력회사가 우선 배치 및 전액구매해야 하는 재생가능에너지 발전 구체방법 제정, 해당 연도에 독촉, 실현

5) 평가 및 문제점

　재생가능에너지 발전 전액구매의 도입과 도입 시 연결계약을 체결하는 데 대해 각 이해관계자들은 대체로 이견이 없었으나 다만 예외를 인정하거나 재생가능에너지가 풍부한 지역에서 할당제를 도입하자는 주장이 강소성, 광동성 정부와 국가자산관리위원회 및 전력회사를 중심으로 제기되었다. 이들은 특정 상황에서 부득이하게 재생가능에너지를 전액구매하지 못할 것을 우려하였는데 할당제의 도입은 중국의 현실에서 초기에 재생가능에너지를 발전시키는 데 불리하였고 법의 일반이론상 사고나 재생가능에너지의 현지 생산이 받아들일 수 있는 한도를 초과하는 등의 특정 상황이 발생하여 부득이하게 재생가능에너지를 전액구매하지 못하게 될 경우는 현실에서 당연히 의무가 면제될 것이므로 이에 대해 법에서 재확인할 필요는 없었던 것으로 판단된다.

　중국 각 지역 재생가능에너지자원 보유량의 차이 및 경제적 차이성을 고려하여 각 지역에 대해 서로 상이한 가격을 책정하도록 한 것은 중국의 실정에 부합하며 중국에서 가격책정의 주관부문이 국가발전개혁위원회인 점을 감안하면 전력감독관리위원회의 제안을 거부한 것은 합당하다. 하지만 재생가능에너지 발전의 가격을 책정함에 있어 환경보호가격을 고려하자는 수리부의 제안이 받아들여지지 않은 것은 아쉬운 점이 남는데 이 역시 다른 측면에서 중국의 재생가능에너지 발전정책이 환경보호에 대한 고려가 부족하다는 반증으로 된다.

이렇게 중국의 RPS제도 도입에 있어 1차 시도는 좌절되었다. 특히 입법위원, 중앙정부의 일부 부처, 지방정부, 기업체 등 다양한 주체들은 특정 기업만을 상대로 RPS제도를 도입하는 것이 시장주체 평등의 원칙에 위배되어 문제가 된다는 입장을 보였고 기타 주체들도 전반적으로 이러한 RPS제도의 도입에 동의를 하더라도 녹색증서 거래제도와 같은 내용을 보완해야 한다고 주장하였다. 초안에 포함되었던 하나의 주요한 제도가 이렇게 전체 삭제되는 상황은 중국의 입법과정에 있어서도 결코 흔치는 않으며 따라서 동 조항에 대한 반대가 만만치 않았음을 알 수 있다. 또한 중앙정부 부처 내부에서도 국가발전개혁위원회, 전력감독관리위원회, 환경보호총국 등의 기구들이 만약 이러한 RPS제도를 도입할 경우 그 할당량의 확정주체자격을 놓고 권력다툼이 있을 수 있음을 예상할 수 있는데 이 역시 동 조항이 최종 삭제된 하나의 이유로 판단된다. 비록 1차의 RPS제도 도입시도는 이렇게 좌절되었으나 중국에서 RPS제도의 도입에 대한 논의는 계속되었고 결국 2009년의 「재생가능에너지법」 개정 당시에 다시 한 번 전반적으로 논의되었다.

2005년의 「재생가능에너지법」 제정에 이어 중국은 2009년에도 RPS제도의 도입을 시도하였으나 막대한 반대에 부딪쳐 결국 그 도입에 실패한 것으로 판단된다. 입법위원, 국무원의 각 부문, 지방정부, 기업, 사회대중을 포함하여 다양한 반대의견을 제시하였는데 대체적으로 FIT제도와 전력회사에 대한 최저한도 구매지표의 양립 가능성, 구체적인 최저한도 구매지표 확정의 어려움, 현실에 존재하는 송전망의 건설문제 등이 주체를 이루었다. 중국에서 이번에 도입하고자 한 RPS제도는 미국이나 영국 등 국가에서 시행하고 있는 RPS제도와는 큰 차이점을 보이는데 이는 단지 현존하는 송전망 연결의 어려움을 해소하기 위한 장치로 설정되어 일종의 정부 지령성적인 RPS제도였다.

특히 국무원의 각 부문 중 국가발전개혁위원회만이 이러한 RPS제도의 도입을 적극 추진하고자 하였는데 이 과정에서 그 관리를 받는 국가에너지국에서도 반대하고 나서는 상황이 발생하였다. 하지만 그러함에도 불구하고 최종 입법에서는 국가발전개혁위원회의 입장이 일부 반영되었는데, 즉 "재생가능에너지 발전비중을 확정, 전력회사가 우선 배치 및 전액구매해야 하는 재생가능에너지 발전 구체방법 제정, 해당 연도에 독촉, 실현"하도록 규정한 부분이다. 하지만 이러한 내용이 과연 부분적인 RPS제도의 도입으로 간주할 수 있는지에 대해서는 논란의 여지가 있다.

즉, 재생가능에너지 발전량이 전체 발전량에서 차지하는 비중을 확정하도록 한 내용에 대해 중국이 현행 FIT제도에 더불어 RPS를 병행하거나 또는 RPS도입을 고려하고 있다고 해석할 소지도 있다. 하지만 이는 국가의 계획차원에서 국가 전체적으로 재생가능에너지의 발전이 전체 발전 중 차지하는 비중을 규정하겠다는 것으로 해석할 수도 있으며 이런 관점에서 보면 이는 RPS와는 별개의 내용이다.

즉, 국가차원의 전체계획이지 각 발전회사 또는 전력회사를 상대로 일정한 비중의 재생가능에너지 발전을 하도록 의무를 부과하자는 것은 아니다. 그러함에도 불구하고 "전력회사가 우선 배치 및 전액 구매해야 하는 재생가능에너지 발전 구체방법 제정, 해당 연도에 독촉, 실현"하도록 한 부분에 있어서는 전력회사에 대해 일정한 양적 의무를 지우고자 하는 의도로 해석될 수 있다. 물론 그 전제는 이러한 구체방법이 제정되어야 하는 것이다. 하지만 2012년 12월 18일 현재, 즉 법 개정이 이루어진 3년 후에도 그 구체방법이 출범하지 못한 점을 보면 그 출범이 현실에서 많은 반대에 부딪치고 있다는 증거이기도 하다. 따라서 이러한 내용은 그 구체방법의 출범 전까지는 실제적으로 시행의 가능성이 없어 보이며 「재생가능에너지법」의 적용범위에 수력발전을 포함시키는지 여부에 대한 문제와 마찬가지로 장기간 논란 속에서 현상이 유지될 것으로 보인다. 현재 논의 중에 있는 「재생가능에너지전력할당관리방법(可再生能源電力配额管理辦法)」에서는 할당제도의 3대 주체에 발전회사, 전력회사와 지방정부를 포함시키고 있다. 이 중에서 전력회사는 재생가능에너지 전력할당 시행의 책임주체이고 대형 발전투자회사는 재생가능에너지 전력생산의 의무주체이며 각 성급 정부는 재생가능에너지 전력할당 소비의무의 행정책임 주체이다. 이러한 할당제도가 도입된다 하더라도 이는 다만 일정한 정도에서 일부 문제를 해결할 수 있을 뿐이고 전부의 문제를 해결할 수는 없으며 따라서 이는 다만 과도조치일 수밖에 없다. 근본적으로 문제를 해결하려면 여전히 전력체제, 전기요금제도 및 산업정책, 시장자원배치 등 측면에 있어서 종합적으로 해결해야 한다.

물론 이러한 현실 속에서도 중국에서는 RPS제도와 FIT제도 특히 RPS제도에 대한 연구가 계속될 것이며 향후의 법 개정에서 다시 한 번 문제화 될 가능성이 매우 크다. 특히 현실을 살펴보면 FIT제도에서 RPS제도로의 전환은 충분한 연구를 거쳐야 할 상황이며 FIT제도에 기반한 일부 RPS 내용의 병행에도 신중을 기해야 한다.

사회적으로 다수의 반대를 받았고 또한 중앙정부 차원에서도 국가에너지국, 국가전력감독관리위원회, 국무원법제판공실, 공업정보화부 등 다수의 반대를 받았지만 FIT와 결부된 RPS를 도입하자는 국가발전개혁위원회의 주장은 결국 삭제되지는 않고 상당부분 보류된 점을 보면 중앙정부의 재생가능에너지 정책입안에 있어 국가발전개혁위원회의 지위를 충분히 짐작할 수 있다. 이는 다른 한 미결문제인 수력발전의 「재생가능에너지법」 적용범위 포함문제에 있어서도 반영되었다. 즉, 동 문제에서도 국가발전개혁위원회는 다른 부문들과 의견 차이를 보여 결국 에너지 주관부문(국가발전개혁위원회)이 결정하고 국무원이 비준하도록 되었으나 아직 해결되지 못한 상태로 남아있는 실정이다. RPS의 도입문제에 있어서도 에너지 주관부문이 국가전력감독관리위원회 및 재정부와 함께 시행세칙을 제정하도록 위임하고 있는데 위에서 언급하였듯이 이 분야에서 국가발전개혁위원회와 국가전력감독관리위원회 및 국가에너지국의 의견 차이가 커서 당분간 해결되기 어려운 상황이다. 더 나아가 아직 에너지 주관부문이 과연 국가발전개혁위원회인지 아니면 국가에너지국인지에 대해서도 명확화가 필요한 실정이다. 결과적으로 이러한 시행세칙의 제정은 난항을 계속할 것이고 설령 의견조정을 통해 도입이 된다 하더라도 과연 법률의 개정에서 나중에 이 부분을 다시 논의할지는 두고 보아야 할 부분이다. 만약 시행세칙이 잘 이행된다면 그 도입을 법률화하자는 주장이 힘을 얻게 될 것이나 그렇지 않을 경우에는 반대로 된다. 물론 이러한 경우에도 FIT를 배제하는 전형적인 RPS의 도입을 주장하는 경우가 발생할 가능성이 있으며 앞으로 FIT와 RPS를 둘러싼 논란은 계속될 것이 틀림없다.

6) 소결

중국은 「재생가능에너지법」의 입법 및 개정과정에 모두 RPS제도와 비슷한 지표제도를 도입하고자 시도하였으나 모두 강력한 반대에 막혀 실패하였다. 즉, 법의 제정과정에서는 대형 발전회사에 재생가능에너지 전기량 지표를 부과하고자 하였으나 이는 대형 발전회사에 대한 차별이라는 강력한 반대를 받았고 법의 개정과정에서는 전체 전력회사를 대상으로 재생가능에너지 전기량의 지표를 부과하고자 하였으나 이 역시 많은 이해관계자의 반대를 받아 결국 무산되었다. 중국이 두 차례 지표의 도입을 시도한 것은 강제적인 지표가 없이 재생가능에너지의 발전이 이루어지기는 매우 어렵다는 판단과 특히 FIT제도하에서 전력회사의 송전망 연결의무를 어떻게 시행할지에 대한 고민의 결과이다. 하지만 FIT제도와 강제적인 지표를 어떻게 접목시킬 것인지에 대해 시행 가능한 방법을 찾는 데 실패한 것으로 판단된다. 그 이유는 강제적인 지표를 설정할 시 그 지표를 달성한 후 FIT 의무도 충족시켜야 하는가 하는 데 있다. 즉, 서로 큰 차이가 나는 FIT제도와 RPS제도를 과연 병행하여 사용하는 것이 가능한지 그리고 어떠한 방식을 취해서 사용할 수 있을지에 대해 명확한 방법을 찾지 못한 것이다. 이런 상황에서 지금과 같이 재생가능에너지의 비중은 추후에 정하기로 하였고 실제로 그 후에 이러한 비중이 정해지지 못하고 다만 국가의 계획차원에서 강제력이 없는 비중만 설정이 되고 있다. 이는 관련 논의가 추후에도 끊임없이 계속될 것임을 시사한다. 즉, FIT와 RPS제도를 둘러싼 공방은 계속될 것이다. 이런 상황으로 미뤄볼 때 중국은 독일, 미국, 일본, 한국을 비롯한 다수 국가의 발전사례를 면밀히 검토하여 추후에 다시 결정을 내려야 할 것이다.

5. 전력회사, 발전회사 및 전력이용자의 이익조정

재생가능에너지의 발전과 관련하여 전력회사, 발전회사 및 전력이용자 등의 다양한 이해관계자가 존재하며 이들의 이익을 어떻게 조정하는지 역시 중요한 문제로 된다. 따라서 「재생가능에너지법」의 제정과 개정과정에서 발전차액을 누가 부담할 것인지, 재생가능에너지발전기금을 어떠한 용도로 사용할 것인지, 송전망 건설의 비용을 누가 부담할 것인지 등의 문제에 대해 논의가 진행되었다.

1) 발전차액의 부담주체

「재생가능에너지법」 초안 제24조에 의하면 전력회사가 정부에서 규정한 전기요금 또는 입찰 전기요금에 따라 재생가능에너지를 구

매할 시 발생되는 비용과 전통에너지 발전의 평균 전력가격으로 계
산한 비용 사이의 차액은 판매하는 전기요금에 분담시키며 구체방
법은 이 법의 시행 후 1년 내 국무원 가격주관부문이 제정한다.

(1) 지방정부, 기업, 학계의 의견

광주시 경제위원회는 재생가능에너지 전기요금과 전통에너지 전
기요금 사이의 차액을 모두 이용자에게 분담시켜서는 안 되고 투자
원가와 적당한 이윤을 보장하는 전제하에 재생가능에너지 발전회사
와 전력회사도 공동으로 부분 차액을 부담해야 하며 재생가능에너
지의 발전을 위해서는 국가에서 더욱 큰 책임을 부담해야 한다고 제
안하였다.

광동集華풍력에너지회사는 기존에 동 차액을 전기이용자들에게
분담시키고 있다고 설명하였고 항천과학공업집단회사는 차액을 재
정에서 일정 비중의 보조금을 제공해야지 구매자의 부담을 증가시
키지 말아야 한다고 주장하였다. 북경대학교[224]는 차액을 재정에서
일정 비중의 보조금을 제공해야 한다고 주장하였다. 전국변호사협회
는 기술의 발전, 발전원가의 하락과 더불어 차액도 점차 감소할 것
이기에 국무원 가격주관부문은 정기적으로 또는 비정기적으로 비용
분담에 대해 조정해야 한다고 주장하였다.[225]

---

224) 구체적으로 북경대학교의 어느 부문 또는 어느 교수의 입장인지는 밝혀지지 않고 있다.

225) 「재생가능에너지법(초안)에 대한 광동성 관련부문, 기업의 의견」 제2.4항, 「재생가능에너지법
(초안)에 대한 지방과 중앙 관련부문, 기업의 의견」 제4항을 참고하여 재정리하였다.

(2) 국무원 내부의 의견

중앙정책연구실은 재정에서 일정 비중의 보조금을 제공하자고 제안하였다. 수리부, 국가발전개혁위원회, 국유자산감독관리위원회는 발전차액을 이용자가 부담하고 전국범위 내에서 분담시키며 국가는 판매전기 가격 부가를 통해 재생가능에너지발전기금을 설립하여 발전차액의 분담에 전액 사용하도록 하자고 제안하였다.

전력감독관리위원회는 국무원 가격주관부문과 국무원 전력감독관리기관이 공동으로 차액분담에 대한 구체적인 방법을 제정해야 한다고 제안하였다. 그 이유는 재생가능에너지 비용분담의 확정에 있어 거시정책을 고려해야 할 뿐만 아니라 시장발전도 동시에 고려해야 하기에 양자가 공동으로 제정함이 적합하다는 것이었다.[226]

(3) 최종결정

결국 「재생가능에너지법」에서는 발전차액에 대해 판매 전기요금 중에 부가하여 분담시키며 구체적인 방법은 국무원 가격주관부문이 제정하도록 규정하였다.

<표 12> 발전차액의 부담주체

초안	이용자 부담
중앙정책연구실 항천과학공업집단회사 북경대학교	국가 부담
광주시 경제위원회	국가가 주로 부담하고 이용자, 전력회사, 발전회사도 부담

---

226) 「재생가능에너지법(초안)에 대한 지방과 중앙 관련부문, 기업의 의견」 제4항, 「재생가능에너지법(초안) 관련문제에 대한 국무원법제판공실의 의견」 제1.5항을 참고하여 재정리하였다.

수리부, 국가발전개혁위원회, 국유자산감독관리위원회 광동集華풍력에너지회사	이용자 부담
국가전력감독관리위원회	국무원 가격주관부문과 국무원 전력감독관리기관이 공동으로 차액부담 구체방법 제정
결론	이용자 부담

2) 재생가능에너지발전기금의 설립

2009년의 「재생가능에너지법」 개정에서 재생가능에너지발전기금의 설립문제가 논의되었는데 그 배경은 다음과 같다. 당시 중국은 이미 재생가능에너지발전 부가요금제도를 수립하여 발전차액을 지원하였다. 그 징수기준은 0.002위안/kWh였는데 2009년에 45억 위안 가량을 징수할 것으로 예측되었다. 당시 「재생가능에너지법」과 관련 부문규정에 따라 재생가능에너지발전 부가요금은 전력회사의 망간결산방식으로 조정, 분배되었는데 주로 두 가지 문제점이 존재하였다. 첫째는 재생가능에너지발전 부가요금을 전력회사의 수입으로 계산하여 부가가치세와 소득세 등을 납부하게 되었는데 이들이 부가요금의 1/3을 차지하였다. 둘째는 부가요금의 조정, 분배주기가 길었기 때문에 제때에 배치될 수 없어 전력회사의 자금압박이 비교적 컸으며 또한 장기적인 관점에서 부가요금의 규모도 끊임없이 확대될 예정이었기에 이에 대한 관리도 문제시되었다. 상술한 부가요금을 제외하고도 중국은 재생가능에너지발전전문자금을 설립하여 다음의 활동을 지원하였다. ① 재생가능에너지 개발이용의 과학기술 연구, 표준제정과 시범공정. ② 농촌, 목축업구의 재생가능에너지 이용항목. ③ 편벽한 지역과 섬의 재생가능에너지 독립 전력시스템 건설. ④ 재생가능에너지의 자원탐측, 평가와 관련 정보시스템 건설.
⑤ 재생가능에너지 개발이용설비의 현지화생산 촉진. 따라서 재생가
능에너지발전전문자금과 부가요금을 합쳐 재생가능에너지전문기금
을 설립하자는 주장이 제기된 것이다.

「재생가능에너지법」 개정안의 제4조, 제5조에 의하면, 전력회사가
재생가능에너지 발전 전력을 구매함으로써 발생하는 비용과 전통에
너지로 발전하는 평균 전기요금 사이의 차액은 전국 범위에서 전력
을 판매할 시 징수하는 재생가능에너지발전 부가요금으로 보상하며
부가요금은 재생가능에너지발전기금에 열거하여 관리한다. 국가는
정부기금 성격의 재생가능에너지발전기금을 설립하고 그 구성은 국
가재정연도에 배치한 전문자금과 징수한 재생가능에너지발전 부가
요금 등으로 이루어지며 기금의 관리방법은 국무원 재정주관부문이
국무원 에너지, 가격 등 관련 주관부문과 함께 제정한다고 규정하였
다. 또한 그 용도에 대해서는 다음의 내용을 열거하였다. ① 재생가
능에너지 개발이용과 송전망 연결의 과학기술연구, 표준제정, 측정
인증과 시범공정. ② 농촌, 목축업구의 재생가능에너지 이용항목. ③ 편
벽한 지역과 섬의 재생가능에너지 독립 전력시스템 건설. ④ 재생가
능에너지의 자원탐측, 평가와 관련 정보시스템 건설. ⑤ 재생가능에
너지 개발이용설비의 현지화생산 촉진. ⑥ 발전차액 지원. ⑦ 송전
망 연결비용 및 기타 관련비용 중 전력회사가 전기판매를 통해 회수
할 수 없는 부분은 재생가능에너지발전기금에 보조를 신청할 수 있다.

(1) 전국인민대표대회 상무위원회 내부의 의견

재생가능에너지발전기금의 설립 및 용도와 관련하여 전국인민대

표대회 상무위원회 내부에서는 다음의 의견이 제시되었다. ① 발전 차액을 보상하기 위한 부가요금을 재생가능에너지발전기금에 포함시키면 배분의 주기가 너무 길어진다. ② 재생가능에너지발전기금의 용도에 재생가능에너지발전에 대한 세금감면과 환급의 비용을 포함시켜야 한다. ③ 재생가능에너지발전기금을 어떻게 할지는 국무원 및 재정부의 관할범위이고 법률에서는 다만 국가에서 기금을 설립하도록 규정하기만 하면 되며 기타 구체내용에 대해서는 규정할 필요가 없다. ④ 재생가능에너지발전기금의 관리방법은 국무원 재정부문이 국무원 에너지, 가격 등 주관부문과 함께 제정하여 국무원의 비준을 거친 후 집행하여야 한다.[227]

(2) **지방정부와 기업의 의견**

지방정부는 주로 재생가능에너지발전기금의 범위와 용도에 대해 다음의 의견을 제출하였다. 국가전력감독관리위원회 란주 전력감독관리판공실은 재생가능에너지발전 부가요금을 재생가능에너지발전기금에 포함시켜 보조의 방식으로 운영하여 부가요금의 분배업무량이 크고 주기가 길며 제때에 배치되지 못하고 보조가 모자라는 문제를 해결할 것을 제안했다. 주천시정부는 송전망 건설에 거대한 자금이 수요되어 전력회사가 전부 부담하기에는 어려움이 있고 또한 불합리하며 전력회사의 송전망 건설 적극성에 영향을 주기에 재생가능에너지발전기금의 용도에 부대 송전망 건설에 사용하는 내용을 추가하자고 제안했다. 주천시 발전개혁위원회는 대규모 재생가능에

너지 발전기지의 외부수송 송전망 수송배치 및 저장기술연구를 지원
하는 내용을 재생가능에너지발전기금의 용도에 포함시키자고 제안했
다. 주천시 재정국은 재생가능에너지기지의 육성과 발전을 지원하는
내용을 재생가능에너지발전기금의 용도에 포함시키자고 제안했다.

기업들의 경우도 재생가능에너지발전기금의 용도에 대해 다음의
의견을 제시하였다. 감숙성전력회사와 주천초고압수송변압회사는
대형 풍력발전기지의 송전망 부대 수송공정을 지원하는 내용을 재
생가능에너지발전기금의 용도에 포함시키자고 제안했다. 국가전력
망회사, 남방전력망회사는 재생가능에너지발전의 송전망 비용을 재
생가능에너지발전기금의 사용범위에 포함시키자고 제안했다. 國電
집단회사는 재생가능에너지의 송전망 비용은 매우 커 기금으로 보
상이 어려우며 전력회사가 부담해야 한다고 주장했다. 華能집단회사
는 시험풍력발전소, 해상풍력발전소, 태양에너지발전소 등 재생가능
에너지항목에 대한 지원을 재생가능에너지발전기금의 용도에 추가
해야 한다고 제안했다.[228]

(3) 국무원 내부의 의견

재정부, 국가에너지국은 발전차액에 대한 지원을 재생가능에너지
발전기금에 포함시켜 고정보조의 형태로 운영하고 재생가능에너지
발전기금의 출처를 "징수한 재생가능에너지 발전 부가요금"에서
"전국범위 내에서 전기량 판매가격 외 양에 따라 징수한 자금"으로
수정하자고 제안했는데 그 이유는 다음과 같다. 첫째, 전기요금 외

---

228) 「재생가능에너지법수정안(초안) 감숙성 조사연구상황 브리핑」 제2.3항, 「재생가능에너지법수
　　정안(초안)에 대한 중앙 관련부문과 일부 기업의 의견」 제3항을 참고하여 재정리하였다.

에 판매 전기량에 대해 기금을 징수하는 방식으로 자금을 마련하면 재생가능에너지의 발전 및 발전수요 등 상황에 근거하여 적시에 징수표준을 조정하는 데 유리하다. 둘째, 재생가능에너지발전 부가요금을 취소하여 재생가능에너지 발전과 전통에너지 발전에 대해 가격통일을 실현하면 전기요금시장의 통일에 유리하고 정부는 재생가능에너지발전기금을 이용하여 재생가능에너지발전항목에 대해 그 연결 전기량에 따라 정액의 보조를 제공하며 이는 공평하고 융통성이 있으며 투명하고 감독에 편리하다. 또한 국가에너지국은 전력회사가 재생가능에너지 전량의 구매를 위해 지불한 송전망 비용과 기타 비용을 재생가능에너지발전기금에서 배치하자고 제안했고 국가전력감독관리위원회는 재생가능에너지발전기금의 용도에 재생가능에너지발전의 안전성평가를 추가하자고 제안했다.

이밖에, 국가발전개혁위원회는 「재생가능에너지발전기금관리방법」의 제정부서에 국무원 투자주관부문을 추가할 것을 제안했고 국가전력감독관리위원회는 국가전력감독관리기관을 추가할 것을 제안했다.[229]

(4) 사회대중의 의견

사회대중은 재생가능에너지발전기금을 통해 재생가능에너지발전에 대해 고정액수의 보조를 하고 재생가능에너지발전 부가요금, 전기요금과 분리하여야 하며 재생가능에너지발전 부가요금은 전기요금과 별도로 관리해야 한다고 제안했다. 또한 재생가능에너지발전

---

[229] 「재생가능에너지법수정안(초안)에 대한 중앙 관련부문과 일부 기업의 의견」 제3항을 참고하여 재정리하였다.

부가요금의 징수와 조정에 대해 청문과 논증을 진행해야 한다고 제
안했다.[230]

(5) **최종결정**

결국 「재생가능에너지법」에서는 다음과 같은 규정을 하였다. 국
가재정은 재생가능에너지발전기금을 설립하며 자금출처는 국가재정
에서 연도 배치한 전문자금과 법에 의해 징수한 재생가능에너지발
전 부가요금 등이 포함된다. 재생가능에너지발전기금은 재생가능에
너지 발전차액을 보상하는 데 이용되고 또한 다음의 사항을 지원하
는 데 이용된다. ① 재생가능에너지 개발이용의 과학기술연구, 표준
제정과 시범공정. ② 농촌, 목축업구의 재생가능에너지 이용항목. ③ 편
벽한 지역과 섬의 재생가능에너지 독립 전력시스템 건설. ④ 재생가
능에너지의 자원탐측, 평가와 관련 정보시스템 건설. ⑤ 재생가능에
너지 개발이용설비의 현지화생산 촉진. 송전망 비용 및 기타 관련비
용에 대해 전력회사가 전기요금의 판매를 통해 회수할 수 없는 경
우, 재생가능에너지발전기금의 보조를 신청할 수 있으며 재생가능에
너지발전기금 징수사용관리의 구체방법은 국무원 재정부문이 국무
원 에너지, 가격주관부문과 함께 제정한다.[231] 재정부, 국가발전개혁
위원회, 국가에너지국은 2012년 6월과 10월 두 차례에 걸쳐 「재생
가능에너지전기요금부가자금보조목록(可再生能源電价附加資金補助
目录)」을 발표하였는데 1회에는 발전항목만 포함시켰지만 2회에는
송전망 연결공정과 독립전력시스템도 포함시켰다.

---

230) 「재생가능에너지법수정안(초안)에 대한 사회대중의 의견」 제3항을 참고하여 재정리하였다.
231) 「재생가능에너지법」 제24조.

<표 13> 재생가능에너지발전기금의 용도

개정초안	(1) 재생가능에너지 개발이용과 송전망 연결의 과학기술연구, 표준제정, 측정인증과 시범공정. (2) 농촌, 목축업구의 재생가능에너지 이용항목. (3) 편벽한 지역과 섬의 재생가능에너지 독립 전력시스템 건설. (4) 재생가능에너지의 자원탐측, 평가와 관련 정보시스템 건설. (5) 재생가능에너지 개발이용설비의 현지화생산 촉진. (6) 발전차액 지원. (7) 송전망 연결비용 및 기타 관련비용 중 전력회사가 전기판매를 통해 회수할 수 없는 부분
입법위원	발전차액 지원 삭제
재정부, 국가에너지국 국가전력감독관리위원회 란주 전력감독관리판공실 사회대중	발전차액 지원 포함
國電집단회사	송전망 건설비용 삭제
국가에너지국 주천시정부 감숙성전력회사, 주천초고압수송변압회사, 국가전력망회사, 남방전력망회사	송전망 건설비용 포함
입법위원 국가전력감독관리위원회 주천시 발전개혁위원회 주천시 재정국 華能집단회사	재생가능에너지발전에 대한 세금감면과 환급의 비용 추가 재생가능에너지발전의 안전성평가 추가 저장기술연구 지원 추가 재생가능에너지기지의 육성과 발전 지원 추가 시험풍력발전소, 해상풍력발전소, 태양에너지발전소 지원 추가
결론	발전차액을 보상하는 외에 다음의 용도로 사용. (1) 재생가능에너지 개발이용의 과학기술연구, 표준제정과 시범공정. (2) 농촌, 목축업구의 재생가능에너지 이용항목. (3) 편벽한 지역과 섬의 재생가능에너지 독립 전력시스템 건설. (4) 재생가능에너지의 자원탐측, 평가와 관련 정보시스템 건설. (5) 재생가능에너지 개발이용설비의 현지화생산 촉진. 송전망 비용 및 기타 관련비용에 대해 전력회사가 전기요금의 판매를 통해 회수할 수 없는 경우, 재생가능에너지 발전기금의 보조 신청 가능

3) 전력회사의 송전망 건설 의무

2009년의 법률개정에서 재생가능에너지의 강제도입을 위한 송전망 건설문제가 논의되었다. 전력회사의 부대 송전망시설에 대한 계획과 건설책임을 강화하는 것은 재생가능에너지 개발이용계획을 시행하기 위한 전제조건이며 또한 관련 FIT제도를 실현하기 위한 중요한 전제이기도 하다. 하지만 「재생가능에너지법」은 전력회사의 부대 송전망시설에 대한 계획과 건설에 대해 규율하지 않아 송전망계획과 건설이 재생가능에너지의 발전에 비해 낙후한 상황이 비교적 심각하여 일부 지역의 재생가능에너지 발전항목은 제때에 송전망에 연결할 수 없어 재생가능에너지 개발이용의 지속적이고 건전한 발전을 심각히 제약하였다. 따라서 개정안의 제3조제4항에 의하면, 전력회사는 송전망의 계획과 건설을 강화해야 하고 스마트 송전망 등 선진기술을 발전 및 이용하며 송전망의 운영관리를 개선하여 재생가능에너지 발전을 위해 연결서비스를 제공하도록 규정하였다.

(1) 전국인민대표대회 상무위원회 내부의 의견

전국인민대표대회 상무위원회 내부에서는 주로 송전망관리와 기술문제에 대해 송전망 기업과 발전회사가 자체 해결하도록 명확히 하여 기업의 문제를 사회와 정부에 떠넘기지 말도록 하자는 제안과 스마트 송전망의 개념은 명확하지 않고 법률용어가 아니기에 삭제하자는 제안이 있었다.[232]

---

232) 「11기 전국인민대표대회 상무위원회 제10차회의 재생가능에너지법수정안(초안) 심의의견」 제3항을 참고하여 재정리하였다.

(2) **지방정부와 기업의 의견**

국가전력감독관리위원회 란주 전력감독관리판공실, 감숙성 발전개혁위원회는 "스마트 송전망"의 함의가 명확하지 않고 국내외에 동 함의와 표준에 대해 모두 서로 다른 인식과 이해가 존재하기에 법률에 규정함이 적절하지 않다고 주장하였다.

남방전력망회사도 "스마트 송전망"이라는 용어를 삭제하자고 제안하였다.[233]

(3) **국무원 내부의 의견**

국가에너지국, 국가전력감독관리위원회도 "스마트 송전망"의 삭제를 제안하였다.[234]

(4) **사회대중의 의견**

사회대중은 재생가능에너지발전 연결을 위한 송전망 건설의 책임을 전력회사에게 명확히 부과하고 전력회사의 연결시한에 대해 규정하며 전력회사를 증가하여 분포를 최적화하고 송전망의 에너지저장능력과 조정능력을 증가시키자고 제안하였다.[235]

(5) **최종결정**

결국 「재생가능에너지법」에서는 전력회사가 송전망 건설을 강화

---

233) 「재생가능에너지법수정안(초안) 감숙성 조사연구상황 브리핑」 제2.2항, 「재생가능에너지법수정안(초안)에 대한 중앙 관련부문과 일부 기업의 의견」 제2.2항을 참고하여 재정리하였다.

234) 「재생가능에너지법수정안(초안)에 대한 중앙 관련부문과 일부 기업의 의견」 제2.2항을 참고하여 재정리하였다.

235) 「재생가능에너지법수정안(초안)에 대한 사회대중의 의견」 제2.1항을 참고하여 재정리하였다.

하여 재생가능에너지 전력 배치범위를 확대해야 하고 스마트 송전망, 저장 등 기술을 발전 및 이용하며 송전망 운영관리를 개선하고 재생가능에너지전력을 흡수할 수 있는 능력을 제고하며 재생가능에너지 발전에 대해 연결서비스를 제공하도록 규정하였다.[236]

<표 14> 전력회사의 송전망 건설 의무

개정초안	스마트 송전망 등 선진기술 발전 및 이용
입법위원 국가에너지국, 국가전력감독관리위원회 국가전력감독관리위원회 란주 전력감독관리판공실, 감숙성 발전개혁위원회 남방전력망회사	스마트 송전망 용어 삭제
사회대중	에너지 저장능력
결론	스마트 송전망, 저장 등 기술 발전 및 이용, 재생가능에너지 전력 배치범위 확대, 재생가능에너지전력 흡수능력 제고

4) 평가 및 문제점

발전차액에 대해 소비자가 부담하는 것은 세계적인 관행에도 부합되며 적절한 것으로 판단된다. 다만 이러한 부가비용에 대해 중국은 부가자금제도를 수립하여 관리하였고 전력회사가 전기요금에 부가하여 징수하도록 하였다. 이러한 제도의 시행과정에서 부가비용에 대한 세금징수문제 및 전력회사 간의 부가비용 분배와 관련하여 일련의 문제가 발생하게 되었고 이에 대한 징수주체와 분배방법에 있어 다시 논란이 발생되어 2009년의 법 개정에서 한층 더 논의되었다.

---

236) 「재생가능에너지법」 제14조제3항.

2009년의 「재생가능에너지법」 개정을 통해 중국은 재생가능에너지발전전문자금과 재생가능에너지발전부가요금을 재생가능에너지발전기금으로 통합하여 운영하기로 하였으며 송전망 비용 및 기타 관련비용에 대해 전력회사가 전기요금의 판매를 통해 회수할 수 없는 경우 재생가능에너지발전기금에 보조를 신청할 수 있도록 하였다. 이렇게 함으로써 전력회사가 전력소비자를 상대로 징수하던 재생가능에너지발전부가요금도 국가에서 직접 징수하여 국가재정에서 연도 배치하는 재생가능에너지발전전문자금과 함께 사용하도록 하였다.

이러한 개정을 통해 재생가능에너지발전부가요금이 전력회사 사이에 배분이 늦게 이루어지는 문제점을 해결하고자 하였지만 실제로 국가에서 징수하여 배분하는 형태를 통해 과연 이러한 문제를 해결할 수 있을지는 의문스럽다. 또한 과연 성격이 서로 다른 재생가능에너지부가요금(주로 차액발전지원과 송전망 건설 등 비용 보조)과 재생가능에너지발전전문자금(주로 재생가능에너지발전에 투입)을 한데 통합시킬 필요성이 있는지에 대해서도 의문스럽다. 실제로 시행과정에서 부가요금을 부가자금보조 형태로 변경한 후 배분절차가 더욱 복잡해지고 시간이 더 지체되는 현상이 나타나고 있다. 즉, 전에는 전력업체가 배분하고 각 지방의 배분방식도 달라 매달 결산하거나 늦어도 1분기에 1번씩 결산하였으나 최근에는 2012년 6월에야 2011년에 이미 배분했어야 하는 부가자금보조를 공포하는 상황이 벌어지고 있다. 행정절차도 더욱 복잡해졌는데 보조신청은 차례로 상부에 보고해야 한다. 즉, 성급 전력회사, 지방 독립전력회사는 해당 지역 송전망 포함범위 내에서 부가자금보조목록에 열거된 항목에 대해 보조를 신청하며 성급 재정, 가격, 에너지주관부문의 확인을 거쳐 재정부, 국가발전개혁위원회, 국가에너지국에 보고한다. 규정상으로는 징수한 부가요금에 대해 재정부가 통합한 후 다시 기업에 배분하는데 이 과정에서 재정부는 직접 관리에 참가하지 않는다. 최후의 통계수치는 모두 국가발전개혁위원회에서 이루어지는데 이러한 시스템으로 인해 효율이 비교적 낮다. 또한 「재생가능에너지법」의 규정에 의해 재생가능에너지 전기요금 부가자금보조는 에너지주관부문이 통일적으로 관리하는데 현재로서는 주관기관이 국가발전개혁위원회인지 아니면 국가에너지국인지 명백하지 않다. 전체적으로 재생가능에너지 전기요금 부가자금보조의 관리체제는 아직 미숙하고 많은 부분에서 개선이 필요한 상황이다.

비록 발전회사에 대해 스마트 송전망, 저장 등 기술의 발전과 이용, 재생가능에너지 전력의 배치범위 확대, 재생가능에너지전력 흡수능력 제고 등의 의무를 부과하였지만 이들 의무는 구체적이지 않고 또한 이행의 여부에 대해 판단하기가 힘들며 따라서 불이행을 근거로 처벌을 할 수도 없는 상황이라 강제성이 떨어진다. 다만 동 부분에서는 전력회사를 증가하여 분포를 최적화하고 송전망의 에너지 저장능력과 조정능력을 증가시키자는 사회대중의 단독주장이 일부 반영되었다는 측면에서 일정한 적극적 의미를 갖는다.

5) **소결**

재생가능에너지는 다양한 이해관계자와 관련되어 있다. 이들 중에는 정부부문을 제외하고도 주로 전력회사와 발전회사 사이의 이해관계가 주를 이룬다. 기존의 법 규정으로 전력회사가 전액구매의 의무를 부담하고 있으나 실제로 전력회사가 각종 이유를 들어 이를 거부하는 경우가 발생하고 있고 또한 발전회사의 경우 상용화가 되고 발전 잠재력이 있는 특정 재생가능에너지에 대한 투자를 선호하고 있다. 따라서 서로 다른 유형의 재생가능에너지 발전이 상당히 불균형적이다. 이를 해결하기 위해서는 재생가능에너지발전기금의 관리와 배분에 대해 진일보한 방식으로 규범화할 필요가 있다. 발전회사와 전력회사의 적극적인 협력을 위해서는 이에 대해 적절하게 배분해야 하며 전력회사의 송전망 건설 등 의무에 대해 좀 더 강제적인 규정을 해야 한다.

6. 재생가능에너지 지원제도와 국제분쟁

1) 재생가능에너지산업 보조금제도

중국의 경제적 지원제도와 특수 지원제도에서 살펴보았듯이 중국은 재생가능에너지산업의 발전을 위해 재정보조, 발전기금, 우대대출, 세수우대, 정부구매 등 다양한 방식을 사용하고 있으며 또한 바이오에너지, 태양에너지, 풍력에너지에 대해서는 별도로 집중 지원을 하고 있다. 이 밖에도, 농촌지역을 상대로 특수 지원정책도 펴고 있다. 이들 중 상당한 수량의 지원제도는 보조금 지급형태로 이루어지고 있으며 이로 인하여 중국 해당 제품이 국제시장에서의 경쟁력

강화 및 외국 해당 제품이 중국시장에서의 경쟁력 약화로 이어지게 되어 미국, EU, 인도 등과 무역분쟁을 빚고 있거나 빚을 조짐을 보이고 있다.

현재, 이들 국가에서 주로 우려하는 중국의 보조금지급은 태양광전지산업과 풍력발전장비산업에 대한 보조금으로서 이들 산업은 이미 광범위한 세계시장을 개척하였고 더 나아가서 외국의 해당제품 생산자들에게 불리한 영향을 미친다는 것이다. 그리고 중국정부의 보조금 지급으로 인해 중국시장으로의 제품수출이 영향을 받는다는 관점에서보다는 해당 국가의 국내시장을 지키려는 의도에서 출발하는 것으로 보인다. 아래에 주로 분쟁의 초점으로 되고 있는 태양광전지산업과 풍력발전설비산업의 보조금 분쟁에 대해 살펴보고자 한다.

2) 태양광전지산업 보조금과 분쟁

2012년 11월 7일 미국은 중국의 태양광전지산업에 대한 보조금 존재 판정을 내려 상계관세를 부과하도록 하였으며, 2012년 11월 8일 EU 역시 중국의 태양광전지산업을 대상으로 보조금 조사개시를 선언하였다. 최근에 와서는 인도 역시 이러한 조짐을 보이고 있다. 중국의 태양광전지산업에 대한 조사는 보조금을 제외하고도 해외시장으로 원가미만의 가격으로 판매된다는 우려와 함께 반덤핑조사도 동시에 진행되는 상황이다. 이미 최종판정이 난 미국에서의 사례를 보면 미국은 다음과 같은 부분에 있어 중국정부의 보조금이 존재한다고 판정하면서 상계관세를 부과하였다.

(1) 「재생가능에너지법」의 제20조 규정에 의해 도입된 "금태양시

범공정"은 광전지프로젝트를 도입하는 건축기업에 도움을 주기 위한 것이다. 「금태양시범공정시행통지(關于實施金太陽示範工程的通知)」237)에서 세부 사항을 규정하였듯이 동 프로그램은 일회적으로 2년의 기간 동안 지원을 제공해주도록 규정되어 있다.

(2) 「재생가능에너지법」 제25조는 재생가능에너지산업에 금융기관이 재정할인의 우대대출을 제공할 것을 요구하고 있다. 또한 「재생가능에너지산업발전지도목록」은 장려하는 프로젝트에 태양광에너지를 포함하고 있다.

(3) 중국정부는 국내의 관련산업에 폴리실리콘, 토지 및 전기를 적절한 보수 미만으로 제공해준다.

(4) 이미 폐지된 「외상투자기업・외국기업소득세법(外商投資企業和外國企業所得稅法)」238)에 의하면, 생산성 외상투자기업의 경우, 그 경영기한이 10년 이상이면, 이익을 창출하기 시작한 연도부터 시작하여 첫 두 해는 기업소득세를 면제하고 제3년 내지 제5년까지 기업소득세를 절반 삭감하여 징수하였다.239) 2008년에 시행된 새로운 「기업소득세법(企業所得稅法)」240)에 의하면, "이 법률이 공포되기 전에 이미 설립을 비준한 기업의 경우, 그 당시의 세수법률과 행정법규의 규정에 의해 낮은 세율특혜를 향수할 수 있었다면, 이 법률의 시행 후 5년 내 점

---

237) 재정부, 과학기술부, 국가에너지국 제정, 2009년 7월 16일 시행.
238) 1991년 4월 9일 주석령 제45호 제정, 1991년 7월 1일 시행, 2008년 1월 1일 폐지.
239) 「외상투자기업・외국기업소득세법」 제8조.
240) 2007년 3월 16일 주석령 제63호 제정, 2008년 1월 1일 시행.

차 새로운 법률에 규정된 세율로 과세한다. 정해진 기간의 세수 감면혜택을 향수하는 기업의 경우, 국무원의 규정에 따라 이 법률의 시행 후에도 정해진 기간 만료 시까지 계속하여 혜택을 향수할 수 있다. 단, 이익을 창출하지 못한 관계로 아직 특혜를 향수하지 못한 경우, 그 특혜기한은 이 법률의 시행연도부터 시작하여 계산한다."[241] 이는 비록 「외상투자기업·외국기업소득세법」은 폐지되었지만 이미 설립을 비준한 기업의 경우, 아직도 일정한 세수특혜를 향수함을 의미한다.

(5) 「기업소득세법」 제28조제2항에 의하면 만약 기업이 하이테크 및 신기술기업으로 인정을 받으면 그 기업소득세를 25%에서 15%로 할인해준다. 「하이테크, 신기술기업인정관리방법(高新技術企業認定管理辦法)」[242]은 요건을 충족시키는 기업의 유형과 적격의 프로젝트에 대해 자세히 규정하고 있으며 이에는 태양광전지 기술과 같은 재생가능에너지와 청정에너지 기술이 포함된다.

(6) 「기업소득세법」 제30조제1항은 연구와 개발 지출에 대해 기업의 세금납부가 필요한 소득을 산정함에 있어 공제하여 주도록 하고 있다. 여기에는 신기술, 신상품, 신공예의 개발에 발생되는 연구개발비용이 포함된다. 「기업소득세법실시조례(企業所得稅法實施條例)」[243] 제95조에 의하면 기업의 신기술, 신상품, 신공예 연구개발비용이 무형자산으로 간주되어 해당 기간의

---

241) 「기업소득세법」 제57조제1항.

242) 과학기술부, 재정부, 국가세무총국 제정, 2008년 1월 1일 시행.

243) 2007년 12월 6일 국무원령 제512호 제정, 2008년 1월 1일 시행.

손익에 산입되지 않은 경우 연구개발비용의 50%를 추가 공제
한다.

(7) 「수입설비세수정책조정통지(關于調整進口設備稅收政策的通知)」[244]
는 외상투자기업과 특정 국내기업에 대해 그 생산에 이용되
는 수입설비에 대한 부가가치세와 관세부과를 면제하여 외국
인의 투자를 장려하고 외국 선진기술설비의 도입 및 산업기술
제고를 의도하였다. 2009년 1월 1일부터 중앙정부는 부가가치
세의 면제는 폐지하였지만 수입관세면제는 아직 유지하고 있다.

(8) 정부가 기업의 직원들을 장려하고 성, 시정부의 자금제공이 있
었다.

(9) 중국수출입은행이 중국으로부터 수출되는 제품을 구매하는 경
우에 우대한 이율의 대출금을 제공하였다.

(10) 이미 폐지된 「외상투자기업국산설비구매세금환급관리시행방
법(外商投资企業采購國产設备退稅管理试行辦法)」[245]은   특정
의 중국 생산 설비를 구매 시 부가가치세를 환급해주도록 규
정하였는데 이는 미국의 WTO 제소로 협의단계에서 폐지되
었다.

3) 풍력발전산업 보조금과 분쟁

태양광전지산업을 제외하고도 중국은 풍력발전설비산업과 관련하
여 미국과 무역분쟁을 겪고 있다. 이들 분쟁은 두 가지 차원에서 진

---

244) 국무원 제정, 1997년 12월 29일 시행.
245) 국가세무총국 제정, 1999년 9월 1일 시행, 2009년 1월 1일 폐지.

행되고 있는데 하나는 WTO라는 국제기구의 분쟁해결제도를 통해 이루어지고 있고 다른 하나는 미국의 국내제도를 통해 진행되고 있다.

우선 WTO에서의 분쟁해결의 경우, 미국이 중국의 특정 법령을 근거로 제소한 것이다. 「풍력발전설비산업화전용자금관리잠정방법」 제4조에 의하면, 풍력발전설비산업화 전용자금을 설치하는데 그 지원대상은 중국국내에서 풍력발전설비의 생산과 제조에 종사하는 중국인투자 및 중국인투자 지주기업이며 주요하게 기업이 새로 개발 및 산업화를 실현한 풍력발전설비 및 그 부품에 대해 보조금을 지급한다. 또한 제6조에 의하면, 산업화자금을 신청하고자 하는 풍력발전설비제조기업은 다음의 요건에 부합되어야 한다. (1) 설비가 자체의 지적재산권과 브랜드를 갖고 있어야 하며 이에는 다음이 포함된다. 자체 연구개발, 공동개발 또는 기술도입 후의 재창조를 포함하여 반드시 완전한 기술서류를 갖고 있어야 한다. 전반 설계계산서류, 설계도, 주요 부품의 기술요구, 공예서류, 품질통제서류 등을 갖고 있어야 한다. 핵심기술 또는 관건기술을 갖고 있어야 한다. 중국 상표행정관리기관에 확인 등록한 상표등록증서가 있어야 한다. (2) 풍력발전설비의 설비용량이 1,500kW 이상이어야 한다. (3) 풍력발전설비가 북경감형인증센터의 제품인증에 통과되어야 한다. (4) 풍력발전설비의 부대 날개, 기어 박스, 발전기가 중국인 투자 또는 중국인 지배기업에 의해 제조되고 중국인투자 또는 중국인 지배기업이 제조한 변환기와 베어링을 채용할 것을 장려한다. (5) 동일한 기업이 동일한 기술을 채용한 서로 다른 모델의 제품에 지원을 신청하는 경우, 제품공률 차이는 500kW 이상이어야 한다. (6) 풍력발전설비가 국내에서 생산, 설치, 성능시험을 마치고 고장 없이 240시간 이상

운행되며 업주의 검수에 통과하여야 한다. 미국은 이들 조항이 보조금의 지급을 국산제품의 사용과 연관시키기에 「보조금협정」의 금지보조금에 해당한다고 WTO에 제소하였으며 이에 중국정부가 협의요청 단계에서 동 통지를 폐지하였다. 비록 상술한 내용의 규정은 폐지되었지만 이를 통해 중국정부의 풍력발전설비에 있어 국산화를 발전시키고자 하는 의도를 엿볼 수 있으며 이는 국제무역협정 의무에 명백히 위배된다.

다음은 미국 국내에서 보조금 조사를 진행하였는데 2012년 6월 6일, 미국은 중국의 풍력발전설비산업에 대한 보조금 조사 예비판정을 내려 다음의 보조금이 존재한다고 하였다.

(1) 「재생가능에너지법」 제25조는 국가의 「재생가능에너지산업발전지도목록」에 포함되고 신용대출조건에 부합되는 재생가능에너지 개발이용 프로젝트에 대해 금융기관은 재정할인의 우대대출을 제공할 수 있도록 규정하였다. 「국민경제사회발전 11.5계획개요(國民経済和社會發展第十一个五年規劃纲要)」[246]에는 "재생가능에너지의 대폭발전"이라는 절이 있으며, 우대적인 재정세수, 투자정책과 강제적인 시장할당정책을 실시하고 재생가능에너지의 생산과 소비를 장려하여 일차 에너지의 소비에서 재생가능에너지의 비중을 높이도록 요구하고 있다. 국무원의 「산업구조조정촉진잠정규정(促進产業结構调整暫行規定)」[247] 제5조에 의하면 신에너지와 재생가능에너지산업을 적극 지원, 발전시키고 석유대체자원과 청정에너지의 개발이용을 장려하며 청정석탄기술의 산업화를 적극 추진하고 풍력에너지, 태양

---

246) 전국인민대표대회 제정, 2006년 3월 14일 시행.
247) 국무원 제정, 2005년 12월 2일 시행.

에너지, 바이오에너지 등을 발전시킨다. 또한 재생가능에너지를 정책과 조치 면에서 장려 및 지원해야 하는 장려부류로 규정하였다. 재생가능에너지는 국가발전개혁위원회의 「산업구조조정지도목록(产業结構调整指导目录)」[248]에 열거되었는데 이는 중앙정부에서 대출과 기타 형태의 지원을 통해 발전을 장려하는 항목에 속하게 되었음을 의미하며 그 결정권은 국가발전개혁위원회에 있다. 이들로는 다음과 같다. ① 태양에너지 열발전 집열시스템, 태양에너지 광발전시스템 집성기술 개발이용, 역변 제어시스템 개발제조. ② 풍력발전과 광전지발전의 상호보완시스템 개술개발과 이용. ③ 태양에너지 건축 일체화 부품설계와 제조. ④ 고효율 태양에너지 온수기 및 온수공정, 태양에너지 중고온 이용기술개발과 설비제조. ⑤ 바이오 섬유소 에틸알코올, 바이오디젤유 등 비 식량 바이오연료의 생산기술 개발과 이용. ⑥ 바이오 직접연소, 기체화발전기술 개발과 설비제조. ⑦ 농림 바이오자원 수집, 운송, 저장기술개발과 설비제조, 농림 바이오 성형연료가공설비, 보일러와 화로제조. ⑧ 가금양식장의 폐기물, 도시매립쓰레기, 공업유기폐수 등을 원료로 한 대형 메탄가스 생산 세트설비. ⑨ 메탄가스 발전기계, 메탄가스 정화설비, 메탄가스 도관 가스공급, 관장 세트설비 제조. ⑩ 해양에너지, 지열에너지의 이용기술개발과 설비제조.

　(2) 이미 폐지된 「외상투자기업·외국기업소득세법」에 의하면, 생산성 외상투자기업의 경우, 그 경영기한이 10년 이상이면, 이익을 창출하기 시작한 연도부터 시작하여 첫 두 해는 기업소득세를 면제

---

248) 2005년 12월 2일 국가발전개혁위원회령 제40호 제정, 2005년 12월 2일 시행, 2011년 6월 1일 국가발전개혁위원회령 제9호 개정.

하고 제3년 내지 제5년에는 기업소득세를 절반 삭감하여 징수하였
다.[249] 또한 "경제특구에 설립된 외상투자기업, 경제특구에 기구와
장소를 설립하여 생산, 경영에 종사하는 외국기업, 경제기술개발구
에 설립된 생산성 외상투자기업은 기업소득세를 15%의 세율로 삭
감하여 징수한다. 연해 경제개방구와 경제특구, 경제기술개발구가
소재한 도시의 구(舊) 시가지에 설립한 생산성 외상투자기업은 기업
소득세를 24%의 세율로 삭감하여 징수한다. 연해 경제개방구, 경제
특구, 경제기술개발구가 소재한 도시의 구 시가지에 설립하였거나
또는 국무원이 규정한 기타 지역에 설립한 외상투자기업이 에너지,
교통, 항구, 부두 또는 국가에서 장려하는 기타 항목에 종사하는 경
우, 기업소득세를 15%의 세율로 삭감하여 징수할 수 있다."[250] 이는
내자기업에 대해 징수하는 33%의 기업소득세 세율에 비교하면 적
지 않은 우대조치를 제공한 셈이었다. 2008년 1월 1일부터 시행된
새로운 「기업소득세법」에 의하면, "동 법률이 공포되기 전에 이미
설립을 비준한 기업의 경우, 그 당시의 세수법률과 행정법규의 규정
에 의해 낮은 세율특혜를 받을 수 있었다면, 동 법률의 시행 후 5년
내 점차 새로운 법률에 규정된 세율로 전환한다. 정해진 기간의 세
수 감면혜택을 받는 기업의 경우, 국무원의 규정에 따라 동 법률의
시행 후에도 정해진 기간 만료 시까지 계속하여 혜택을 향수할 수
있다. 단, 이익을 창출하지 못한 관계로 아직 특혜를 받지 못한 경
우, 그 특혜기한은 동 법률의 시행연도부터 시작하여 계산한다."[251]

---

249) 「외상투자기업·외국기업소득세법」 제8조.

250) 「외상투자기업·외국기업소득세법」 제7조.

251) 「기업소득세법」 제57조제1항.

이는 비록 「외상투자기업·외국기업소득세법」은 폐지되었지만 이미 설립을 비준한 기업의 경우, 아직도 일정한 세수특혜를 누린다는 사실을 의미한다.

(3) 「수입설비세수정책조정통지」는 외상투자기업과 특정 국내기업에 대해 그 생산에 이용되는 수입설비에 대한 부가가치세와 관세 부과를 면제하여 외국인의 투자를 장려하고 외국 선진기술설비의 도입 및 산업기술제고를 의도하였다. 2009년 1월 1일부터 중앙정부는 부가가치세의 면제는 폐지하였지만 수입관세 면제는 아직 유지하고 있다.

(3) 중국정부는 열간압연강재, 전기, 토지를 적절한 보수 미만으로 제공해준다.

(4) 지방정부가 세금납부 상황이 훌륭하다고 하여 제공하는 장려, 지방정부가 심천증권거래소 상장성공을 기념하여 제공한 장려, 생산량 증가로 제공한 지방정부의 장려, 정부의 과학과 기술발전기금에 의한 이득, 훌륭한 건축프로젝트로 인하여 지방정부로부터 취득한 장려 등이 존재한다.

따라서 상술한 보조금의 존재를 이유로 미국은 중국의 풍력발전설비산업에 대한 상계관세의 부과를 결정하였다.

<표 15> 중국의 재생가능에너지산업 주요 보조금

	광전지프로젝트 도입 건축기업 지원
	재생가능에너지산업에 금융기관이 재정할인의 우대대출 제공
태양광전지산업	국내의 관련산업에 폴리실리콘, 토지 및 전기를 적절한 보수 미만으로 제공
	생산성 외상투자기업에 대한 기업소득세 면제, 삭감
	하이테크 및 신기술기업의 기업소득세 삭감

태양광전지산업	연구와 개발 지출에 대해 기업의 세금납부가 필요한 소득을 산정함에 있어 공제
	외상투자기업과 특정 국내기업에 대해 그 생산에 이용되는 수입설비에 대한 관세부과 면제
	기업의 직원들을 상대로 장려를 제공
	중국수출입은행이 중국으로부터 수출되는 제품을 구매하는 경우에 우대한 이율의 대출금 제공
풍력발전산업	재생가능에너지산업에 금융기관이 재정할인의 우대대출 제공
	생산성 외상투자기업에 대한 기업소득세 면제, 삭감
	외상투자기업과 특정 국내기업에 대해 그 생산에 이용되는 수입설비에 대한 관세부과 면제
	열간압연강재, 전기, 토지를 적절한 보수 미만으로 제공
	지방정부의 각종 장려

4) 태양광전지와 풍력발전설비에 대한 탄소세의 국경조정

EU는 2005년에 「온실가스배출거래지침(Directive 2003/87/EC of the European Parliament and of the Council of 13 October 2003 establishing a scheme for greenhouse gas emission allowance trading within the Community)」을 근거로 배출권거래시스템을 구축하였고 2008년 국제항공산업을 배출권거래시스템에 포함시켰다. 따라서 2012년 1월 1일부터 EU에 드나드는 항공기에 대해 탄소세의 국경조정을 진행하게 되었다. 이는 탄소세의 국경조정이 새로운 무역제한조치로서 등장하였음을 의미하며 향후 EU의 항공산업의 '시범' 상황에 따라 기타 상품과 서비스분야로 확산될 가능성도 존재하게 되었다. 미국 역시 이러한 입법을 시도한 적이 있는데, 즉 2009년 「청정에너지안보법안(American Clean Energy and Security Act)」에서 배출감소조치를 취하지 않는 국가들로부터 수입되는 철강, 시멘트, 유리 등 에너지 고소모 제품에 대해 2020년을 시점으로 탄소세의 국경조정을 진행하도록 하였으나 이 법안이 국회를 통과하지 못함에 따라 탄소세의 국경조정이 진행되지 못하게 되었다.

여기에서 탄소세란 온실가스 배출을 감소시키기 위하여 이산화탄소 배출에 부과되는 세금이며 탄소세의 국경조정은 수입품에 대하여 세금을 부과하고, 수출품에 대하여 세금을 환급해줌으로써 산업의 국내 및 해외시장에서의 점유율을 계속하여 유지할 수 있게 하고, 자국 내에서의 온실가스 감축을 촉진할 수 있게 해준다. 이는 「교토의정서」에 의해 일부 국가들이 이산화탄소의 배출 감소의무를 부담하여 국내적으로 탄소세를 도입함에 따라 제품생산의 원가가 높아지는 것을 우려하여 국내의 에너지 집약 산업이 이산화탄소의 배출 감소 의무를 부담하지 않는 국가로 이전하거나 또는 경쟁에서 피해를 받게 됨에 따라 이러한 문제의 해결을 위해 고안해낸 방법이다(이찬송·윤순진, 2010). 배출감축의무의 부과나 감축목표의 설정에는 다양한 요인들이 영향을 미치지만 무엇보다 이해당사국들이 주요한 쟁점을 의제로 공유하면서 보다 적절한 해결방안을 모색하는 협상 과정이 중요하게 작용한다. 물론 아직 이러한 탄소세의 국경조정이 태양광전지와 풍력발전설비산업에 대해 적용되지는 않으나 향후 미국 및 EU가 이러한 제도를 도입할 가능성을 부정하기는 어렵다. 이렇게 된다면 이러한 탄소세의 국경조정이 과연 합법적인지에 대해 판단할 필요성이 대두된다.

우선 미국이 2009년에 도입을 시도했던 「청정에너지안보법안」과 같이 그 적용범위를 이산화탄소의 감축조치를 취하지 않는 국가들로 한정시키면 문제가 될 수 있다. 즉, 이러한 경우는 WTO체제의 근간으로 되는 최혜국대우를 위반한 것이다. 또한 「교토의정서」에서 규정한 '공동의 그러나 차별화된 책임'과도 배치되고 「교토의정서」에 의해 감축의무를 부담하지 않는 국가들에 대해 감축을 강요한다는 측면에서도 문제가 될 수 있다. 이러한 최혜국대우에 대한 위반은 '인간, 동물 또는 식물의 생명 또는 건강을 위해 필요한 조치' 및 '고갈 가능한 천연자원의 보존과 관련된 조치'로 보기도 어렵기 때문에 WTO 예외규정의 적용도 받을 수 없을 가능성이 높다.

EU의 현행 규정도 유사한 문제가 존재하는데 국내적으로 탄소배출권거래제를 도입한 국가들에 대해서는 탄소세의 국경조정을 면제해주므로 최혜국대우의 문제가 제기될 수 있다.

즉, 만약 추후 미국이나 EU가 중국이 태양광전지 또는 풍력발전 설비산업의 생산과정에서 많은 에너지를 소모하였다는 이유로 이들 산업에 대해 탄소세의 국경조정을 진행한다면 우선 이러한 조치가 모든 국가의 해당산업에 적용되는지 판단해야 하며 그렇지 않을 경우 최혜국대우나 내국민대우의 위반으로 볼 수 있다. 또한 설령 이러한 차별이 존재하지 않더라도 무역제한적인 효과를 가지게 되면 수량제한의 금지요건[252]에 위배된다. 만약 이러한 위반이 확인되면 WTO의 예외규정에 부합되는지 판단하여야 한다. 하지만 WTO의 예외규정은 매우 엄격한 조건을 두고 있기에 이를 충족시키기는 매우 어려울 것으로 판단된다.

---

252) WTO는 일반적으로 상품의 수출입에 대해 제한을 가하는 것을 금지하고 있으며 다만 예외로 규정된 소수의 상황에 해당하는 경우에만 그 제한을 허용하고 있다. 물론 이런 예외의 적용에는 엄격한 기준과 요건이 따른다.

5) 평가 및 문제점

위에서 살펴본 바와 같이, 미국은 중국의 재생가능에너지산업, 특히 발전이 비약적인 태양광전지산업과 풍력발전설비산업을 상대로 반덤핑 및 상계관세조치를 부과하였고 EU도 미국에 이어 이들 제품에 대한 조사를 진행 중이며 인도 역시 조사의 진행을 검토하고 있다. 물론 중국정부 역시 미국과 EU의 태양광전지산업에 대해 반덤핑과 상계관세 조사를 개시하여 맞대응하고 있으며 미국에 대해서는 이미 보조금이 존재하는지 여부에 대해 별도의 무역장벽조사를 마무리한 상태이다.

미국의 중국에 대한 제소 및 판정내용을 살펴보면 상술한 매우 많은 재생가능에너지 관련 법령과 정책이 있고 이에 포함된 보조금이 많지만 이들에 대해 두루 제소를 하기보다는 일부 핵심적인 내용, 특히 중국의 모든 산업 전체에 존재하는 그러한 문제점들을 위주로 지적하고 있다. 이는 아마도 재생가능에너지의 환경 친화적인 측면을 고려하여 재생가능에너지만을 상대로 제공하는 지원의 경우에는 아직 크게 문제 삼지 않겠다는 의도로 풀이된다. 하지만 중국이 미국의 태양광전지에 대한 맞제소 차원의 무역장벽조사 판정내용을 보면 미국의 재생가능에너지를 상대한 정책과 법령들에 대해 다수 문제제기를 하였으며 추후의 보조금조사 판정에서도 이러한 정책과 법령들을 상대로 미국에 상계관세를 부과하게 된다면 양국의 태양광전지 보조금문제는 재생가능에너지 법령과 정책에 대한 문제제기로 발전하게 될 것이다. 이러한 추세는 미국이 태양광전지에 대한 보조금을 문제 삼은 후 풍력발전설비에 대한 보조금을 문제 삼은 사레에서 집중적으로 나타나고 있다.

또한 다른 한 측면에서, 중국은 미국, EU에 덧붙여 아직 중국을 상대로 재생가능에너지 측면에서 문제제기를 하지 않은 한국에 대해서도 태양광전지의 덤핑조사를 진행하고 있다. 이는 이례적인데, 아마도 태양광전지와 관련하여 한국의 도약에 대해서도 경계하고 있기 때문인 것으로 풀이된다. 이를 통해 예측할 수 있는 것은 만약 추후 한국 역시 중국의 태양광전지를 상대로 보조금조사를 진행하게 되면 아마 중국은 바로 맞제소를 진행할 것이라는 점이다. 이러한 측면에서 한국의 광전지산업은 상술한 중－미, 중－EU의 태양광전지 보조금분쟁을 면밀히 주시할 필요가 있다.

2012년 12월 19일 개최된 국무원 상무회의에서는 광전지산업의 건전한 발전을 촉진하기 위한 다음의 정책조치를 확정하였다. (1) 산업구조조정과 과학기술진보를 촉진한다. 기업의 합병과 재조합을 장려하고 낙후 생산능력을 도태시키며 단순히 생산능력을 확대하는 다결정 규소, 광전지 및 부품항목의 신규건설을 엄격히 통제한다. (2) 산업발전질서를 규범화한다. (3) 국내 광전지 이용시장을 적극 개척한다. 분포식 광전지발전의 추진에 진력하고 광전지 발전시스템의 설치와 사용을 장려하며 광전지 발전소의 건설을 질서 있게 추진한다. (4) 지원정책을 개선한다. 자원조건에 근거하여 광전지발전소의 지역분류 표준전기요금을 제정하고 분포식 광전지 발전에 대해 전기량에 따라 보조하는 정책을 시행하며 원가의 변화에 근거하여 연결 전기요금과 보조기준을 합리적으로 조정한다. 또한 중앙재정자금에 의한 광전지 발전지원을 개선하고 광전지발전소항목에 풍력발전과 동일한 부가가치세 우대정책을 실시한다. (5) 시장체제의 역할을 충분히 발휘하고 정부간섭을 감소하며 지방보호를 금지한다. 이러한 정책의 수립은 현재 중국의 태양광전지산업이 미국과 EU시장에서 모두 무역구제조치를 부과당하고 있는 상황에서 국제시장의 위축으로 인한 해당산업의 위축문제를 정면 해결하고자 한 것인데 주로 향후 국내시장을 적극 육성하고자 하는 중국정부의 의도를 엿볼 수 있다. 2012년 12월 18일 미국정부가 중국의 풍력발전설비에 대한 반덤핑과 상계관세의 부과를 최종 확정함에 따라 향후 풍력발전설비와 관련하여서도 중국정부는 상응하게 정책을 수정할 것으로 보이는데 풍력발전설비는 태양광전지산업과 마찬가지로 국제시장에 대한 의존도가 너무 높은 상황이다.

6) 소결

상술한 부분은 다만 현존 보조금의 일부일 뿐, 위에서 언급한 바와 같이 중국정부는 보조금의 지급과 관련한 많은 법령을 제정하였으며, 특히 이들 중에서 상당수는 부문 규범성문건의 형태로 되어 있는데 제정부문이 다양하고 법령의 차원이 다양하여 파악하기 매우 어렵다. 또한 일부 보조금은 아예 법령에는 규정하지 않았지만 중앙이나 지방정부가 기업과의 약속을 통해 지급하고 있는 등 보조금 전반에 대한 파악이 매우 어려운 상황이다. 물론 중국을 제외하고 다수의 국가들은 모두 자국의 재생가능에너지산업에 대해 모두 막대한 보조금을 주는 것이 사실이다. 하지만 이들 중에서 발전차액의 지원과 같이 전력회사 등의 결손을 보상하는 것은 문제없지만 국내기업의 해외시장 진출을 돕거나 해외업체의 중국시장 진출을 막기 위해 도입되는 보조금은 무역경쟁을 왜곡시키는 효과를 가지기에 너무 명백한 무역왜곡 보조금, 특히 상술한 효과를 갖는 보조금에 대해서는 억제가 필요하다.

7. 소결

중국에서는 재생가능에너지 개발과 확대를 위해 여전히 해결해야 할 많은 쟁점들이 존재한다. 이 연구에서는 「재생가능에너지법」과 기타 관련 입법의 조화, 「재생가능에너지법」의 적용범위, 재생가능에너지 관리부문의 확정, 재생가능에너지 강제이행수단의 선택, 전력회사와 발전회사 및 전력이용자의 이익조정, 재생가능에너지 지원제도와 국제분쟁이라는 크게 여섯 가지의 쟁점을 확인하고 이를 분석하였다. 이러한 여섯 가지 쟁점을 쟁점 분야와 내용, 핵심 쟁점에 따라 분류해서 정리해보면 <표 16>과 같다. 중국에서는 국가발전개혁위원회, 국가에너지국, 국가전력감독관리위원회, 재정부, 수리부, 환경보호부 등 다양한 정부부처 사이의 갈등이 여전히 존재한다. 이들 기관 사이의 알력과 마찰은 법령의 제정과 개정과정에서 충분이 노출되었다. 특히 이들 중에서 국가에너지국이 중국의 에너지주관부문으로 동 기관이 일정한 독립성을 가지고 있음에도 불구하고 종국적으로는 아직 국가발전개혁위원회의 관리를 받고 있다는 점에서 국가발전개혁위원회의 관여가 큰 상황이다. 이는 국가전력감독관리위원회 등 다른 부처의 반발을 야기하였다. 법령의 제정과 개정과

정에서 국가전력감독관리위원회가 여러 번 자신도 관리와 감독의
주체로서 기능할 수 있도록 하자고 건의를 제출한데서도 이런 갈등
의 양상이 확인된다. 앞으로도 재생가능에너지 관련 행정기능을 둘
러싼 논란은 계속될 것으로 예상된다.

<표 16> 재생가능에너지법 주요쟁점

쟁점 분야	쟁점 내용	핵심 쟁점
기타 규범과의 관계	국내규범과의 관계	에너지입법
		환경자원입법
		경제입법
		행정입법
		민사입법
	국제규범과의 관계	보조금분쟁
내용의 명확화	적용범위	수력발전 포함 여부
	관리부문	주관부문의 확정
		기타부문의 업무범위 확정
구체적인 제도	강제이행수단	FIT제도의 도입
		분류 전기요금
		특정기업 RPS의 거부
		FIT보완의 RPS 도입
	이익조정	소비자의 발전차액 부담
		재생가능에너지발전기금의 용도
		전력회사의 송전망 건설 의무

중국의 입법과정에서 보면 아직 사회대중을 포함한 전력이용자들
의 입법에 대한 참여가 미미하다. 관련 법령의 규정에 이들의 참여
규정이 매우 적다는 점에 비춰볼 때 당연한 결과라 할 수 있다. 하지
만 그러함에도 불구하고 전력회사와 발전회사, 대형 전력이용자업체
는 여러 가지 경로를 통해 입법에 관여하고 있음이 발견되었다. 즉,

이들은 주로 해당 이해관계자의 이익을 대변하는 입법위원이나 재생가능에너지의 발전이 빠른 해당 지역의 입법위원들을 통해 자신들의 이익을 관철시킬 뿐만 아니라 실제로 직접 의견을 제출하고 있기도 하며 이러한 의견이 점차 더욱 관심을 끌게 될 것으로 전망된다.

즉, 현재까지는 재생가능에너지의 관련 입법에서 국가발전개혁위원회, 국가에너지국, 국가전력감독관리위원회 등 주요 관련기관이 전방위적으로 깊이 관여하고 있으며 그 중에서도 특히 국가발전개혁위원회의 입김이 가장 강한 상황이다. 하지만 국가발전개혁위원회는 위에서 언급했던 것과 같이 경제성장을 주도하는 정부기관으로서 그 입법제안에 있어 해당 산업의 이익을 무시할 수만은 없다. 이러한 측면에서 보면 향후 전력회사, 발전회사 및 대형 전력사용업체의 관여도 증가될 것이며 특히 전력회사와 발전회사의 역할이 강화될 것으로 예상된다. 하지만 전력 소비자 내지는 전력사용업체는 실제로 상당한 부분의 재생가능에너지 발전의 자금을 부담하면서도 큰 역할을 하지 못했는데 이들이 참여를 얼마나 어떤 식으로 늘려나갈 수 있을지, 제도적 법적으로 어느 정도나 허용할지가 앞으로 중국에서 논의의 대상이 될 것으로 예상된다.

본문에서 다룬 여섯 가지 쟁점에 대한 입법과정과 참여자들의 개입 정도에 대한 분석 결과를 살펴보면, 주로 중앙정부의 각 부문, 전력회사와 발전회사, 지방정부, 사회대중 등 재생가능에너지를 둘러싸고 다양한 이해관계자가 존재하며 이 중에서 중앙정부의 각 부문, 전력회사와 발전회사, 지방정부의 참여가 상대적으로 활발한 실정이다.

우선, 중앙정부의 각 부문을 살펴보면, 국가발전개혁위원회가 제출한 5개의 제안 중 3개는 전부 반영되었고 나머지 2개도 일정부분 반영되었다. 특히 FIT와 결부된 RPS를 도입하자는 주장은 대부분 반대하였고 심지어 국가에너지국, 국가전력감독관리위원회, 국무원 법제판공실, 공업정보화부 등 중앙정부가 반대하였지만 결국 삭제되지는 않고 상당부분 보류된 점을 보면 중앙정부의 재생가능에너지 정책입안에 있어 국가발전개혁위원회의 지위를 충분히 짐작할 수 있다. 다음으로 국가에너지국은 새로 설립된 기관으로서 「재생가능에너지법」의 개정과정에 3개의 제안을 냈는데 2개는 반영되고 1개는 반영되지 않았다. 비록 국가발전개혁위원회의 관리를 받지만 상당한 독립성을 갖고 있어 향후 중국의 재생가능에너지 정책입안에 있어서 중요한 역할을 할 것이며 특히 국가발전개혁위원회와도 서로 다른 입장을 전개하고 있는 측면도 있어 주목할 필요가 있다. 국가전력감독관리위원회는 현재 중국의 재생가능에너지 사용이 대부분 전력발전 분야에서 이루어지는 상황으로 인하여 중요한 기능을 하며 무려 8개의 제안을 하였다. 하지만 이러한 제안은 상당수 국가발전개혁위원회 또는 국가에너지국과 재생가능에너지의 관리권한을 다투기 위한 것이며 다만 2건이 반영 또는 일정부분 반영되고 나머지는 전부 반영되지 않았다. 수리부는 현재 중국의 재생가능에너지에서 수력에너지가 가장 큰 비중을 차지하고 있어서 실제로 법의 제정과 개정에서 6개의 제안을 하였는데 그 중 4개는 반영되고 2개는 반영되지 않았다. 이러한 결과로 미루어보아 수리부 역시 상당한 지위를 갖고 있음을 알 수 있다. 이 밖에도 환경보호부, 국가자산관리위원회 역시 2개의 제안을 하였다.

다음으로, 발전회사의 경우, 大唐집단회사, 華電집단회사, 華能집단회사, 國電집단회사, 광동集華풍력에너지회사, 광동粤電집단회사,

광동廣電집단회사 등 주요 이해관계자가 21개의 제안을 하였는데 4개를 제외하고 다수는 반영 또는 일정부분 반영되었으며 전력회사의 경우, 전력기업연합회, 국가전력망회사, 남방전력망회사, 감숙성전력회사, 주천초고압수송변압회사 등 주요 이해관계자의 13개 제안 중 11개가 반영 또는 일정부분 반영되었다. 즉, 이들 전력회사와 발전회사의 역할 역시 간과할 수 없다.

세 번째로, 지방정부의 경우, 주로 광동성과 감숙성에 대한 조사를 진행하여 의견을 받았는데 지방정부에서도 중앙정부와 비슷하게 발전개혁위원회와 전력감독관리기관의 제안이 많았는데 특히 지방 발전개혁위원의 제안은 감숙성 발전개혁위원회의 "스마트 송전망" 용어를 삭제하자는 제안을 빼고 전부 반영되었고 국가전력감독관리위원회 란주 전력감독관리판공실의 제안도 1건을 제외하고 반영되었다. 이 밖에, 광동성 기상국과 광동성 재정청의 제안도 전부 반영되었다.

사회대중의 참여는 상대적으로 저조하였는데 이는 중국이 2008년부터 거의 모든 입법초안을 공개하여 사회대중을 상대로 의견을 청구하였으나 2005년 「재생가능에너지법」의 제정과정에서는 이러한 장치가 마련되어 있지 않은 데서 유래한다. 2009년의 개정과정에서는 상당한 진전을 가져왔는데, 사회대중이 3개의 제안을 하여 전부 반영 또는 일부 반영되는 결과를 가져온 것이다. 특히 일부 측면에서는 사회대중이 단독으로 주장한 부분이 법안에 포함되기도 하였다. 따라서 향후의 재생가능에너지 정책의 입안과 개정과정에서 사회대중의 역할을 간과할 수는 없을 것이다. 이러한 각 이해관계자의 의견 반영 상황을 정리해보면 <표 17>과 같다.

<표 17> 각 이해관계자의 의견 반영 상황

관계부문	이해관계자		총 건수:전체 반영 건수:일부 반영 건수
중앙정부	국가발전개혁위원회		5:3:2
	수리부		6:3:1
	국가에너지국		3:2:0
	국가전력감독관리위원회		8:1:1
	국가자산관리위원회		2:1:1
	환경보호부		3:0:1
지방정부	광동성	광동발전개혁위원회	3:1:2
		광동기상국	2:1:1
		광동재정청	2:1:1
	감숙성	국가전력감독관리위원회 란주전력감독관리판공실	3:1:1
		주천시정부	2:1:1
		주천시발전개혁위원회	2:0:2
		감숙발전개혁위원회	2:0:1
기업	발전회사	광동集華풍력에너지회사	4:3:0
		大唐집단회사	3:1:2
		광동粤電집단회사	3:1:2
		華能집단회사	4:1:1
		전력기업연합회	3:1:1
		華電집단회사	2:1:1
		감숙전력회사	2:1:1
		광동원자력발전집단회사	2:1:1
		國電집단회사	2:0:1
	전력회사	국가전력망회사	2:2:0
		남방전력망회사	4:1:2
		주천초고압수송변압회사	2:1:1
사회대중			3:3:0

주: 수치는 총 건수:전체 반영 건수:일부 반영 건수의 형태로 작성하였다. 또한 제안을 2건 이상 한 경우부터 포함시켰고, 제안을 1건 한 중앙정부 각 부문, 지방정부, 기업 등 34개의 주체는 포함시키지 않았다.

마지막으로 풍력발전설비나 태양광전지를 제작 및 수출하는 중국 내 업체도 중국의 재생가능에너지 입법에 막대한 영향을 미칠 것이

다. 특히 이들은 막대한 수량의 정부보조금을 향유하면서 미국이나
EU, 인도와 같은 국가의 해당 산업에 큰 영향을 미친다. 따라서 이
들 국가는 결코 중국이 막대한 보조금을 해당 산업에 지원하여 자국
의 산업에 피해를 야기하는 것을 좌시하지는 않을 것이다. 이미 이
로 인하여 상당한 무역분쟁이 발생하고 있다. 향후 경쟁국들은 중국
의 재생가능에너지 입법에 있어 특히 보조금으로 분류되는 정부지
원에 대해 최대한 피해를 줄이려고 할 것이며 자국의 입법 또는 국
제조약을 이용하여 중국에 끊임없는 분쟁을 제기할 것이다. 특히 불
법 보조금으로 구분될 가능성이 있는 재생가능에너지 정책과 법령
의 제정과 시행은 이로 인하여 상당한 제약이 예상된다.

VI

결론

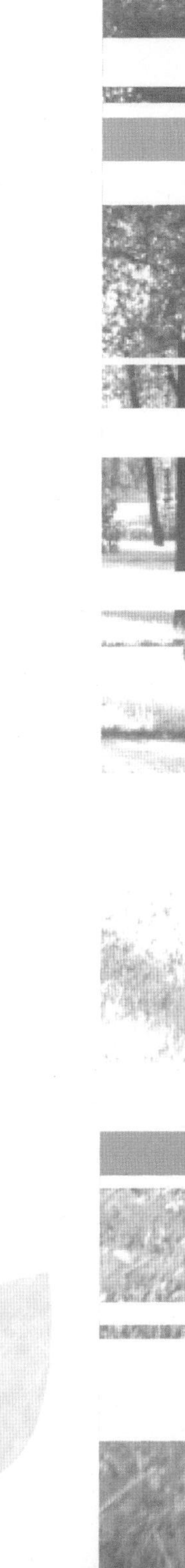

이 연구는 세계적으로 재생가능에너지 분야에서 두각을 나타내고 있는 중국을 대상으로 중국에서 그러한 재생가능에너지 기술의 개발과 확대에 「재생가능에너지법」이 어떻게 영향을 미쳤는지를 살펴보고 「재생가능에너지법」의 제정과 개정 과정에서 어떤 쟁점들이 논의의 대상이 되고 있으며 과련 이해당사자들이 어떠한 입장을 가지고 있는지를 탐색하고 분석하였다. 현재까지 한국에서는 지리적 근접성이나 세계 에너지 분야에서 차지하는 중국의 중요성에 비해 중국에 대한 연구가 아직은 활발하지 못한 실정이다. 더군다나 재생가능에너지 분야에서 중국이 세계적인 위상을 차지하고 있음에도 불구하고 중국의 재생가능에너지에 대한 논의가 아직은 풍부하지 않은 실정이다. 이 연구는 바로 이런 상황에서 중국의 재생가능에너지 분야를 살펴보았으며, 특히 재생가능에너지 분야에서 논란이 되고 있는 다양한 쟁점들과 쟁점에 대한 다양한 이해당사자들의 입장을 살펴보았다는 데 의의가 있다. 이 연구는 질적으로 엄밀하거나 심도 있다고 보기는 어렵지만 이러한 논제를 다루었다는 점에서 한국에서 중국의 재생가능에너지 분야에 대한 논의의 지평을 넓혔다는 데 의의가 있다.

이 연구는 「재생가능에너지법」이라는 특정된 분야를 통해 중국의 법 발전에 대해서도 시사하는 바를 보여주었다. 2005년의 법 제정으로부터 시작하여 2009년의 법 개정 및 현재의 법 개정 논의를 통해 중국의 법제정비 과정을 분석하였다. 이 연구는 기존의 연구들과는 다른 연구방법을 취하였다. 기존의 연구들이 중국 「재생가능에너지법」의 해석과 문제 분석에만 치중한 것과는 달리 이 글에서는 「재생가능에너지법」의 제정과 개정과정에 있었던 논의내용들을 자세히 분석하였다. 이러한 분석을 통해, 무엇 때문에 이러한 문제점들이 존재하게 되었고 아직 해결이 어려운 이유는 무엇인지에 대해 깊이 있게 분석, 연구하였다. 오직 이유를 파악해야만 그 해결방안을 정확하게 제시할 수 있다. 따라서 이 글에서는 이유의 파악에만 그치지 않고 현존하는 문제점들을 어떠한 방법으로 극복해 나갈 수 있을지에 대해 고민하고 그 해결책들을 제시하고자 하였다.

또한 이 연구에서는 중앙정부와 그 부문, 지방정부와 그 부문, 전력회사, 발전회사, 연구기관, 사회대중 등 다양한 이해관계자들이 중국의 「재생가능에너지법」 제정에 어떠한 형태로 관여하고 그 의견을 제출하며 실제로 입법에 중요한 역할을 하는 주체는 누구인지에 대해 살펴보았다. 아직까지 중국 내에서도 이런 측면에서 하나의 제도를 심도 있게 분석한 논문은 흔치 않다. 이 글에서는 국가발전개혁위원회, 국가에너지국, 국가전력감독관리위원회 등 다양한 중국의 정부부문이 재생가능에너지산업에 대한 관리 주도권을 차지하기 위해 어떤 형태로 입법에 개입하였으며 그 반영상태를 통해 과연 어느 정부부문의 영향력이 가장 큰지에 대해서도 실태를 살펴보았다. 정부부문을 제외하고도 서로 다른 재생가능에너지원과 발전상태를 가지고 있는 지역들이 어떤 의견차이를 보이는지, 그리고 기업체와 사회대중을 포함하여 비정부부문이 입법에서 어떠한 역할을 하는지도 살펴보았다.

이 연구를 시작하면서부터 미국과 EU 등 국가가 중국의 풍력발전설비, 태양광발전산업에 대해 보조금과 덤핑이 존재한다는 이유를 들어 조사를 개시하여 일부 규제가 이루어지고 있는바, 향후 중국정부가 이들 산업에 대한 정책을 수정해야 할 것이라고 예측하였다.

이러한 예측은 최근 들어 점차 사실로 되고 있는 추세다. 예를 들어, 2012년 12월 19일 개최된 국무원 상무회의에서는 광전지산업의 건전한 발전을 촉진하기 위하여 산업구조조정과 기업의 합병 및 재조합을 장려하도록 하였다. 또한 낙후 생산능력을 도태시키며 단순히 생산능력을 확대하는 다결정 규소, 광전지 및 부품항목의 신규건설을 엄격히 통제하도록 하였고 국내 광전지 이용시장을 적극 개척하도록 하였다. 이는 중국정부가 광전지 발전과 관련하여 국제시장을 적극 개척하던 데로부터 국내시장으로 눈길을 돌리기 시작했음을 의미한다. 따라서 향후 지원정책에 있어서도 국내시장을 개척하는 방향으로 이전하려는 의도로 분석된다. 이러한 추세는 풍력발전설비 산업에 있어서도 이어질 것으로 보인다. 이를 입증할 수 있는 근거는 미국이 지난 12월 18일 중국의 풍력발전설비에 대해서도 상계관세를 부과하기로 하였다는데 있다. 즉, 향후 미국이나 EU에로의 풍력발전설비 수출에 있어서도 적신호가 켜지게 되는데 이를 해결할 방법은 국내시장을 적극 개척하는 것이다. 이 글은 이러한 특정된 배경하에서 더욱 그 연구의의를 가지게 된다.

중국은 2000년의 「입법법」 제정과 2001년의 WTO 가입을 계기로 국내 입법을 점차 개선해 나가고 있다. 특히 투명성 원칙에 입각하여 최대한 입법의 투명성을 보장하려 노력하고 있다. 그럼에도 불구하고 아직까지는 입법의 제약으로 인해 기업체, 전문가 또는 사회대중의 참여가 미약한 상황이다. 실제로 「재생가능에너지법」의 제정과 개정과정에서 보이듯이 입법위원 중 구체적으로 어느 입법위원이 입법의 통과과정에서 어떠한 의견을 냈고 이러한 의견이 어떻게 반영이 되었는지를 제대로 알기 어렵다. 또한 자료의 검색과정에서

도 법률차원의 입법보다는 행정입법 특히 차원이 비교적 낮은 각 부
문의 규범성문건이 매우 많았는데 이들을 전부 검색하고 또한 이러
한 법령이 현재 어떻게 시행되고 있는지 및 이미 폐지나 개정이 되
었는지를 조사하는 데 많은 어려움이 있었다. 따라서 이러한 문제점
들은 이 글에서 연구를 수행하는 데 있어 많은 제한을 가하게 되었
다. 정보 접근성의 한계로 보다 깊이 있는 연구가 이루어지지 못한
것이다.

중국의 재생가능에너지 법제는 많은 발전을 가져왔고 또한 이는
중국 재생가능에너지 발전을 이끌었다. 하지만 이 연구에서 논의한
것처럼 아직 많은 문제점이 존재한다. 이들 중에서 다양한 이해관계
자(정부부문과 기업체)의 이익충돌로 인해「재생가능에너지법」의 적
용범위, 주도역할을 하는 정부부문과 기타 정부부문의 관계 확정,
전력회사와 발전회사의 이익조정 등이 향후의 해결과제로 남아 있
다. 특히 현재의 FIT제도가 문제에 봉착한 시점에서 RPS제도로 과
도를 할 것인지 아니면 양자를 결부시켜 사용할 것인지 등의 문제도
여전히 논란 중이다. 향후 이러한 논쟁점들이 어떤 전개양상을 보이
는지, 관련 이해당사자들이 어떤 입장을 보이는지, 그러한 입장을
보이는 이유는 무엇인지에 대한 보다 깊이 있는 연구가 필요하다.
미국, 영국, 독일, 일본, 한국 등 선진국들이 재생가능에너지 정책을
입안하면서 경험하였던 FIT제도와 RPS제도의 선택과 실제 효과, 재
생가능에너지 주관부문과 기타 부문의 관계 확정,「재생가능에너지
법」의 적용범위, 전력회사와 발전회사의 이익조정 등에 대해서도 비
교분석을 통해 중국에 대한 시사점을 도출하고 비판적으로 수용하
는 연구도 이 연구에서 다루지 못했지만 앞으로 더 깊이 있게 연구

해봐야 할 것이다. 또한 중국과 같은 개발도상국의 입장에서 기후변화를 포함한 환경보호, 경제발전, 에너지안보라는 세 가지 목적을 어떻게 잘 조화해 나갈 수 있을지에 대한 연구와 재생가능에너지산업에 대한 지원으로 기타 국가들과 발생하게 되는 무역분쟁에 대해서 어떻게 효과적으로 대응해 나아갈 수 있을지에 대한 부분도 향후 연구가 시급한 부분이다.

참고문헌

강석훈·최상진·김종욱(2007), 「국제에너지 현황 및 수소에너지 연구개발 동향」, 『한국수소 및 신에너지학회논문집』, 18(2): 216~223.

강효백(2011), 「중국 신재생에너지법제의 현황과 문제점」, 『중앙법학』, 13(2): 349~383.

구자상(2009), 기후변화대응을 위한 발전차액지원제도연구, 부산대학교 대학원 석사학위논문.

김상태·박종원(2011), 「일본 RPS법의 법정책적 시사점」, 『한양법학』, 33: 143~166.

김정순(2008), 『신·재생에너지 관련법제 개선방안 연구』, 서울: 한국법제연구원.

김종우(2009), 「중국 재생가능에너지법에 대한 고찰」, 『법학논총』, 33(1): 391~432.

김주영·박세근·채화정(2009), 『중국 녹색성장 전략에 대비한 진출확대 방안』, 서울: 한국수출입은행.

김태온(2009), 「제도변화와 대체요인으로서 딜레마 대응에 관한 연구: 신·재생에너지 발전차액지원제도를 중심으로」, 『한국행정학보』, 43(4): 179~208.

김태호(2008), 「저탄소도 성장동력도 안 되는 재생가능에너지 목표」, 『월간 함께 사는 길』, 2008(10): 22~23.

박지현(2012), 「유럽의 신재생에너지정책과 FIT(Feed-in Tariff)의 통상법적 쟁점-캐나다-재생에너지발전분야사건을 중심으로-」, 『홍익법학』, 13(1): 771~796.

서현석·최준환(2010), 「중국 재생가능에너지의 발전 방향 연구」, 『전자무역연구』, 8(1): 103~120.

에너지경제연구원(2010), 『주요국 신재생에너지 정책 동향 및 그린에너지산업, 기술개발 전략 분석의 시사점』, 경기도: 에너지경제연구원.

원동아(2011), 『한·중 신재생에너지 정책비교와 시사점』, 서울: 국회예산정책처.

유희문(2009), 「중국 신재생에너지 정책과 한·중 협력의 가능성」, 『동북아경제연구』, 21(3): 219~252.

윤순진(2003), 「지속가능한 에너지체제로의 전환을 위한 에너지정책 개선방
        향: 재생가능에너지관련 법 제도에 대한 비판적 검토를 바탕으로」, 『한
        국사회와 행정 연구』, 14(1): 269~300.
______(2005), 「에너지 안보의 대안: 재생가능에너지」, 『국제평화』, 2(1):
        33~80.
______(2008a), 「고유가와 기후변화시대의 에너지 대안」, 『환경과 생명』, 57:
        126~147.
______(2008b), 「한국의 에너지체제와 지속가능성: 지속 불가능성의 지속에
        대한 분석을 중심으로」, 『경제와 사회』, 78: 12~56.
______(2010a), 「대규모 조력발전, 정말 친환경인가?」, 『전기저널』, 406: 6~7.
윤천석(2009), 『신재생에너지』, 서울: 인피니티북스.
이동권(2008), 「재생에너지가 인류의 희망이다: 시대착오적인 이명박 정부의
        재생에너지 정책」, 265: 68~71.
이로리(2010), 「탄소세의 국경세 조정에 대한 WTO법적 검토」, 『국제법학회
        논총』, 55(1): 161~185.
이수진·윤순진(2011), 「재생가능에너지 의무할당제의 이론과 실제: RPS 도
        입국가들에 대한 분석을 바탕으로」, 『환경정책』, 19(3): 79~111.
이종영(2009), 「신·재생에너지의 대상에 관한 법적문제-DME의 신에너지로
        적합성-」, 『환경법연구』, 31(3): 249~281.
이찬송·윤순진(2010), 「기후변화의 국제정치경제: 기후변화레짐 내 환경-
        무역 갈등」, 『한국사회와 행정연구』, 21(3): 163~193.
정연부(2010), 「녹색성장을 위한 '신에너지 및 재생에너지 개발 이용 보급 촉
        진법'의 문제점과 개선방안」, 『조선대 법학논총』, 17(1): 543~570.
진상현·한준(2009), 「신재생에너지의 개념 및 정책적 타당성에 관한 연구」, 『한
        국정책학회보』, 18(1): 187~218.
최인호(2011), 「기후변화체제에 대비한 재생가능에너지의 촉진을 위한 국내
        법제의 연구」, 『한국법정책학회 법과 정책연구』, 11(2): 425~488.
최현경(2009), 「신재생에너지 의무할당제도(RPS)와 발전차액지원제도(FIT)의
        비교와 시사점」, 『KIET 산업경제』, 124: 26~38.
크레이크 모이스, 전용두 역(2008), 『에너지 스위치』, 공주: 공주대학교 출
        판부.
한귀현(2010), 「신재생에너지법제의 최근 동향과 그 시사점-유럽연합과 독
        일의 경우를 중심으로-」, 『공법학연구』, 11(2): 437~471.
蔡守秋(1986), 「國家政策與國家法律、黨的政策的關係」, 『武漢大學學報(社會科學版)』, 1986(5): 65~70.

陳廷輝(2010), 「淺談協調≪可再生能源法≫與相關法律關係的對策」, 『風能』, 2010(3): 28~31.

陳勇(2007), 「推進我國可持續能源發展的法律思考」, 『電力環境保護』, 23(2): 20~23.

褚君浩(2012), 「建议修改≪电力法≫为可再生能源发展扫清障碍」, 新華網.

代春豔等(2012), 「我國可再生能源資訊采集與統計存在問題及對策建議」, 『中國能源』, 34(3): 28~32.

杜群·廖建凱(2011), 「德國與英國可再生能源法之比較及對我國的啟示」, 『法學評論』, 170: 75~81.

龔柏華(2010), 「可再生能源產業鼓勵措施與WTO補貼合規性研究--以免費碳排放配額及交易措施為視角」, 『世界貿易組織動態與研究』, 17(6): 5~11.

國家司法考試輔導用書編輯委員會(편)(2008), 『2008年國家司法考试辅导用書』, 北京: 法律出版社.

國家統計局(편)(2011), 『中國統計年鑑2011』, 北京: 中國統計出版社.

郭文娟·薛惠锋(2008), 「可再生能源的利用与可持续發展」, 『武汉電力職業技術學院學报』, 6(3): 34~36.

黃建初(편)(2010), 『中華人民共和國可再生能源法釋義』, 北京: 法律出版社.

黃夢華(2010), 「歐盟可再生能源政策研究」, 『中國商界』, 2010(8): 1~3.

______(2011), 「中國可再生能源政策研究」, 青島大學碩士學位論文.

黃志雄·羅嫣(2011), 「中美可再生能源貿易爭端的法律問題--兼論ＷＴＯ綠色補貼規則的完善」, 『法商研究』, 145: 35~43.

栗寶卿(2010), 「促進可再生能源發展的財稅政策研究」, 財政部財政科學研究所博士學位論文.

蔣懿(2009), 「德國可再生能源法對我國立法的启示」, 『时代法學』, 7(6):117~120.

____(2010), 「中德可再生能源法比較研究」, 中國政法大學碩士學位論文.

賴超超(2007), 「可再生能源開發利用中的政府規劃檢討及改進--基于系統論的分析」, 『南京工業大學學報(社會科學版)』, 6(3): 26~30.

藍蘭(2009), 「可持續發展理念下我國能源法律制度研究」, 重慶大學碩士學位論文.

李京京·莊幸(2001), 「我國新能源和可再生能源政策及未來發展趨勢分析」, 『中國能源』, 2001(4): 5~9.

李俊峰·王仲穎(편)(2005), 『中華人民共和國可再生能源法解讀』, 北京: 化學工業出版社.

李艷芳(2005), 「我國≪可再生能源法≫的制度構建與選擇」, 『中國人民大學學報』, 2005(1): 133~140.

＿＿＿＿(2008), 「我國可再生能源管理體制研究」, 『法商研究』, 128: 91~98.

＿＿＿＿(2010), 「氣候變化背景下的中國可再生能源法制」, 『政治与法律』, 2010(3): 11~21.

＿＿＿＿劉向寧(2008), 「我國≪可再生能源法≫與其他相關立法的協調」, 『社會科學研究』, 2008(6): 29~36.

＿＿＿＿岳小花(2010), 「論我國可再生能源法律體系的構建」, 『甘肅社會科學』, 2010-(2): 7~11.

＿＿＿＿張牧君(2011), 「论我國可再生能源配额制的建立--以落實我國≪可再生能源法≫的規定为视角」, 『政治与法律』, 2011(11): 2~9.

林承鐸(2010a), 「我國可再生能源立法的構建與完善」, 『華北電力大學學報(社會科學版)』, 2010(2): 13~16.

＿＿＿＿(2010b), 「中國可再生能源立法的完善」, 『長安大學學報社會科學版』, 12(2): 96~99.

劉婷(2005), 「中國可再生能源立法研究」, 東北林業大學碩士學位論文.

刘小冰·张治宇(2007), 「我国新能源与可再生能源立法的检讨与完善」, 『南京工业大学学报(社会科学版)』, 6(3): 16~20.

呂薇(2008), 『可再生能源:發展机制与政策』, 北京: 中國財政经济出版社.

毛磊(2008), 「打開百姓參與立法的大門-中國立法機關公開法律草案由特例成爲常態」, 『中國人大』, 2008(5): 19~25.

毛如柏(2007), 「關于加強實施≪可再生能源法≫的主要措施建議」, 『中國建設動態(陽光能源)』, 2007(3): 10~13.

孟雁北(2007), 「我國≪可再生能源法≫的制定與實施問題研究」, 『中國建設動態(陽光能源)』, 2007(3): 7~11.

牛忠志·張曉婷(2008), 「我國≪可再生能源法≫若干問題完善構想」, 『山東科技大學學報(社會科學版)』, 10(4): 23~27.

任東明·曹靜(2003), 「論中國可再生能源發展機制」, 『中國人口·資源與環境』, 13(5): 16~19.

商務部(2012a), 對原產于美國的進口太陽能級多晶矽進行反補貼立案調查的公告.

＿＿＿＿(2012b), 對原產于美國和韓國的進口太陽能級多晶矽進行反傾銷立案調查的公告.

＿＿＿＿(2012c), 關于對美國可再生能源產業的部分扶持政策及補貼措施貿易壁壘調查最終結論的公告.

＿＿＿＿(2012d), 關于對歐盟多晶矽反補貼立案的公告.

________(2012e), 關于對歐盟多晶矽反傾銷立案的公告

沈大勇·龔柏華(2011), 「中美淸潔能源產業爭端的解決路徑-中美風能設備補貼爭端案的思考」, 『世界經濟研究』, 2011(7): 49~53.

沈木珠(2011), 「多邊法律體制下碳關稅的合法性新析」, 『國際貿易問題』, 2011(5): 149~156.

時麗·李俊峰(2005), 「≪可再生能源法≫制定的背景和基本思路」, 『上海電力』, 2005(6): 551~554.

宋彪(2009), 「論可再生能源法的强制性規則」, 『江海學刊』, 2009(3): 149~154.

宋鴻(2011), 「美國新能源政策的轉變對我國可再生能源發展的影響」, 『電力與能源』, 32(6): 436~439.

孫濤(2010), 「能源轉換與可持續發展」, 『環境與可持續發展』, 2010(2): 60~62.

陶令霞·王德芝·劉瑞芳(2001), 「淺談可持續發展與環境保護」, 『河南教育學院學報(自然科學版)』, 2001(9): 52~53.

王博(2010), 「固定電价收購制度和配额制在推進可再生能源利用方面的比較」, 『西安邮電學院學报』, 15(2): 97~101.

王鳳春(2005), 「加快我國可再生能源發展的法律保障-≪中華人民共和國可再生能源法≫簡介」, 『節能與環保』, 2005(3): 2~3.

汪崗·王琦·劉小勇(2011), 「中國可再生能源發展現狀分析」, 『北方環境』, 2011(5): 9.

王革華等(편)(2005), 『能源與可持續發展』, 北京: 化學工業出版社.

王利軍(2009), 「≪可再生能源法≫監管機制存在的問題及對策」, 『學理論』, 2009(27): 11~12.

王利明(2007), 『物權法研究』, 北京: 中國人民大學出版社.

王明遠(2007a), 「'看得見的手'為中國可再生能源產業撐起一片亮麗的天空?-基于≪中華人民共和國可再生能源法≫的分析」, 『現代法學』, 29(6): 155~166.

________(2007b), 「我國能源法實施中的問題及解決方案--以≪節約能源法≫和≪可再生能源法≫為例」, 『法學』, 2007(2): 122~129.

王曉天·薛惠鋒(2012), 「可再生能源投資決策行為影響因素實證分析與政策啟示」, 『西安理工大學學報』, 28(1): 115~120.

王燕·張磊, 「相同碳關稅抑或區別碳關稅: WTO框架下的選擇--以"同類產品"的認定標準為視角」, 『西部法學評論』, 2012(5): 127~132.

王云(2008), 「我國可再生能源政策的發展历程及對策选择」, 『可再生能源开發利用研讨會论文集』, 16~19.

王志軒(2005), 「法律框架下的可再生能源發影響因素分析」, 『中國電力』, 38(9): 74~78.

王仲穎等(편)(2007),『中國可再生能源法實施回顧與評價總報告2006』.

______等(편)(2008),『中國可再生能源產業發展報告2007』, 北京: 化學工業出版社.

______等(편)(2012),『中國可再生能源产業發展报告2011』, 北京: 化學工業出版社.

魏聖香(2011),「碳關稅條款研究: 基本理論、立法模式與應對之策」,『甘肅政法學院學報』, 119: 92~100.

溫慧卿(2012),『中國可再生能源補貼制度研究』, 北京: 中國法制出版社.

肖江平·肖乾剛(2004),「'可再生能源'的法律定義」,『法學評論』, 124: 101~106.

謝治國·胡化凱·張逢(2005),「建國以來我國可再生能源政策的發展」,『中國軟科學』, 2005(9): 50~57.

許泰秀(2010), 韓中兩國新可再生能源政策比較與合作展望, 大連理工大學碩士學位論文.

徐顯明(2005),「進一步完善我國公民參與立法的制度」,『人大研究』, 161: 25~26.

徐致遠(2011),「論我國立法活動中的公衆參與」,『山西省政法管理幹部學院學報』, 24(1): 1~3.

嚴陸光(2008),「積極構建我國能源可持續發展體系與發展電力新技術」,『電工電能新技術』, 27(1): 1~9.

葉波(2011),「美國碳關稅制度的法律和政治簡析」,『法學評論』, 168: 106~110.

殷永元(2002),「氣候變化适應對策的评价方法和工具」,『冰川凍土』, 24(4): 426~432.

曾东红(2005),「发达国家可再生能源融资法律制度的发展趋势及借鉴」,『南方经济』, 2005(12): 110~112.

曾加·董飛(2011),「對完善中國《可再生能源法》的幾點思考」,『西北大學學報(哲學社會科學版)』, 41(2): 147~151.

張正敏等(1999),「中美可再生能源政策比較與分析及其建議」,『中國能源』, 1999(7): 22~25.

趙振宇·范磊磊(2010),「可再生能源法規、政策分析及其對發電結構的影響」,『可再生能源』, 28(4): 5~9.

趙玉意(2012),「論中國在碳減排體系中的定位-基于美國「碳關稅」措施的反思」,『貴州社會科學』, 273: 39~42.

周勇·李燕(2004),「我國可再生能源法若干問題研究」,『中國礦業大學學報(社會科學版)』, 2004(2): 33~36.

朱軍(2006),「促进我国可再生能源发展的财税政策研究」, 中央財經大學碩士學位論文.

Arne Klein, Benjamin Pfluger, Anne Held, Mario Ragwitz and Thomas Faber(2008), *Evaluation of Different Feed-in Tariff Design options-Best*

Practice Paper for the International Feed-In Cooperation(2nd ed.), Energy Economics Group.

Barry Friedman, Lori Bird and Galen Barbose(2009), *Energy Savings Certificate Markets: Opportunities and Implementation Barriers*, National Renewable Energy Laboratory.

Claire Kreycik, Laura Vimmerstedt, and Elizabeth Doris(2010), *Framework for State-Level Renewable Energy Market Potential Studies*, National Renewable Energy Laboratory.

Elizabeth Doris, Sean Ong, and Otto Van Geet(2009), *Rate Analysis of Two Photovoltaic Systems in San Diego*, National Renewable Energy Laboratory.

ITA(2012a), *Crystalline Silicon Photovoltaic Cells, Whether or Not Assembled Into Modules, From the People"s Republic of China: Final Affirmative Countervailing Duty Determination and Final Affirmative Critical Circumstances Determination*.

____(2012b), *Utility Scale Wind Towers From People's Republic of China: Alignment of Final Countervailing Duty Determination With Final Anti-dumping Duty Determination*.

Karlynn Cory, Charles Coggeshall, Jason Coughlin, and Claire Kreycik(2009), *Solar Photovoltaic Financing: Deployment by Federal Government Agencies*, National Renewable Energy Laboratory.

Lincoln Davies(2011), "Incentivizing Renewable Energy Development: Renewable Portfolio Standards and Feed in Tariffs," *Journal of Law and Legislation*, 2011(1), 39~91.

Lori Bird, David Hurlbut, Pearl Donohoo, Karlynn Cory, and Claire Kreycik(2010), *Examination of the Regional Supply and Demand Balance for Renewable Electricity in the United States through 2015: Projecting from 2009 through 2015(Revised)*, National Renewable Energy Laboratory.

Mazmanian, D. and Michael E. Kraft(Eds.)(2009), *Toward Sustainable Communities: Transitions and Transformations in Environmental Policy(2nd ed.)*, The MIT Press.

NREL(2010a), *International Clean Energy Analysis Gateway: Assisting Developing Countries with Clean Energy Deployment(Fact Sheet)*, National Renewable Energy Laboratory.

______(2010b), *Solar Power and the Electric Grid, Energy Analysis(Fact Sheet)*, National Renewable Energy Laboratory.

Paul Denholm and Marissa Hummon(2010), *Value of Concentrating Solar Power and Thermal Energy Storage*, National Renewable Energy Laboratory.

___________________________________, Erik Ela, Brendan Kirby and Michael Milligan(2010), *Role of Energy Storage with Renewable Electricity Generation*, National Renewable Energy Laboratory.

Steven Ferrey(2011), "A Comparison of Renewable Portfolio Standards and Feed in Tariffs as Legislative Mechanisms to Provide Renewable Power Incentives: Impacts on Power Supply, Transmission and Grid Intermittency," *Journal of Law and Legislation*, 2011(1), 93~126.

Toby Couture and Karlynn Cory(2009), *State Clean Energy Policies Analysis(SCEPA) Project: An Analysis of Renewable Energy Feed-in Tariffs in the United States(Revised)*, National Renewable Energy Laboratory.

UNDP(2000), *World Energy Assessment: Energy and the Challenge of Sustainability*, New York: United Nations.

Wolman, H. and Spitzley, D.(1996), "The Politics of Local Economic Development," *Economic Development Quarterly*, 10(2), 115~150.

WTO(2011), *China-Measures Concerning Wind Power Equipment: Request for Consultations by the United States*.

부록 1 중한용어대조표

중국식표현	한국식 유사표현
국무원 직속사업단위	중앙행정기관의 일종
규범성문건	고시
기준 전기요금	전기 기준가격
단위	기관, 단체, 회사
부문규정	시행규칙
전국인민대표대회 대표	국회의원
전국인민대표대회 및 상무위원회	국회
전국인민대표대회 상무위원회 위원장	국회의장
전국인민대표대회 전문위원회	국회 상임위원회 및 특별위원회
지방성법규	조례
지방정부규정	규칙
최고인민검찰원	대법원
최고인민법원	대검찰청
행정법규	시행령

부록 2 중국의 재생가능에너지산업 지원조치

1. 바이오에너지산업

바이오에너지발전 · 바이오화공발전재정세수지원정책실시의견

제1항: 식량의 단계적인 공급이 수요를 초과하는 경우, 국가는 계획적으로 일부 식량을 바이오에너지로 가공, 전환한다. 국가는 줄기, 나뭇가지 등 농림폐기물을 이용하고, 감자류, 수수 등 비식량 농작물과 유동의 씨, 황련목 등 목본유료나무를 원료로 가공하여 바이오에너지를 생산하는 것을 장려하고, 알칼리성 토지, 민둥산과 황무지 등 미이용토지를 이용하여 바이오에너지 원료기지를 건설하도록 장려한다.

제3항: 석유가격의 변동이 바이오에너지와 바이오화공에 야기한 시장리스크를 없애기 위해, 리스크기금제도와 탄력적 결손보조금제도를 수립한다. 석유가격이 기업의 정상적인 생산경영 최저액보다 높은 경우, 국가는 결손보조를 제공하지 않으며 기업은 리스크기금을 수립해야 한다. 석유가격이 최저액보다 낮은 경우, 우선 기업의 리스크기금을 이용하여 결손을 보완하며 만약 유가가 장기적으로 저가에 처한 경우, 탄력적 결손보조제도를 시작한다. "회사+농호" 방식으로 경영하는 바이오에너지와 바이오화공 주요기업에 대해 국가에서 적당히 보조한다. 국가는 중대한 의미가 있는 바이오에너지 및 바이오 화공 생산기술의 산업화시범을 장려하여 기술저장을 증가하도록 하며 시범기업에 대해 적당한 보조를 제공한다. 국가에서

확실히 지원해야 할 필요가 있는 바이오에너지와 바이오 화공생산 기업에 대해 국가는 세수우대정책을 제공하여 관련 기업의 경쟁력을 증가한다. 식량을 원료로 하여 생산한 바이오에너지와 바이오화공에 대해 국가는 엄격한 계획통제를 실시하며 국가계획에 따라 생산한 경우에야 재정세수지원정책을 향수한다. 감자류, 수수 등 비농림작물을 원료로 생산한 바이오에너지와 바이오화공의 경우 원료기지를 부대로 건설해야 하고 원료기지를 가진 바이오에너지와 바이오화공기업만이 국가의 재정세수정책을 향수할 수 있으며 원료기지 건설은 민둥산, 황폐한 경사지 등 미이용토지를 개발 이용해야 한다.

바이오에너지·바이오화공비곡식유도장려자금관리잠정방법

제2조: 중앙재정은 바이오에너지와 바이오화공 비식량 유도 장려 전문자금을 배치하여 비식량을 원료로 하는 바이오에너지와 바이오화공 확대생산, 생산공정 최적화, 바이오에너지와 바이오화공산업의 건전한 발전 촉진을 지원하며 그 지원범위는 다음과 같다. (1) 줄기류 목질섬유를 이용한 에틸알코올제조 확대생산시범. (2) 수수를 이용한 에틸알코올제조 확대생산시범. (3) 감자류를 이용한 에틸알코올제조 기술창조, 생산공정 최적화시범. (4) 임목과실 등을 원료로 한 바이오디젤유 확대생산시범. (5) 가공사슬 연장, 산업부가치를 제고하는 바이오화공과 바이오에너지 공동생산 확대생산시범. (6) 재정부에서 비준한 기타 비식량을 원료로 하는 바이오에너지와 바이오화공 최적화 공정 또는 확대생산시범.

제4조: 조건에 부합되는 항목은 소재지의 재정부문에 비식량 유도 장려자금을 신청할 수 있으며 구체적으로 다음이 포함된다. (1) 건설

기간 이자할인. 심사를 통해 표준에 도달한 시범항목에 대해 그 확대생산 또는 기술창조항목의 대출에 대해 건설주기 내 전액 재정 이자할인을 제공한다. (2) 준공, 생산투입 후 장려. 시범항목의 생산투입 후 검수와 평가를 거쳐 확대생산 후의 각종 지표가 표준에 규정한 중국 내 시범수준 이상인 경우, 공업화 생산과정을 통합하거나 또는 생산공정 최적화 측면에서 발전이 있고 표준에 도달한 경우, 재정은 장려를 제공하며 장려의 액수는 원칙적으로 기업이 확대생산 또는 공정최적화로 인하여 투입이 증가된 부분의 20~40%에 한정된다.

바이오에너지·바이오화공원료기지보조자금관리잠정방법

제7조: 중앙재정은 전문자금을 배치하여 원료기지의 보조에 이용하며 자금의 사용범위는 다음과 같다. (1) 종자(묘) 번식, 재배, 육성보호, 토지평정 등 원료기지와 관련되는 생산성격의 지출. (2) 기술지도, 공정검수, 감독검사, 방안심사비준 등 원료기지와 관련되는 관리비용 지출. (3) 재정부에서 비준한, 바이오에너지와 바이오화공 관련 기타 지출(제3조). 임업원료기지의 보조표준은 200위안/무이고 보조금액은 재정부가 동 표준 및 확인한 원료기지실시방안에 따라 확정한다. 농업원료기지 보조표준은 원칙적으로 180위안/무로 하고 구체표준은 알칼리성토지, 황무지 등 서로 다른 유형의 토지에 따라 확정하며 보조금액은 재정부가 구체표준 및 확인한 원료기지실시방안에 따라 확정한다.

바이오연료에틸알코올탄력보조금재정재무관리방법

제2조: 국가의 바이오연료에틸알코올 지역지정 생산기업은 탄력

보조금정책을 향수한다.

제4조: 원유가격이 인상되어 연료 에틸알코올의 판매결산가격이 기업의 실제 생산원가보다 높아 기업이 영리하는 경우, 국가는 결손보조금을 지불하지 않고 기업은 리스크기금을 설립하여야 하며 리스크기금은 기업의 전문계좌에 저축하고 향후 발생 가능한 결손에 전문 사용되어야 한다.

제5조: 연료에틸알코올의 판매결산가격이 표준생산원가에 비해 낮아 기업에 결손이 발생한 경우, 우선 기업의 리스크기금으로 결손을 보완하며, 리스크기금이 결손을 보완할 수 없는 경우, 국가는 탄력보조금을 지급한다. 매년 연초에 재정부는 표준생산원가, 연료에틸알코올 판매결산가격에 근거하고 기업의 합리적인 이윤을 고려하여 재정보조금표준을 계산한다. 매년 11월에 계산하여 만약 원유가격, 식량가격의 파동이 기업의 영리와 결손에 대한 영향이 비교적 큰 경우, 연료 에틸알코올의 판매결산가격과 식량변동요소를 충분히 고려하여 기존 보조금표준에 대해 조정한다.

줄기에너지화이용보조자금관리잠정방법

제4조: 지원대상은 줄기성형연료, 줄기기체화, 줄기건류 등 줄기에너지화 생산에 종사하는 기업이며 발전부분에는 별도의 전문보조를 제공하지 않는다.

제5조: 보조자금은 주로 종합적 보조방식을 채용하며 기업의 줄기수집, 줄기에너지제품생산 및 시장보급을 지원한다.

2. 태양에너지산업

태양광전지건축이용재정보조자금관리잠정방법

제2조: 보조자금의 사용범위는 다음과 같다. (1) 도시 광전지 건축 일체화 이용, 농촌 및 편벽한 지역의 건축 광전지 이용 등에 대해 정액보조를 제공한다. (2) 태양에너지광전지제품 건축설치기술표준규정의 작성. (3) 태양에너지광전지건축이용 공성 핵심기술의 집성과 보급.

제6조: 2009년의 보조표준은 원칙적으로 20위안/wp로 정하며 구체 기준은 건축물과의 결합 정도, 광전지 제품기술의 선진 정도 등 요소에 근거하여 분류 확정한다. 이후 연도의 보조표준은 산업발전 상황에 근거하여 적당히 조정한다.

태양광전지건축이용추진실시의견

제3항: 광전지 건축이용 시범공정에 대해 자금보조를 제공하며 보조표준은 광전지 이용원가, 규모효과, 기업의 감당능력 등 요소를 종합적으로 고려하여 확정하며 산업기술진보, 원가감소 상황에 근거하여 매년 조정한다. 기술이 선진적이고 제품 효율이 높으며 건축 일체화 정도가 높은 시범항목을 우선 지원한다. 지방정부가 관련 재정지원정책을 출범하는 것을 장려하며 관련 재정세수지원정책을 출범한 지방이 중앙의 재정지원을 우선 취득하도록 한다.

3. 해양에너지산업

해양재생가능에너지전문자금관리잠정방법

제4조: 전문자금은 중점적으로 다음의 내용을 지원한다. (1) 편벽한 해도의 전력공급능력 제고와 전기가 없는 인구의 전력사용문제 해결을 목적으로 하는 독립전력시스템 시범항목으로서 해도파도에너지, 조류에너지 및 각종 재생가능에너지 상호보완형의 독립전력시스템시범항목 포함. (2) 해양에너지자원이 풍부한 지역에서 건설하는 해양에너지 대형 송전망 연결 전력시스템 시범항목으로서 조석에너지, 조류에너지, 파도에너지 발전소 등 송전망 연결 시스템이 포함된다. (3) 해양에너지 개발이용 핵심기술 산업화 시범항목으로서 발전시스템 핵심설비, 전체설비 및 부품, 해상설치시공 및 해상전력저장수송 등 핵심기술의 현지화생산 포함. (4) 해양에너지 종합개발이용기술연구와 실험항목으로서 온도차이에너지, 해양바이오에너지 등 새로운 기술, 새로운 장치, 새로운 방법 및 해양에너지 종합이용기술연구 및 실험항목 포함. (5) 해양에너지 개발이용표준 및 지원서비스체계 건설로서 해양에너지 자원탐사, 평가 및 정보시스템, 해양에너지 발전제품 및 송전망 연결 기술표준, 규범제정과 실험실 및 해상 종합테스트, 검사인증체계 건설 포함.

4. 건축산업

재생가능에너지건축이용전문자금관리잠정방법

제2조: 재생가능에너지 건축이용전문자금은 중앙재정에서 배치한,

재생가능에너지 건축이용의 지원에 전문 투입되는 자금이다.

제4조: 중점 지원분야는 다음과 같다. (1) 건축물과 일체화된 태양에너지 공급 생활열수, 난방과 냉방, 광전변환, 조명. (2) 토양원 열펌프와 옅은 층 지하수원 열펌프기술을 이용한 난방과 냉방. (3) 지표수가 풍부한 지역에서 담수원 열펌프기술을 이용한 난방과 냉방. (4) 연해지역의 해수원 열펌프기술을 이용한 난방과 냉방. (5) 오수원 열펌프기술을 이용한 난방과 냉방. (6) 기타 비준을 거친 지원분야.

제5조: 전문자금의 사용범위는 다음과 같다. (1) 시범항목의 보조. (2) 시범항목 종합에너지효율 테스트, 표식, 기술규범표준의 검증 및 개선 등. (3) 재생가능에너지 건축이용 공성 핵심기술의 집성 및 시범보급. (4) 시범항목 전문가 자문, 평가심사, 감독관리 등 지출. (5) 재정부가 비준한 재생가능에너지 건축이용과 관련되는 기타 지출.

제13조: 전문자금은 무상보조형식으로 지원되는데 재정부, 건설부는 원가증가량, 기술선진 정도, 시장가격파동 등 요소에 근거하여 매년 서로 다른 시범기술유형의 단위건축면적 보조금액수를 확정하며 서로 다른 기후지역 및 기술이용수준의 차별 등을 종합적으로 고려하여 보조금 액수에서 상하 10% 변동한다. 재생가능에너지 건축이용 공성 핵심기술 집성 및 시범보급, 에너지효율 테스트, 표식, 기술규범표준검증 및 개선 등 항목에 대해 비준을 거친 항목경비금액에 근거하여 전액 보조한다.

재생가능에너지건축이용도시시범실시방안

제3항: 시범에 포함된 도시에 대해, 중앙재정은 전문보조를 제공한다. 자금보조의 기준은 매 시범도시당 5,000만 위안이며, 구체적

으로 2년 내의 이용면적, 기술보급유형, 에너지대체효과, 능력건설 상황 등 요소에 근거하여 종합적으로 확정한다. 보급이용면적이 크고 기술유형이 선진적이며 에너지대체효과가 좋고 능력양성이 뛰어나며 자금운용에 있어 창조가 있는 경우 상응하게 보조액수를 증가하며, 각 시범도시의 자금보조 최고금액은 8,000만 위안을 초과하지 못한다. 반대로 상응하게 보조액수를 감소한다. 보조자금은 주로 공정항목건설 및 부대 능력양성 두 개 측면에 사용하며 재생가능에너지 건축이용공정항목에 사용되는 자금은 원칙적으로 보조총액의 90%를 초과해야 하며 부대 능력양성에 사용되는 자금은 주로 표준제정, 에너지효율 테스트 등에 사용된다.

5. 신에너지산업과 신에너지자동차산업

전략신흥산업육성·발전가속화결정

제2항: 현 단계에 중국이 중점으로 육성과 발전하는 산업에 신에너지산업과 신에너지자동차산업이 포함된다.

제3.5항: 신에너지산업과 관련하여, 태양에너지 열이용기술의 보급이용을 촉구하고 다원화된 태양광전지, 광열발전시장을 개척하고 풍력발전기술 장비수준을 제고하여 풍력발전 규모화발전을 추진하며 신에너지 발전에 적응되는 스마트 송전망 및 운영시스템 건설을 촉구한다. 또한 그 지역에 알맞게 바이오에너지를 개발 이용한다.

제3.7항: 신에너지자동차산업과 관련하여, 연료전지자동차 관련 선진기술의 연구개발을 촉구하고 고효율, 저배출의 에너지절약형 자동차의 발전을 대폭 추진한다.

제7.1항: 재정지원을 강화하여 기존 정책자원과 자금도경을 정합하는 기초 위에, 전략적 신흥산업발전 전문자금을 설치하고 안정적인 재정투입 증가체제를 구축하여 중앙재정의 투입을 증가하며 지원방식을 창조하여 중대한 핵심기술의 연구개발, 중대한 산업 창조 발전공정, 중대한 창조성과의 산업화, 중대한 응용시범공정, 창조능력양성 등을 중점적으로 지원한다.

제7.2항: 세수지원정책을 개선하여 현행 각종 과학기술투입과 과학기술성과 전화, 하이테크산업발전의 지원을 촉진하는 세수정책을 이행하는 전제하에, 세제개혁방향과 세의 종류 특징과 결부하고 전략적 신흥산업의 특점에 비추어 장려창조, 투자와 소비유치의 세수지원정책을 연구 및 개선한다.

제7.3항: 금융기관의 신용대출지원 강화를 장려하여 금융기관을 인도하여 전략적 신흥산업 특점에 적응하는 신용대출관리와 대출금 평가심사제도를 구축하도록 한다. 지적재산권의 저당융자, 산업사슬 융자 등 금융제품창조를 적극 추진하고 재정출자와 사회자금투입을 포함한 여러 차원의 담보체계를 촉구하여 구축하며 중소 금융기관과 신형 금융서비스를 적극 발전시킨다. 위험보상 등 재정우대정책을 종합적으로 이용하고 금융기관이 전략적 신흥산업의 발전을 지원하는 강도를 높이도록 촉진한다.

개인신에너지자동차구매보조금시점전개통지

제5조: 개인이 신에너지 자동차를 직접 구매하는 경우, 중앙재정은 자동차생산기업에 보조를 제공하며, 자동차 생산기업은 보조금액을 공제한 후의 가격으로 신에너지 자동차를 개인고객에게 판매한

다. 차량임대의 경우, 중앙재정은 자동차생산기업에 보조를 제공하
며, 자동차생산기업은 보조금액을 공제한 후의 가격으로 신에너지
자동차를 임대기업에 판매한다.

6. 농촌지역

농촌지역재생가능에너지건축이용추진실시방안

제4.1항: 국가에서 중점적으로 지원하는 이용분야는 다음과 같다.
(1) 농촌 초등·중학교의 재생가능에너지 건축이용인데 태양에너지
욕실건설을 추진하여 학교 사생의 생활온수수요를 해결하고 태양에
너지, 옅은 층 지열에너지 난방공정, 옅은 지열 열펌프 등 기술을 이
용하여 초등·중학교의 난방수요를 해결하며 태양주택을 건설하여
교실 등에 난방을 제공한다. (2) 현(진), 농촌 거주민의 주택 및 위생
원 등 공공건축에 대해 재생가능에너지 건축 일체화 이용을 실시한
다(제2항). 현(현급 시 구역 포함)을 단위로 하여 전체적으로 추진하
고 먼저 시범을 하며 단계를 나누어 시작하고 여러 차례 나누어 실
시하는데 매년 각 성(자치구, 직할시)에서 신고하는 시범현은 원칙적
으로 4개를 초과할 수 없다(제3항). 2009년 농촌 재생가능에너지 건
축이용 보조표준은 지원 열펌프 기술이용은 60위안/m², 일체화 태양
에너지 열이용은 15위안/m², 가게당 태양에너지 욕실, 태양에너지주
택 등은 새로 증가된 투입의 60%를 보조하며 이후 연도의 보조표준
은 농촌 재생가능에너지 건축이용원가 등 요소에 근거하여 적당히
조정한다. 각 시범현의 보조자금 총액은 상술한 보조표준, 재생가능
에너지 보급이용면적 등에 근거하여 확정하며 각 시범현의 보조자

금 총액은 최고 1,800만 위안을 초과할 수 없다.

호남성농촌재생가능에너지조례

제18조: 농촌재생가능에너지의 개발 이용 시 다음의 우대를 향수한다. (1) 관련 주관부문의 인정을 거쳐 국가 "재생가능에너지산업발전지도목록"에 속하는 항목이거나 또는 하이테크에 속하는 항목인 경우, 국가와 성 정부의 관련규정에 따라 자금, 신용대출, 세수, 외자의 도입이용 등 측면에서 지원한다. (2) 농호가 자류지, 주택주변의 유휴지를 이용하여 가게용 메탄가스 못을 건설하는 경우 건설용지 심사비준수속을 받을 필요가 없다. (3) 농호가 지열에너지를 자체 사용하는 경우, 광산자원 보상비용을 면제한다.

산동성농촌재생가능에너지조례

제17조: 줄기의 기체화 기술을 이용하여 농촌에 집중적으로 가스를 공급하거나 줄기 기체화, 고체화기술의 항목을 이용하여 구매한 설비에 대해 국가와 성의 메탄가스, 농기기 설비에 대한 우대지원정책을 향수하며 농촌 거주민의 주택이 태양에너지를 이용하여 온수와 난방을 제공하거나 에너지절약 부뚜막을 구매, 사용하는 경우 국가와 성의 보조금을 향수한다.

호북성농촌재생가능에너지조례

제26조: 혐기성발효 등 기술을 이용하여 유기쓰레기, 오수와 가축, 가금 양식폐기물을 처리하여 생성된 메탄가스를 발전에 이용하거나 농촌에 집중 가스공급을 하거나 줄기발효 메탄가스, 줄기기체화, 줄

기고체화 등 기술을 이용하여 줄기를 종합 이용하는 경우 현급 이상
정부는 관련규정에 따라 보조금을 지급해야 한다.

제27조: 농촌에서 새로 건설하거나 또는 개축하는 교사, 병원, 양
로원 등 공용시설에 태양에너지 온수공급, 난방공급, 광전지 발전과
건축에너지기술을 채용한 경우, 현급 이상 정부는 관련규정에 따라
적당한 보조금을 지급해야 한다.

제28조: 농촌거주민 또는 농촌집단경제조직이 농촌 메탄가스항목
을 집중 건설한 경우, 현급 이상 정부는 관련규정에 따라 보조금을
지급해야 한다.

유향란 ───

서울대학교 도시계획학 박사
공학학사, 법학학사, 이학석사

서울대학교 환경계획연구소 연구원 역임
장안대학교 외국인교수 역임
현) 한국 남서울대학교 외국인교수
　　중국 절강대학교 한국연구소 객좌교수
　　중국 상하이금융법률연구원 연구원
　　중국 절강성 번역협회 전문위원
　　일본 동경대학교 방문학자

환경부 대표블로그 우수 기자 장관상 등 수상
여성고위지도자과정 38기
부동산최고경영자과정 4기

『중국 에너지법 연구』
『중국 기후변화적응법제 연구』
『황사문제와 동북아환경협력』
「중국순환경제촉진법 제정의 현황과 전망」
「한중 시스템다이내믹스가 물 환경보호에서의 응용 비교연구」
「중국물류정책의 특징과 추진전략 및 시사점 도출」
「폐식용유의 재활용 증대방안에 관한 연구」
「중국의 新 에너지절약법에 관한 고찰」
「환경교육프로그램 활용 및 운영에 관한 연구」
「两岸环境问题」
「浅析中埃两国清洁能源问题」
등 다수의 논문과 저서 발표 및 연구과제 수행

중국 재생가능에너지법의 핫이슈

초 판 인 쇄 | 2013년 10월 31일
초 판 발 행 | 2013년 10월 31일

지 은 이 | 유향란
펴 낸 이 | 채종준
펴 낸 곳 | 한국학술정보㈜
주　　　소 | 경기도 파주시 문발동 파주출판문화정보산업단지 513-5
전　　　화 | 031) 908-3181(대표)
팩　　　스 | 031) 908-3189
홈 페 이 지 | http://ebook.kstudy.com
E-mail | 출판사업부　publish@kstudy.com
등　　　록 | 제일산-115호(2000. 6. 19)

ISBN　　　978-89-268-5299-6　93470

이담 Books 는 한국학술정보(주)의 지식실용서 브랜드입니다.